EUL VERLAG

CONTROLLING

Herausgegeben von Prof. Dr. Volker Lingnau, Kaiserslautern, Prof. Dr. Albrecht Becker, Innsbruck, und Prof. Dr. Rolf Brühl, Berlin

Band 14
Tatiana Villalobos Baum
Organisationales Lernen und Anreizsysteme nach dem Börsengang – Ein verhaltensorientierter Ansatz
Lohmar – Köln 2010 • 248 S. • € 56,- (D) • ISBN 978-3-89936-971-7

Band 15
Jürgen Kantowski
Einsatz von Realoptionen im Investitionscontrolling am Beispiel Biotechnologie
Lohmar – Köln 2011 • 248 S. • € 56,- (D) • ISBN 978-3-8441-0022-8

Band 16
Michael Rademacher
Prozess- und wertorientiertes Controlling von M&A-Projekten
Lohmar – Köln 2011 • 368 S. • € 64,- (D) • ISBN 978-3-8441-0110-2

Band 17
Carmen Kühn
Psychopathen in Nadelstreifen
Lohmar – Köln 2012 • 244 S. • € 56,- (D) • ISBN 978-3-8441-0138-6

Band 18
Jörn Sebastian Basel
Heuristic Reasoning in Management Accounting – A Mixed Methods Analysis
Lohmar – Köln 2012 • 268 S. • € 57,- (D) • ISBN 978-3-8441-0160-7

Band 19
Sabrina Buch
Shared Knowledge – The Comparability of Idiosyncratic Mental Models
Lohmar – Köln 2012 • 320 S. • € 62,- (D) • ISBN 978-3-8441-0186-7

Band 20
Michael Hoogen
Organisations- und wissenschaftstheoretische Implikationen für die Controllingforschung
Lohmar – Köln 2013 • 288 S. • € 58,- (D) • ISBN 978-3-8441-0235-2

JOSEF EUL VERLAG

Reihe: Controlling · Band 20

Herausgegeben von Prof. Dr. Volker Lingnau, Kaiserslautern, Prof. Dr. Albrecht Becker, Innsbruck, und Prof. Dr. Rolf Brühl, Berlin

Dr. Michael Hoogen

Organisations- und wissenschaftstheoretische Implikationen für die Controllingforschung

Mit einem Geleitwort von Prof. Dr. Volker Lingnau, Technische Universität Kaiserslautern

EUL VERLAG

Bibliografische Information der Deutschen Nationalbibliothek

Die Deutsche Nationalbibliothek verzeichnet diese Publikation in der Deutschen Nationalbibliografie; detaillierte bibliografische Daten sind im Internet über <http://dnb.d-nb.de> abrufbar.

Dissertation, Technische Universität Kaiserslautern, 2011

ISBN 978-3-8441-0235-2
1. Auflage März 2013

JOSEF EUL VERLAG GmbH
Brandsberg 6
53797 Lohmar
Tel.: 0 22 05 / 90 10 6-6
Fax: 0 22 05 / 90 10 6-88
E-Mail: info@eul-verlag.de
http://www.eul-verlag.de

Bei der Herstellung unserer Bücher möchten wir die Umwelt schonen. Dieses Buch ist daher auf säurefreiem, 100% chlorfrei gebleichtem, alterungsbeständigem Papier nach DIN 6738 gedruckt.

Geleitwort

Herr Hoogen baut seine Arbeit auf der Erkenntnis auf, dass sich Controlling als „real existierendes Phänomen" nach wie vor trotz seines Erfolges einer auf einem breiten Konsens beruhenden Einordnung entzieht. Er legt damit seiner Arbeit ein institutionelles Control-lingverständnis zu Grunde. Sein Ziel ist es, die Forschungslücke zu füllen, die aus der nur rudimentären Verzahnung der Controllingdiskussion mit wissenschafts- und organisationstheoretischen Überlegungen herrührt.

Nach einer kurzen Skizzierung von Parallelen in der Organisations- und der Controllingforschung wendet sich Herr Hoogen ausführlich dem Ordnungsrahmen von Burrell und Morgan zu und arbeitet hier gelungen die diesem Ansatz immanente Relativismusproblematik heraus. Als Weiterentwicklung, die explizit auf die problematische Inkommensurabilitätshypothese verzichtet, wird anschließend der Ansatz von Gioia und Pitre dargestellt.

Herr Hoogen formuliert sodann seine Anforderungen an einen Controlling-Ordnungsrahmen, wobei er von Controlling als „Praxis-Phänomen" ausgeht. Des Weiteren stellt er die Systematisierungsleistung und die Erklärungsmächtigkeit als Kriterien zur Beurteilung eines Controlling-Ordnungsrahmens vor, wobei letzteres Konstrukt von Herrn Hoogen selbst entwickelt wurde. Aufbauend auf den so formulierten Ordnungsrahmen folgt dann das Kernstück der Arbeit: die mit analytischer Prägnanz und Tiefe vorgenommene Analyse der – zurzeit dominierenden - koordinationsorientierten und rationalitätssicherungsorientierten Controllingkonzeptionen.

Herr Hoogen hat mit seiner Dissertation eine hoch aktuelle und interessante Thematik behandelt, die bislang in der Literatur in dieser Form kaum behandelt wurde. Er setzt dabei mit seinen Überlegungen an einem traditionellen Defizit der Controllingforschung an: Der konsequenten Ignorierung organisationstheoretischer Erkenntnisse. Für die dringend notwendige stärkere organisationstheoretische Fundierung des Controllings gibt Herr Hoogen mit seiner Arbeit wertvolle Impulse. Es ist daher zu wünschen, dass diese Arbeit eine breite kritische Rezeption erfährt.

Kaiserslautern, im November 2012

Prof. Dr. Volker Lingnau

Vorwort

Die vorliegende Arbeit wurde vom Fachbereich Wirtschaftswissenschaften der Technischen Universität Kaiserslautern als Dissertation angenommen. Sie entstand während meiner Tätigkeit als wissenschaftlicher Mitarbeiter am Lehrstuhl für Unternehmensrechnung und Controlling. Die Entstehung der Arbeit wäre jedoch ohne die fachliche und persönliche Unterstützung diverser Personen undenkbar gewesen, so dass ich ihnen an dieser Stelle meinen herzlichen Dank aussprechen möchte.

Zunächst gilt mein Dank meinem Doktorvater, Prof. Dr. Volker Lingnau, der durch zahlreiche Fachdiskussionen den Prozess der Themensuche aktiv mit begleitet hat und mir auch in den kritischen Phasen der Erstellung mit Rat und Tat zur Seite stand. Herrn Prof. Dr. Corsten gilt Dank für die Übernahme des Zweitgutachtens und diverse konstruktive Hinweise in der Endphase der Arbeit. Meinen Dank für die offene und angenehme Durchführung des Rigorosums möchte ich auch den restlichen Mitgliedern der Prüfungskommission, Prof. Dr. v. Hauff sowie Prof. Dr. Hassemer aussprechen.

Anschließend sei allen damaligen Mitgliedern des Lehrstuhls für Unternehmensrechnung und Controlling gedankt, die einen (vielleicht auch manchmal unbewussten) Beitrag zur Entstehung der vorliegenden Arbeit geleistet haben. Allen voran Frau Christel Klemens für die moralische Unterstützung, gefolgt von Frau Dr. Hubig, Herrn Dr. Jonen, Frau Dipl.-Psych. Carmen Kühn, Herrn Dipl.-Kfm. techn. Eric A. Trumm und Frau Dipl.-Ing. Dipl.-Wirtsch.-Ing. Katharina Kreklow.

Mein besonderer Dank gilt allen wissenschaftlichen Hilfskräften, mit denen ich die Freude hatte, arbeiten zu dürfen. Hier möchte ich vor allem Frau Dipl. Kffr. techn. Anja Schröder und Herrn Dipl.-Wirtsch.-Ing. Henning Seidel nennen, die sich in hervorragender Weise um das „operative Geschäft“ des Integrierten Studienganges verdient gemacht haben. Last but not least danke ich meinen Eltern, die meine Entscheidungen immer respektiert und unterstützt haben, und mir auch während des Dissertationsprojektes die ein oder andere kritische Phase durch Zuspruch und Motivation wesentlich erleichtert haben.

Château Thierry, im Februar 2013

Michael Hoogen

Inhaltsverzeichnis

Abbildungsverzeichnis

Tabellenverzeichnis

Abkürzungsverzeichnis

MI	Methodologischer Individualismus
MK	Methodologischer Kollektivismus
OT	Organisationstheorie
PAT	Prinzipal-Agenten-Theorie

1 Einleitung

1.1 Motivation der Arbeit und Forschungsfragen

Innerhalb der deutschsprachigen Controllingforschung ist seit den frühen akademischen Anfängen der Disziplin die Debatte entbrannt, worin der Kern des Controllings zu verorten ist. Mit dieser Grundsatzfrage geht nicht nur die Abgrenzung zu anderen betriebswirtschaftlichen Disziplinen einher, sie berührt auch die wissenschaftliche Konstitution einer Controllingforschung, die immer noch auf der Suche nach ihrer Einordnung in den größeren Rahmen der allgemeinen Betriebswirtschaftslehre ist.[1] Dabei kommt der Controllingforschung auf der einen Seite zu Gute, dass sie nach der Emergenz von Controllerstellen entstanden ist, so dass sie auf der praktischen Ausgestaltung des Controllings aufbauend Beschreibungen der Funktion und der Instrumente geben kann. Auf der anderen Seite zehrt der starken Praxisbezug an der Controllingforschung, da sie bis zum heutigen Zeitpunkt nicht in der Lage ist, eine Theorie des Controllings zu formulieren, welche sich von der Institution ausgehend mit der postulierten Funktion und den vom Controlling zu verwendeten Instrumenten deckt.

Die Begründungsrichtung auf die Institution zu fokussieren, ist lange Zeit in der Controllingforschung vollkommen ignoriert worden, so dass z. B. einige Autoren des koordinationsorientierten Controllings explizit eine separate Betrachtung von Funktion und organisatorischen Belangen gefordert haben.[2] Dass diese Vorgehensweise unweigerlich zu Inkonsistenzen in den konzeptionellen Aussagensystemen führen muss und Probleme verursacht, die Konzeptionen in Einklang mit der praktischen Ausprägung des Controllings zu bringen, liegt auf der Hand. Denn in der Praxis ist es nicht möglich, die organisatorische Einbindung des Controllings gänzlich von dem Aufgabenbündel der Controller zu separieren. Dementsprechend existieren Autoren, die einen Einbezug organisationstheoretischer Grundla-

---

1 Vgl. zur Identitätsdiskussion und der Einordnung des Controllings in die allgemeine Betriebswirtschaftslehre Lingnau, V. (2009).

2 Vgl. z. B. Küpper, H.-U. (2008), S. 45.

gen in die Controllingforschung fordern, um das Phänomen Controlling von der Institution abzuleiten.[3] Allerdings gibt es nur wenige Arbeiten, welche die Integration von Organisationstheorie und Controllingforschung auch tatsächlich leisten.[4] Ein äußerst interessanter Ansatz ist auf *Schönbohm* zurückzuführen, der auf einen Ordnungsrahmen von *Burrell / Morgan* zurückgreift, welcher innerhalb der Organisationstheorie eine breite Rezeption erfahren hat.[5] Allerdings übernimmt *Schönbohm*, trotz der controllingspezifischen Anpassung des organisationstheoretischen Ordnungsrahmens, grundlegende Probleme, an denen sich bereits bei *Burrell / Morgan* Kritik entzündet hat. So wird z. B. offenbar, dass durch die Wahl der ordnenden Dimensionen ein Übergewicht zu Gunsten der klassischen funktionalistischen Theoriebildung entsteht, was dazu führt, dass die Mehrzahl aller Theorien als funktionalistisch charakterisiert wird. Zudem bleiben *Burrell / Morgan*, aber auch *Schönbohm*, die Begründungsleistung dafür schuldig, ob eine Synthese der verschiedenen Forschungsparadigmen, welche aus der Systematisierung entstanden sind, möglich ist, und ob eine synthetische Betrachtung der verschiedenen Paradigmen einen Erkenntnisgewinn leisten kann.[6]

Aus den obigen Ausführungen lassen sich die folgenden, sukzessive aufeinander aufbauenden Forschungsfragen ableiten:

1) Welche Überlegungen lassen sich aus den Systematisierungsgedanken der Organisationstheorie auf die Controllingforschung übertragen? Welche Analogien existieren zwischen dem Status quo der Controllingforschung und der Organisationstheorie?

2) Welche Natur kann ein Ordnungsrahmen haben, der speziell für die Systematisierung der Controllingforschung dienlich ist, dabei aber die organisationstheoretischen Grundlagen mit einbezieht? Welche Dimensionen kann dieser Ordnungsrahmen aufweisen, wie lässt sich die Wahl der Dimensionen begründen und welche Art der Ausprägung weisen die Dimensionen auf?

---

3 Vgl. Lingnau, V. (2000); Schönbohm, A. (2005); Becker, A. (2003); Pietsch, G. (2003).

4 Zum State of the Art vgl. die Ausführungen in Kapitel 2.

5 Vgl. Schönbohm, A. (2005); Zum Ordnungsrahmen vgl. Burrell, G. / Morgan, G. (1992).

6 Vgl. für eine Zusammenfassung der diversen Positionen Scherer, G. A. (2006), S. 39 u 41 ff.

Nach der Beantwortung der obigen Forschungsfragen soll im Rahmen dieser Arbeit der konstruktive Versuch unternommen werden, ein eigenes ordnendes System auf Grundlage einer kritischen Analyse der organisationstheoretischen Ordnungsrahmen zu schaffen. Hiernach sollen einige grundlegende Controllingtheorien auf die gewählten Dimensionen analysiert werden, um daran anschließend die letzte Forschungsfrage zu beantworten:

3) Kann es einen Erkenntnisgewinn für die Controllingforschung geben, der über die reine Systematisierungsleistung durch ein ordnendes System hinaus geht? Wie lässt sich ein solcher Erkenntnisgewinn wissenschaftlich begründen, und wie ist er zu vollziehen?

1.2 Inhaltlicher Aufbau der Arbeit

Um die erwähnten Forschungsfragen strukturiert beantworten zu können, wurde der folgende inhaltliche Aufbau gewählt: **Kapitel 2** gibt in kurzer Form den Stand der Forschung wieder und vermittelt die Gründe für die gewählte sachlich-logische Methodik der Arbeit, so dass die Bestimmung des eigenen wissenschaftstheoretischen Standortes hinsichtlich der Methode erfolgt.

Kapitel 3 gibt die Bemühungen der Sozialwissenschaften bzw. der Organisationstheorie wieder, eine Systematik zu entwickeln, mit Hilfe derer sich die unterschiedlichen theoretischen Einflüsse kanalisieren und damit auch lokalisieren lassen. Dazu wird der Ordnungsrahmen von *Burrell / Morgan* detailliert erläutert, um daran anschließend die Erweiterungen, aber auch die Unterschiede, nach *Gioia / Pitre* zu diskutieren. Um die Vorstellung des Ordnungsrahmens und der Erweiterungen, die dieser erfahren hat, möglichst detailliert erläutern zu können, werden bereits innerhalb des zweiten Kapitels einige grundlegende wissenschaftstheoretischen Terminologien, wie z. B. der Paradigmenbegriff, erläutert werden. Das Kapitel schließt mit einem kurzen Zwischenfazit, das bereits die gedankliche Grundlage für die Erläuterungen des nächsten Kapitels legt.

Inhalt des **Kapitels 4** ist die kritische Reflexion des Ordnungsrahmens und seiner Erweiterungen im Hinblick auf eine mögliche Verwendung innerhalb der Controllingforschung. Hierzu wird zunächst die potentielle Systematisierungsleistung untersucht, welche sich wiederum differenzieren lässt in eine erkenntnistheoretische sowie eine gesellschaftstheoretische Dimension. Im Anschluss daran wird der erkenntnistheoretische Fortschritt durch eine mögliche Synthese von paradigmenspezifischen Theorien untersucht, wobei besonderes Gewicht auf die Vorstellung der verschiedenen wissenschaftstheoretischen Grundpositionen gelegt wird, welche sich in der sogenannten Paradigmendiskussion heraus kristallisiert haben. Das Kapitel schließt mit einem kurzen Zwischenfazit, welches die Begründung für die mangelnde Anwendbarkeit des Ordnungsrahmens innerhalb der Controllingforschung gibt, und bereits einen kleinen Ausblick auf die eigenen gedanklichen Schlüsse des Autors im Hinblick auf ein controllingspezifisches, ordnendes System darlegt.

Kapitel 5 führt, in enger Anlehnung an die erläuterten Forschungsfragen, die Motivation für eine organisationstheoretisch orientierte Meta-Betrachtung der Controllingkonzeptionen, aus. Anknüpfend an die Motivation werden schließlich aus den Grundlagendiskussionen der Controllingforschung heraus die Anforderungen an ein controllingspezifisches Ordnungssystem begründet, um daran anschließend die gewählten Dimensionen in ihren Ausprägungen en detail zu beschreiben. Nach der Beschreibung der Dimensionen sind diese selbst, und auch das durch sie aufgespannte ordnende System, kritisch zu hinterfragen, sowie eine Antwort zu geben auf einen eigenen Standpunkt innerhalb der Paradigmendiskussion, der mit dem System möglicherweise bezogen wird. Im Anschluss an die wissenschaftstheoretische Positionierung wird schließlich ein vorbereitender Ausblick auf das Konstrukt der Erklärungsmächtigkeit gegeben, das eines der Hauptziele der Arbeit darstellt, und auf dessen Einlösung in den folgenden Kapiteln zielorientiert hingearbeitet wird.

Das **Kapitel 6** beginnt mit allgemeinen Vorbemerkungen zu dem Theorieverständnis in der Controllingforschung, welches in Abgrenzung zu anderen Disziplinen als eher konzeptions- und damit auch praxisorientiert herausgearbeitet wird. Sodann werden die zwei Konzeptionen in ihrer Theoriebildung und ihren Grundlagen dargestellt, welche die zur Zeit dominierenden Strömungen in der universitären Lehre und Forschung darstellen: Die koordinationsorientierte Controllingkonzeption nach *Küpper*, sowie die rationalitätssicherungsorientierte Controllingkonzeption nach *Weber / Schäffer*. Der Vorstellung der beiden Konzeptionen folgt jeweils eine kritische Reflexion.

Die folgenden zwei Kapitel bilden den Kernpunkt der Arbeit, da sie aufbauend auf den vorbereitenden Kapiteln der Beantwortung der letzten beiden Forschungsfragen gewidmet sind. In **Kapitel 7** werden die vorgestellten Konzeptionen der Analyse unterzogen, die den Dimensionen folgend vollzogen wird, welche in Kapitel 5 identifiziert und begründet wurden. Die Analyse ist aufgebaut als eine logisch-sachliche Argumentation, welche sich an den konstituierenden Elementen der Konzeptionen orientiert, und diese auf Grundlage der äußerst differenzierten Dimensionen sukzessive untersucht. Dabei soll, einer möglichst großen Wertfreiheit folgend, keine der Konzeptionen unter einem polarisierendem Fokus untersucht werden, so dass als Konsequenz auch Ergebnisse möglich sind, die einer weiteren Diskussion bedürfen, um sie in den gewählten Dimensionen zu lokalisieren. Neben den Kernergebissen des Kapitels können auch äußerst interessante ‚Nebenprodukte' der Analyse gefunden werden, deren weitere Erforschung durch die „Community" sich als äußerst nutzenbringend erweisen dürfte. Diese in Kapitel 7 aufgedeckten offenen Forschungsfelder werden in der abschließenden Schlussbetrachtung nochmals angesprochen und gewürdigt. Im Kapitel enthalten ist ein kurzer Exkurs über ein Controllingkonzept, welches für die Arbeit von Interesse ist, da der Versuch unternommen wird, zwei konträre wissenschaftstheoretische Dimensionen in einer mediierenden Position zu integrieren. Die Ausführungen des Exkurses sind aber nicht Bestandteil der weiteren Analyse, sondern sollen lediglich einen interessanten „Sonderweg" aufzeigen.

Kapitel 8 schließlich nimmt die Ergebnisse der vorangegangenen Analyse auf, um darauf aufbauen anhand des bereits erwähnten Konstruktes der Erklärungsmächtigkeit die empirische Relevanz der Controllingkonzeptionen zu evaluieren. Vorbereitend ist, der wissenschaftlichen Redlichkeit folgend, die Erklärungsmächtigkeit aus einem abstrakteren theoretischen Zusammenhang abzuleiten und controllingspezifisch zu operationalisieren. Sodann wird die Erklärungsmächtigkeit der Konzeptionen vergleichend analysiert, was sich vor allem anhand von organisatorischen Empfehlungen der konzeptionsspezifischen Ausgestaltung des Controllerbereiches vollzieht. Denn genau an diesen praxeologischen Empfehlungen setzt die Erklärungsmächtigkeit an, da sie eine der Grundforderungen der Controllingforschung darstellt: Die Relevanz der Konzeptionen für das Praxisphänomen Controlling.[7]

Die Arbeit schließt in **Kapitel 9** mit einer kurzen Zusammenfassung der Ergebnisse, einer Würdigung im Hinblick auf die Beantwortung der einleitend gestellten Forschungsfragen und erlaubt sich, die potentielle Richtung des weiteren Forschungsbedarfs aufzuzeigen.

Die Abb. 1 auf der folgenden Seite skizziert den strukturellen Aufbau der Arbeit.

---

7 Vgl. Küpper, H.-U. (2008), S. 7; Scherm, E. / Pietsch, G. (2004b), S. 9; Weber, J. / Schäffer, U. (2008b), S. 52.

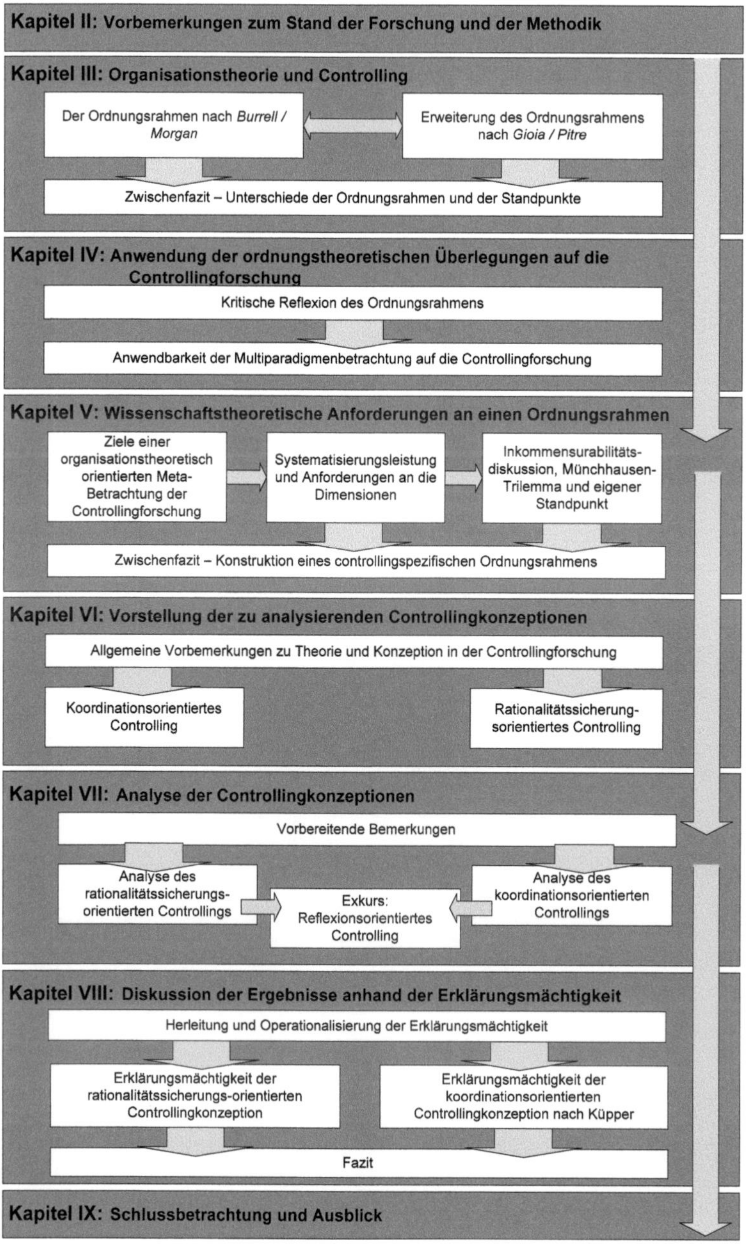

Abb. 1 *Inhaltlicher Aufbau der Arbeit-Gedankenflussplan*

2 Vorbemerkungen zum Stand der Forschung, zur Wissenschaftstheorie und der Methodik

Im Rahmen einer Arbeit, die von wissenschaftstheoretischen Grundfragen über organisationstheoretische Konzepte bis hin zu angewandten Fragen der Organisation des Controllings reicht, ist es unabdingbar, explizit die Gründe für die Wahl der Methodik darzulegen, mit der die Beantwortung der Forschungsfragen erreicht werden soll. Ebenso unerlässlich ist es, den Stand der Forschung zu erläutern, um zu verdeutlichen, welcher wissenschaftliche Fortschritt mit der vorliegenden Dissertation realisiert werden konnte.

2.1 Stand der Forschung

Innerhalb der konzeptionellen Controllingforschung gibt es vereinzelt Autoren, die für eine Einbeziehung organisationstheoretischer Überlegungen in die konzeptionelle Fundierung des Controllingbegriffes plädieren.[8] Ähnlich wie bereits in der Einleitung angedeutet, stellen die Autoren zumeist auf Analogien der beiden Forschungsdisziplinen ab, oder verweisen auf den Einfluss organisationstheoretischer Grundlagen auf die Ausprägung von Controllingkonzeptionen: „Implizit bauen [...] alle Controllingkonzeptionen auf organisationstheoretischen Grundannahmen auf, nämlich auf Erklärungsmustern über Prozesse in Organisationen. Diese Grundannahmen über das Funktionieren organisationaler Prozesse beeinflussen damit die Controllingkonzeptionen."[9]

Die Versuche der Controllingforschung, von der Organisationstheorie zu lernen, lassen sich dabei grob in zwei Strömungen differenzieren:

- Autoren, welche eine Präzisierung der theoretischen Fundierung des Controllings und die Konvergenz von Funktion und Institution anstreben, und

8 So z. B. Becker, A. (2003; Lingnau, V. (2000); ; Scherm, E. / Pietsch, G. (2003); Schönbohm, A. (2005); Messner, M. (2008).

9 Becker, A. (2003), S. VII.

zumeist den Einbezug organisationstheoretischer Ansatzpunkte fordern.[10] Diese Konzepte bedienen sich zumeist einer speziellen Organisationstheorie als Grundlage der Beschreibung organisationaler Prozesse, um daraus die Funktion des Controllings zu identifizieren.[11]

- Autoren, welche sich durch die Verknüpfung von Organisationstheorie und Controllingforschung eine Ausweitung der Forschungsperspektive versprechen. Darunter zu nennen ist vor allem Schönbohm, A. (2005), welcher die Methode des Reflexiven Controllings einführt, um „eine heuristische Metaordnung in teilweise widersprüchlich anmutende Controllingkonzepte und -instrumente [zu bringen].“[12] *Schönbohm* bedient sich dabei des Ordnungsrahmens von *Burrell / Morgan*, und lädt den Leser zu einer persönlichen, controllingspezifischen Synthese der vier Paradigmen ein.

In jüngster Zeit sind mehrere Controllingkonzeptionen publiziert worden, die sich unter dem Adjektiv reflexionsorientiert subsumieren lassen. Zu nennen sind vor allem die Dissertationsschrift „Reflexionsorientiertes Controlling“[13] von *Pietsch*, welche im Jahr 2003 erschienen ist. Ebenso lässt sich die bereits erwähnte Habilitationsschrift von *Becker* aus dem Jahr 2003 über „Controlling als reflexive Steuerung von Organisationen“[14] unter dem Überbegriff reflexionsorientiertes Controlling lokalisieren. Beide Konzeptionen gehen bei allen oberflächlichen begrifflichen Gemeinsamkeiten jedoch von einem fundamental unterschiedlichen Controllingverständnis aus. „*Pietsch* zielt in dieser [der erwähnten Dissertationsschrift; Anm. d. Autors] und weiteren Publikationen darauf ab, im Sinne der funktionalen Controllingforschung zur Präzisierung des Controllingbegriffs bzw. der Controllingkonzeption und zu mehr Konsistenz beizutragen und begründet mit seinen Ausführungen die gängige Meinung im Schrifttum. *Becker* wählt einen etwas anderen Ansatz. Anstelle der funktionalen Perspektive erarbeitet er auf Basis der Strukturationstheorie von *Giddens* eine organisationstheoretische Fundierung des Control-

---

10 So z. B. auch Lingnau, V. (2000).

11 So z. B. Becker, A. (2003); Scherm, E. / Pietsch, G. (2003), welche sich der Strukturationstheorie als organisationstheoretischem Konzept bedienen, um daraus die Reflexionsfunktion zu konstituieren.

12 Schönbohm, A. (2005), S. 2.

13 Vgl. Pietsch, G. (2003).

14 Vgl. Becker, A. (2003).

lings, aus welcher er Controlling als eine soziale und institutionelle Praktik beschreibt."[15]

Während *Pietsch* als eines der Hauptziele seiner Konzeption die Beseitigung des Präzisions- und Konsistenzdefizits innerhalb der Controllingtheorie sieht,[16] und damit Controlling als „umfassende Reflexion von Entscheidungen in der Unternehmensführung, die abweichungs- oder perspektivenorientiert vorgeht"[17] sieht, stellt *Becker* auf eine wesentlich handlungsorientiertere und deskriptivere Controllingkonzeption ab. Den Begriff des Controllings setzt er gleich mit dem Begriff der Controllingpraxis, in der angelsächsischen Literatur zum Controlling auch als Management Accounting Practice betitelt.[18] Durch den Bezug auf die Praxis des Controllings, die sich naturgemäß in Organisationen vollzieht, schafft *Becker* die Verbindung zur Organisationstheorie, denn beide Bereiche bauen auf denselben Grundlagen auf, „nämlich auf Erklärungsmuster[n] über Prozesse in Organisationen. Diese Grundannahmen über das Funktionieren organisationaler Prozesse beeinflussen damit die Controllingkonzeptionen."[19]

Für die vorliegende Arbeit relevant sind daher vor allem die Gedanken von *Schönbohm* sowie die Publikationen von *Becker* zum Thema Organisation und Controlling.

2.2 Wissenschaftstheoretischer Standpunkt des Autors

Die zu verwendende Methodik einer wissenschaftlichen Arbeit (und damit auch der wissenschaftstheoretische Standpunkt) lässt sich nicht in falsch oder richtig differenzieren. Vielmehr hängt die Methodik von dem Forschungsziel (und damit auch teilweise von dem durch den Autor vertretenen wissenschaftstheoretischen Standpunkt) und dem Gegenstandsbereich ab, der beschrieben bzw. erklärt werden soll.[20] Daher sind in diesen Vorbemerkungen sowohl das eigene Forschungsziel zu explizieren als auch grundlegende terminologische Anliegen im Hinblick auf

---

15 Rausch, A. (2008), S. 116.
16 Vgl. Pietsch, G. (2003), S. 205
17 Pietsch, G. (2003), S. 206.
18 Vgl. Becker, A. (2003), S. 209.
19 Becker, A. (2003), S. VII.
20 Vgl. Lorenz, K. (1984b), S. 876.

das Forschungsobjekt und den betrachteten Gegenstandsbereich zu klären, was einer wissenschaftstheoretischen Lokalisierung des eigenen Standpunktes entspricht.[21]

Üblichweise wird von vielen namhaften Wissenschaftstheoretikern zwischen Erklären und Verstehen unterschieden, und zumeist wird das Ziel des Erklärens den Naturwissenschaften, das Ziel des Verstehens den Geisteswissenschaften zugeordnet.[22] Während der Erklärung auch eine Kausalitätsannahme zu eigen ist,[23] rückt das Verstehen die Interpretation und Kommunikation einer gedanklichen Konstruktion oder Werkes in den Vordergrund, oder im Sinne einer philosophischen Hermeneutik formuliert: Es geht um die „Erforschung des verstehenden Wirklichkeitszusammenhangs."[24] Dieser gedanklichen Dichotomie soll im Rahmen der vorliegenden Arbeit nicht gefolgt werden.[25] Denn nach Meinung des Autors ist das Hauptziel der Arbeit eine verstehende Forschung, welche den Aussagensystemen der erläuterten Autoren einen Sinn zumisst, ohne einen (fälschlicherweise angenommenen) Sinn in die gedanklichen Konstrukte zu interpretieren.[26] Aber nach dieser Interpretationsleistung kann es durchaus von Interesse sein, die eigenen Aussagen zumindest im Sinne einer Hypothese auf ihren Wirklichkeitsgehalt hin überprüfen zu können.

Das in dieser Arbeit verfolgte Forschungsziel orientiert sich an der zweistufigen Konzeption des Verstehens von *v. Wright,* welches die vom Autor dargestellten Interdependenzen in den Forschungszielen nicht zerschneidet. *V. Wright* unterscheidet das Verstehen „von welcher Art" etwas ist, und das Verstehen „was et-

---

[21] Wobei betont werden muss, dass der wissenschaftstheoretische Standpunkt und die Definition des Gegenstandsbereiches nicht unabhängig voneinander sind, da der Gegenstandsbereich populärwissenschaftlich den betrachteten „Realitätsausschnitt" darstellt, weswegen je nach wissenschaftstheoretischer Auffassung einer Realität auch der Gegenstandsbereich divergieren kann. Vgl. z. B. die unterschiedlichen Auffassungen einer objektiv erfassbaren bzw. subjektiv konstruierten Realität in Mittelstraß, J. (1995), S. 508 f.

[22] Vgl. Schwemmer, O. (1996b) und Schwemmer, O. (1980).

[23] Zumeist im Sinne eines deduktiv-nomologischen Modells bzw. des Hempel-Oppenheim-Schemas, vgl. Hempel, C. G. / Oppenheim, P. (1953).

[24] Jung, M. (2002), S. 21.

[25] Obwohl z. B. genau eine solche gedankliche Trennung auch in einigen organisationstheoretischen Ordnungsrahmen vorgenommen wird, die Inhalt der vorliegenden Arbeit sind. Vgl. Kapitel 3.2.1.

[26] Diese Forderung schließt nahtlos an die „möglichst große Wertfreiheit" an, die in Kapitel 1.2 bereits Erwähnung fand.

was anzeigt oder bedeutet."[27] Letzteres Verstehen ist von eminenter Bedeutung bei der Durchdringung und Erläuterung der Organisationstheorien und Controllingkonzeptionen. Die Frage, „von welcher Art etwas ist" gewinnt an Relevanz, wenn die Ergebnisse der durchzuführenden Analyse einer empirisch-logischen Überprüfung in Kapitel 8 zugeführt werden. Damit werden die beiden Wissenschaftsziele nicht getrennt, wie dies traditionell der Fall ist, sondern sie verstehen sich als eine aufeinander aufbauende Einheit.

Die Frage des Verstehens tangiert auch den Gegenstandsbereich, der vom Forschenden als relevant erachtet wird.[28] Dabei ist der Gegenstandsbereich populärwissenschaftlich relativ einfach zu umreißen: Der Realitätsausschnitt, mit dessen Hilfe sich das Erkenntnisobjekt angemessen beschreibt lässt, ist als der Gegenstandsbereich der Forschung charakterisiert.[29] Damit jedoch wird der Dissens aufgeworfen, ob sich ein Forschungsobjekt überhaupt als objektiv und intersubjektiv erfahren lässt. Lediglich Anhänger einer durch Realismus geprägten wissenschaftstheoretischen Einstellung würden diese Aussage positiv würdigen und eine Realität als existent voraussetzen, die sich dem Menschen u. U. nicht direkt offenbart, an deren objektiver Existenz das Individuum aber zumindest in seinen Handlungen scheitern kann. Anhänger einer antirealistischen Position verneinen die Existenz der Realität, und stellen stattdessen das Postulat einer kontinuierlichen individuellen Konstruktion der gesellschaftlichen Wirklichkeit auf.[30] Nach dieser Lesart wird folglich die Definition eines Gegenstandsbereichs schwierig, da jede individuelle Reizaufnahme der Umwelt durch die individuell unterschiedliche kognitive Konstruktion zu einem vollkommen unterschiedlich wahrgenommenen und interpretierten Gegenstandsbereich führt. Um eine „saubere" Definition des Gegenstandsbereiches zu gewährleisten, und damit die intersubjektive Nachvollziehbarkeit des Verstehens zu unterstützen wird im Folgenden kurz der wissenschaftstheoretische Standpunkt des Autors umrissen, um daran anschließend auf die Methodik eingehen zu können.

---

27 Vgl. Wright, G. H. v. (2008), S. 122 ff.

28 Vgl. Kuhn, T. S. (1973), S. 73 ff, S 119 u. S 149 f.

29 Vgl. z. B. die Ausführungen von Hirsch, B. (2005), S. 19 f. über den kongruenten Gegenstandsbereich und die unterschiedlichen Methoden von Ethik und Controlling.

30 Ob diese Konstruktion kognitiv oder linguistisch bedingt ist, sei an dieser Stelle nicht weiter ausgeführt.

Der Autor und damit die Arbeit folgen den Gedanken eines Kritischen Rationalismus, nach dem eine Realität existent ist, auch wenn diese sich dem Individuum unter Umständen nicht direkt erschließt. Die Realität und damit auch die Dinglichkeiten sind nicht reine individuelle Konstruktionen, sondern intersubjektiv erfahrbar, so dass auch eine intersubjektive Verständigung über die Dinglichkeiten grundsätzlich im Bereich des Möglichen liegt. *Popper* beschreibt diese objektive Realität und damit einhergehend die Möglichkeit einer „objektiven Erkenntnis" in seiner ontologischen „Welten-Triade" (vgl. Abb. 2).

Abb. 2 *Drei Welten nach Popper*[31]

Demnach existieren drei unabhängig voneinander aufzufassende Welten, in denen sich unterschiedliche Prozesse und Möglichkeiten der Erkenntnis bilden. Welt 1 ist die Welt der physikalischen Realität (Außenwelt), wie sie sich uns verdinglicht darstellt. In Welt 2 finden sich die bewusst wahrgenommenen Erlebnisse und Emotionen (Welt der Subjekte), während Welt 3 die Welt der Produkte des menschlichen Geistes darstellt, also z. B. Theorien, Sprachen u. Ä.[32] In diesem ontologischen Schema sind die Welten unabhängig voneinander aufzufassen, sie interagieren jedoch miteinander. Welt 1 und Welt 2 interagieren, indem das Subjekt bewusste kognitive Wahrnehmungen von physikalischen Gegenständen bildet, und mit diesen u. U. gewisse Absichten verbindet. So ist ein Computer z. B. ein Gegenstand,[33] den jeder Nutzer mit seinem eigenen, graduell unterschiedlich ausgeprägten Wissensstand bedient. Mit der Bedienung geht in aller Regel eine

---

[31] In Anlehnung an Döring, E. (1987), S. 137.

[32] Vgl. Popper, K. R. (1978), S. 144.

[33] Es sei darauf hingewiesen, dass der Computer auch als Element der Welt 3 aufgefasst werden kann, wenn nämlich die geistig-intellektuelle Leistung des Subjektes im Vordergrund steht, die Technologie erfunden zu haben. Vgl. Popper, K. R. (1978), S. 144 f.

Absicht einher, zumeist die Speicherung bzw. Bearbeitung eines Objektes aus der Welt 3, eine „Gedankenfixierung als der für andere zugängliche Speicherung flüchtig-mentaler Prozesse.“[34] Damit ist die Interaktion zwischen Welt 2 und Welt 3 beschrieben, währenddessen Welt 1 und Welt 3 sich gegenseitig nicht zu beeinflussen vermögen. „Das Bewußtsein kann also mit Gegenständen beider Welten, der Welt 1 und der Welt 3, in Verbindung stehen. Durch diese Verbindung schafft das Bewußtsein eine *indirekte* Verbindung zwischen der Welt 1 und der Welt 3.“[35] Wenn *Popper* die Möglichkeit einer objektiven Erkenntnis postuliert, so bezieht er sich dabei eindeutig auf die Welt 3. Die subjektiven Elemente der Welt 2 können nie intersubjektiv gleich erfahrbar sein, und die Welt 1 interagiert nicht in direkter Weise mit Welt 3, so dass nur in Welt 3, also den Produkten des menschlichen Geistes, eine objektive Erkenntnis ohne erkennendes Subjekt möglich ist.[36] Die Zusammenhänge zwischen den drei Welten (vgl. Abb. 3) leiten Popper zu der sogenannten Fortschrittsformel.

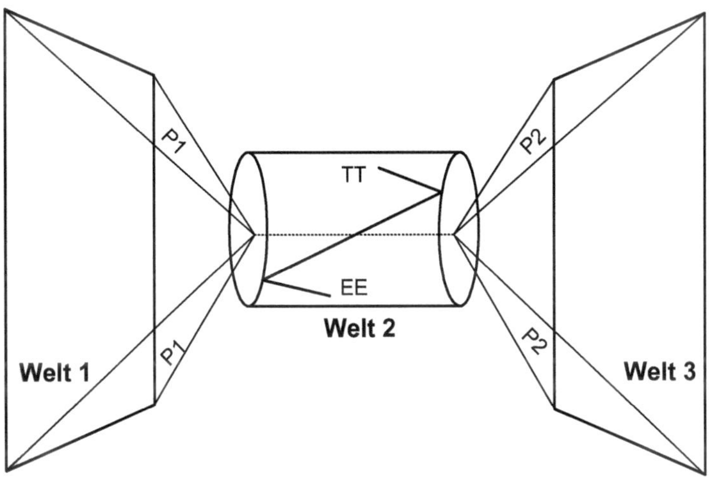

Abb. 3 *Schema der Beeinflussung der Welten-Triade*[37]

---

[34] Döring, E. (1987), S. 139.
[35] Popper, K. R. (1994), S. 161.
[36] Vgl. Döring, E. (1987), S. 136.
[37] Quelle: Döring, E. (1987), S. 140.

Demnach führen Probleme in Welt 1 (P1, vgl. Abb. 3) zu Versuchstheorien (TT, tentative theory) in Welt 2. Diese gilt es, gemäß des Falsifikationsprinzipes, kritisch zu evaluieren (EE, error elimination). „Ist dieser Vorgang beendet, kann dies allerdings nicht heißen, nun wäre man im Besitz der unverbrüchlichen Wahrheit, sondern nur daß man eine gegenüber der ungeprüften Theorie *bewährte* Hypothese zur Verfügung hat, die sich zu gegebener Zeit (zumindest potentiell) ihrerseits widerlegen lassen kann."[38] Diese bewährten Hypothesen stellen P2 dar, da sich potentiell ein weiteres Problem ergeben hat, da eine endgültige Verifikation unmöglich erscheint. Man gelangt formell zu der folgenden Darstellung der Chronologie eines wissenschaftlichen Fortschritts: P1→TT→EE→P2.[39]

Fasst man Controlling als eine intellektuelle Leistung bzw. Kulturleistung des Menschen auf, so wird klar, dass diese in der Welt 3 zu verorten ist. Ebenso ist die Controllingforschung in Welt 3 anzusiedeln, da sie Probleme P2 aufgreift und versucht, zu diesen wiederum Lösungen zu finden, die sich bewähren. Dies bedeutet für den Gegenstandsbereich der vorliegenden Arbeit, dass auch dieser für die Individuen gleich erfahrbar ist, da er nach Auffassung des Kritischen Rationalismus einer objektiven Erkenntnis zugänglich ist. Der Gegenstandsbereich kann operational in dem Phänomen des Controllings gesehen werden, also der praktischen Arbeit des Controllers ebenso wie der organisatorischen Ausgestaltung des Controllerbereiches, welche die Controllingforschung konzeptionell zu verstehen versucht. Die Controllingforschung versucht hierbei sowohl das Praxisphänomen zu beschreiben und zu verstehen, als auch Vorhersagen und Gestaltungsempfehlungen für dasselbe zu treffen. Dabei sind die aufgestellten konzeptionellen Aussagensysteme, dem Kritischen Rationalismus folgend, nicht zu verifizieren, aber zumindest an der Realität zu testen, d. h. die Aussagensysteme können zumindest an derselben scheitern, was eine Falsifikation darstellt.[40]

Da sich die praktische Durchführung des Controllings in Organisationen vollzieht, und im Rahmen dieser Arbeit die Fruchtbarkeit organisationstheoretischer Konzepte für die Controllingforschung evaluiert werden soll, liegt der Arbeit schwer-

---

38 Döring, E. (1996), S. 19.
39 Vgl. Döring, E. (1987), S. 140.
40 Vgl. Popper, K. R. (1971), S. 47 ff.

punktmäßig ein **institutioneller Organisationsbegriff** zu Grunde. Ein weiterer Grund für diese Wahl des institutionellen Organisationsbegriffes ist, dass er wesentlich umfassender ist als z. B. ein rein instrumenteller Organisationsbegriff, frühere Organisationsbegriffe also sozusagen als integrative Klammer beinhaltet.[41] Ein Irrtum über das Controlling in Organisationen als Gegenstandsbereich muss bereits an dieser Stelle ausgeräumt werden: Es existieren Controllingkonzeptionen, die explizit eine Trennung von funktioneller Erklärung des Gegenstandsbereiches und organisatorischen Gestaltungsempfehlungen fordern, so dass scheinbar ein eher tätigkeitsorientierter Organisationsbegriff Grundlage der Konzeptionen darstellt. Im weiteren Verlauf der Arbeit wird aber deutlich gemacht werden, dass gerade diese Konzeptionen implizit mit einem institutionellen Organisationsbegriff argumentieren, wenn ablauf- und aufbauorganisatorische Empfehlungen für den Controllerbereich gegeben werden. Alleinig die Verwendung eines institutionellen Organisationsbegriffes scheint deswegen den Gegenstandsbereich aus einer realistisch orientierten wissenschaftstheoretischen Position angemessen erfassen zu können.

2.3 Methodik

An diesen Vorbemerkungen sieht man bereits, von welcher Wichtigkeit ein „sauber" definierter Begriffapparat ist,[42] um die Ergebnisse intersubjektiv nachvollziehbar zu gestalten. Ebenso wichtig ist die Adäquanz der verwendeten Methode, da das Verstehen der phänomenologischen Realität des Controllings durch eine extreme Komplexität gekennzeichnet ist. Da formal-analytische Methoden nur anzuwenden sind, wenn durch rigide Prämissen die Komplexität hinreichend reduziert ist, kommt dieser Methode keine Bedeutung zu. Sie kann allerdings bei der Überprüfung der in Kapitel 8 formulierten Ergebnisse hilfreich sein, was aber den Rahmen der vorliegenden Arbeit bei Weitem sprengen würde. Empirische Methoden würde sich neben der Evaluation der Ergebnisse zwar auch bei der Beantwortung der Forschungsfragen anbieten, jedoch ist der vorzufindende Bestand an empirischen Daten zum Controlling relativ gering, und auch bei der Generierung einer

---

[41] Vgl. Bea, F. X. / Göbel, E. (2006), S. 2 ff.
[42] Vgl. Grochla, E. (1980), Sp. 1808.

eigenen empirischen Erhebung müsste mit einer Reduktion der Komplexität des phänomenologischen Objektes Controlling gerechnet werden.[43] Aus den genannten Gründen wird in der vorliegenden Arbeit die Methode der sachlich-analytischen Forschung verfolgt. „Das Forschungsinteresse des sachlich-analytischen Forschers richtet sich auf die Durchleuchtung komplexer Zusammenhänge und auf die Erarbeitung von Handlungsgrundlagen, die lediglich durch Plausibilitätsüberlegungen und eventuelle, empirisch festgestellte Teilzusammenhänge gestützt werden. [...] Im Vordergrund steht eine Art *gedankliche Simulation der Realität mit dem Erkenntnisziel, die Beziehungen transparent zu machen und hieraus direkt Handlungsempfehlungen abzuleiten.*“[44] Diese Forschungsmethode deckt sich zudem mit den zu untersuchenden Theorien und Konzeptionen aus der Organisationstheorie und der Controllingforschung, da auch bei diesen zumeist eine sachlich-analytische Strategie vorherrschend ist.[45] Dies bedeutet für das weitere Vorgehen, dass zunächst grundlegend das begriffliche Instrumentarium gebildet und geklärt werden muss, wie dies z. B. in Kapitel 6.1 anhand der Beziehungen von Theorie und Konzeption in der Controllingforschung geschieht. Ein weiteres Element der sachlich-analytischen Strategie sind die deskriptiven Aussagen.[46] Diese sind charakteristisch für den ersten, meist beschreibend gehaltenen Teil der Arbeit, in dessen Rahmen die bisherigen Versuche einer Systematisierung der Organisationstheorie vorgestellt werden.[47] Ebenso deskriptiv sind die Vorstellungen und Erläuterungen der Controllingkonzeptionen.[48] Die vergleichenden Aussagen der Zwischenfazits, die Erarbeitung eines eigenen ordnenden Systems für die Controllingforschung, die wissenschaftstheoretische Analyse sowie die Diskussion der Analyseergebnisse anhand der Erklärungsmächtigkeit sind als explanatorische Aussagen zu verstehen, die *Grochla* folgendermaßen beschreibt: „Explanatorische Aussagen spezifizieren die Beziehungen zwischen den [...]Größen. Entsprechend

---

43 Vgl. zu den genannten Ansätzen Schweitzer, M. (1980), Sp. 1534.
44 Grochla, E. (1978), S. 72.
45 Wenn auch in Teilbereichen durchaus formal-analytische Modelle zum Einsatz kommen, wie z. B. von Küpper, H.-U. (2008), S. 66 gefordert.
46 Vgl. Grochla, E. (1980), Sp. 1808.
47 Vgl. Kapitel 3.
48 Vgl. Kapitel 6.

werden in der sachlich-analytischen Forschung „hypothetisch-spekulative Aussagen" in Form von gedanklich konstruierten Hypothesen gebildet [...]."[49]

Die sachlich-analytische Methode korrespondiert aus mehreren Gründen mit der zuvor beschriebenen Position des Kritischen Rationalismus. Zunächst ist die Anerkenntis einer intersubjektiv erfassbaren Realität zu nennen, die sich in Welt 3 durch die Beschreibungsleistungen des Subjektes manifestiert.[50] Die Grundlage der sachlich-analytischen Methode ist zuallererst die potentielle Möglichkeit, diese Realität zu erkennen, und die Beziehungen von Elementen untereinander durch gedankliche Überlegungen offenzulegen, bzw. zumindest plausibel zu machen. Vor einem wissenschaftstheoretischen Hintergrund, der die Realität lediglich und ausschließlich als subjektive Konstruktion anerkennt, kann keine wissenschaftliche Methode als objektiv erfassbar Bestand haben, was zur Folge hat, dass jede wissenschaftliche Erkenntnis subjektiv ist, und damit von dem schaffenden Individuum abhängt. Damit sind im Prinzip auch deskriptive Aussagen lediglich als eine Interpretation des Individuums möglich, womit die Möglichkeit einer wissenschaftlichen Betätigung tendenziell in Richtung einer Hermeneutik und eines individuellen Sinn-Verstehens tendiert. Sowohl die sachlich-analytische Methode, als auch der Kritische Rationalismus erkennen aber die Möglichkeit einer objektiven Realität an, so dass über diese auch deskriptive Aussagensysteme möglich sind. Darauf aufbauend hat die sachlich-analytische Forschungsstrategie das Ziel, Hypothesen zu formulieren, welche Aussagen über den betrachteten Realitätsausschnitt und Problembereich zulassen. Dieser Bestandteil der sachlich-analytischen Methode lässt sich in Einklang bringen mit dem bereits angesprochenen Falsifikationsprinzip nach *Popper*.[51] Demnach ist ein Problem aus der Welt 3 (vgl. Abb. 3), also z. B. eine hypothetische Aussage über die Ausgestaltung des Controllings in kleinen und mittleren Unternehmen (KMU), so lange als bewährt anzusehen, bis sie nicht durch einen Widerspruch mit der Realität falsifiziert wurde. Der angesprochene Widerspruch kann auf mehrere Arten offengelegt werden. Dies kann z. B. auf Grundlage empirischer Tests geschehen, was innerhalb der sachlich-

---

49 Grochla, E. (1980), Sp. 1809.
50 Vgl. Döring, E. (1996), S. 20 f.
51 Vgl. Popper, K. R. (1994), S. 13 ff.

analytischen Strategie nur bedingt möglich ist, da die formalen Modelle zur Überprüfung der Gültigkeit nicht in dem Maße existent sind, wie es eine empirische Überprüfung im engeren Sinne erfordern würde.[52] Dies bedingt jedoch keine Wertung im Sinne einer Hierarchisierung der Methoden, so dass die formal-analytische Methode nur gebäuchlich wäre, wenn anderenfalls keine formalisierten Modelle aufgestellt werden können. „Vielmehr wird bewußt auf die Formalisierung der Modelle verzichtet; die Analyse mit Hilfe von verbalen Modellen stellt eine eigenständige Alternative zur mathematisch-modelltheoretischen Forschung dar, von der sich der Forscher Erkenntnisse verspricht, die durch mathematische Modelle nicht oder schwerer zu erlangen wären."[53] Falsifiziert werden können die Aussagensysteme der sachlich-analytischen Forschung also zumeist in einem logisch-empirischen Sinne, dass nämlich Hypothesen nicht der beobachtbaren Realität entsprechen, was neben Beobachtungen z. T. auch durch empirische Erhebungen offengelegt werden kann.[54]

Ein weiterer Punkt der Korrespondenz zwischen der sachlich-analytischen Strategie und den Gedanken *Poppers* ist in der Immunisierung von Theorien gegen die Realität zu sehen: „*Man kann empirische Widerlegungen stets vermeiden*. Es ist stets möglich, jede Theorie gegen Kritik zu *immunisieren*."[55] Formale Modelle, denen zumeist eine enge Beschneidung ihrer Modellgrenzen zueigen ist, um die komplexe Realität in einem weniger komplexen, modellhaften Rahmen darstellen zu können, neigen eben durch die rigide Festsetzung von Modellgrenzen und Annahme von Prämissen zu der erwähnten Immunisierung. Im Rahmen der Controllingforschung ist aber eines der Hauptanliegen die Beschreibung der komplexen ökonomischen Realität, um hieraus spekulativ-hypothetische Aussagen (im Sinne der sachlich-analytischen Methode) für die Controlling-Praxis zu generieren.[56] Aus diesen Gründen scheint die sachlich-analytische Methode am besten geeignet, die

---

[52] Was z. B. bei der Überprüfung einer Hypothese durch die Methode des Experiments gegeben wäre.

[53] Schnor, G. (1991), S. 37.

[54] Z. B. empirische Erhebungen zum Controlling in KMU, welche hypothetisch-spekulative Aussagen zur Institution und Funktion bewähren bzw. falsifizieren. Vgl. Hoogen, M. / Lingnau, V. (2009b).

[55] Popper, K. R. (1994), S. 30.

[56] Vgl. die Ausführungen des Kapitels 5.3.2.

Forschungsziele der vorliegenden Arbeit zu erreichen, bei gleichzeitiger Korrespondenz mit den Hauptaussagen des wissenschaftstheoretischen Standpunktes.

3 Organisationstheorie und Controlling

Controlling und Organisationstheorie sind zwei Forschungsbereiche, die auf den ersten Blick wenige Gemeinsamkeiten aufweisen. So ist es auch nicht verwunderlich, dass die beiden Forschungsbereiche sich scheinbar wenig zu sagen haben und die Forschungsergebnisse der beiden Disziplinen keinerlei Einfluss aufeinander haben.[57]

Schaut man sich jedoch die Entwicklungen innerhalb der beiden Forschungsbereiche an, so stößt man auf eine weitgehend analoge Evolution. Seitdem die Organisationstheorie ihren traditionellen Ansätzen „entwachsen" ist[58], herrscht eine fast nicht zu überblickende Theorienvielfalt vor, obwohl doch alle Forschenden das gleiche Forschungsobjekt vor Augen haben.[59] Ein einheitliches Verständnis, was den Kern der Organisation ausmacht, mit welchen Methoden dieser zu erforschen ist, und wie die Veränderung innerhalb von Organisationen zu erklären[60] bzw. zu verstehen ist, existiert nicht.

Betrachtet man die Entwicklungen der deutschsprachigen Controllingforschung seit ihren Anfängen in den 1970er Jahren, so zeichnet sich ein ähnliches Bild ab. Auch hier ist die Frühphase der 70er und 80er Jahre gekennzeichnet durch traditionelle Ansätze[61]. Aus diesen haben sich zwei Konzeptionen kristallisiert, welche die heute vorherrschende universitäre Lehrmeinung widerspiegeln, „Controlling als

---

57 Vgl. Becker, A. (1999), S. 237; vgl. Becker, A. (2003), S. VII u. VIII; vgl. Scherm, E. / Pietsch, G. (2003), S. 27 u. 28.

58 Als traditionell seien die Ansätze nach Weber, Fayol, Taylor, der Human-Relations-Ansatz sowie die Anreiz-Beitrags-Theorie verstanden. Vgl. Scherm, E. / Pietsch, G. (2007), S. 15-22; vgl. Kieser, A. (2006c); vgl. Kieser, A. (2006b); vgl. Kieser, A. (2006a).

59 Wobei diese Formulierung bereits impliziert, dass die Organisation als Forschungsobjekt von allen Forschenden intersubjektiv gleich wahr genommen wird. Im Geiste einer konstruktivistischen Wissenschaftstheorie wäre diese Aussage deutlich zu negieren, da die individuelle Konstruktion eine objektiv erfahrbare Realität nicht vorsieht.

60 Erwähnt sei bereits an dieser Stelle, dass mit dem Ausdruck ‚erklären' bereits eine Festlegung auf die naturwissenschaftliche Methodik einhergeht.

61 Unter anderem die Ansätze, welche Controlling als Informationsversorgungsfunktion bzw. als rechnungswesenorientiert ansehen. Die ersten Ansätze, die einen Anspruch auf eine konzeptionelle Fundierung aufweisen, fallen in die Zeit, in der die ersten universitären Lehrstühle für Controlling besetzt wurden. Vgl. Lingnau, V. (1999), S. 84; vgl. auch Hoogen, M. / Lingnau, V. (2009b), S. 109.

Koordination des Führungssystems“[62] bzw. „Controlling als Rationalitätssicherung der Führung“[63]. Flankiert werden diese Ansätze in jüngster Zeit durch diverse neue Konzeptionen, die häufig interdisziplinär vorgehen und auch Erkenntnisse anderer Forschungszweige in die Theoriebildung einfließen lassen.[64] Auch hier stellt sich die Frage, warum zur Beschreibung bzw. Erklärung desselben Erkenntnisobjektes die Methoden und Ergebnisse so divergieren, sich z. T. sogar widersprechen.[65]

Innerhalb der organisationswissenschaftlichen Literatur gibt es etliche Versuche, Organisationstheorien nach bestimmten Merkmalen zu klassifizieren, und so eine Struktur in den „Dschungel“ der verschiedenen Theorien und Konzeptionen zu bringen.[66] Neben der Strukturierungsleistung ist der Erklärungsversuch für die Verschiedenartigkeit und die faktische Koexistenz der Ansätze ein weiteres Ziel der Klassifikationsversuche. Einer der Versuche, von dem man sagen kann, dass er seit nunmehr fast 30 Jahren nicht nur die Organisationstheoretiker, sondern auch die Sozialwissenschaftler beschäftigt, ist der Bezugsrahmen von *Burrell / Morgan*[67], die in dem Ordnungsrahmen eine Kartographie der Organisationstheorie sehen. Organisationstheoretische Ansätze lassen sich in dem Ordnungsrahmen lokalisieren, und so ihre Evolution vor dem Hintergrund ihrer sozialwissenschaftlichen und philosophischen Grundannahmen rekonstruieren.[68]

3.1 Der Ordnungsrahmen nach Burrell / Morgan

3.1.1 Zwei Dimensionen und vier Paradigmen

Der Ordnungsrahmen wird auf Grundlage zweier Dimensionen konstruiert, von denen die eine Implikationen über wissenschaftstheoretische Prämissen und die

---

62 Begründet durch *Horváth*, konzeptionell weiterentwickelt v. A. durch *Küpper*. Vgl. Horváth, P. (1978); Küpper, H.-U. (2008).

63 Vgl. Weber, J. / Schäffer, U. (2006).

64 Vgl. z. B. den Herausgeberband von Scherm, E. / Pietsch, G. (2004a).

65 Vgl. z. B. Steinmann, H. / Scherer, A. G. (1994), S. 4 f, die diese Divergenz auch für Betriebswirtschaftslehre gegeben sehen.

66 Für eine Zusammenstellung vgl. Gmür, M. (1993).

67 Vgl. Burrell, G. / Morgan, G. (1992).

68 Vgl. Burrell, G. / Morgan, G. (1992), S. XI.

andere Annahmen über das Forschungsinteresse der Forschungstreibenden enthält.[69] Durch die Definition der beiden Dimensionen werden unterschiedliche Ansätze deutlich, sich dem Erkenntnisobjekt der Sozialwissenschaften und damit der Organisationstheorie zu nähern.[70]

3.1.1.1 Die Subjektiv-Objektiv-Dimension

Die Subjektiv-Objektiv-Dimension fokussiert grundlegende wissenschaftstheoretische Positionen, die sich differenzieren lassen in Aspekte der Epistemologie, der Ontologie, des Menschenbildes und der Methodologie (vgl. Abb. 4).

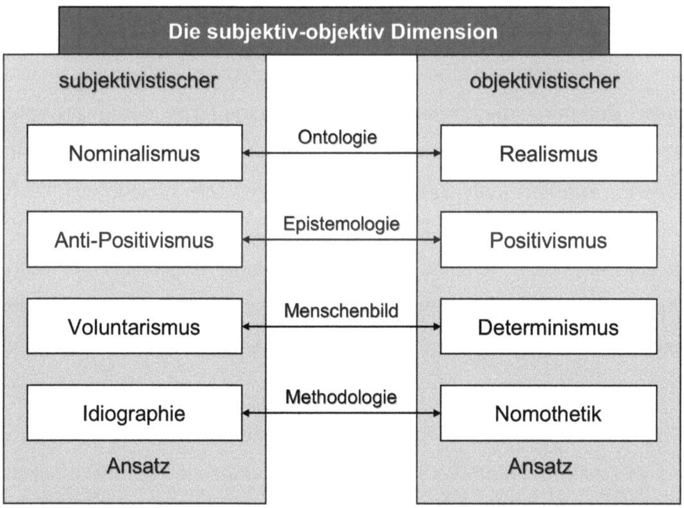

Abb. 4 *Die Subjektiv-Objektiv-Dimension des Ordnungsrahmens von Burrell / Morgan*[71]

Während eine subjektivistische Position gekennzeichnet ist durch einen Nominalismus in Bezug auf den ontologischen Aspekt, steht dieser diametral die objektivistische Position mit einem propagierten Realismus gegenüber. Die Frage nach dem Sein-Status von Entitäten wird aus nominalistischer Sichtweise folglich verneint und die Außenwelt als individuelle sprachliche Konstruktion aufgefasst, welche interindividuell divergiert, da ihr keine objektive Realität zu Grunde liegen

[69] Vgl. Steinmann, H. / Scherer, A. G. (1994), S. 5.
[70] Vgl. Burrell, G. / Morgan, G. (1992), S. VIII ff.
[71] In Anlehnung an Burrell, G. / Morgan, G. (1992), S. 3.

kann.[72] Der Realismus (in seiner ontologischen Ausprägung) hingegen erkennt die Existenz von interindividuellen Strukturen an, welche unabhängig von den Individuen existent sind, und sich unabhängig vom Zeitpunkt der Betrachtung dem Beobachter offenbaren.[73]

Die Epistemologie charakterisiert die erkenntnistheoretische Position, d. h., es wird die Frage aufgeworfen, ob Erkenntnis nach positivistischem Weltbild rein empirisch gewonnen werden kann[74], oder ob z. B. nach konstruktivistischer Position[75] die Realität überhaupt nicht positiv erfahrbar ist, und somit nicht-empirische Modelle des Erkenntnisgewinns zulässig sind.[76] Eng mit dem bereits erwähnten ontologischen Aspekt korrespondiert das der Forschung zu Grunde liegende Menschenbild. Eine subjektivistische Ausprägung basiert auf Individuen, welche nicht determiniert sind durch die Strukturen der Gesellschaft bzw. der Organisation. Ihre Meinungen, Werte und auch die durch das Individuum erlangbare Erkenntnis sind nicht objektiv, sondern individuell geprägt. Die konträre objektivistische Position unterstellt dem Individuum eine Determiniertheit durch die Strukturen der sozialen Umwelt. Das bedeutet, dem Individuum steht keine Möglichkeit der autonomen Entscheidungsfindung offen, sondern es kann sich lediglich an die Umweltstrukturen anpassen, welche es determinieren und in seinen Freiheitsgraden beschränken.

Die erläuterten wissenschaftstheoretischen Aspekte sind nicht unabhängig von der Methodologie zu betrachten. So liegt dem Positivismus eine naturwissenschaftlich-technische Methodologie zu Grunde, welche durch eine gewisse Expansionstendenz in Richtung der Sozial- und Geisteswissenschaften gekennzeichnet ist.[77] Nomothetik bezeichnet hierbei den Versuch, zukünftige Ereignisse mit Hilfe allgemeiner, empirisch gültiger Gesetzmäßigkeiten und regelhaften Mustern zu prog-

---

72 Vgl. Gethmann, C. F. (1984b), S. 1022 ff.

73 Vgl. Gethmann, C. F. (1995d), S. 500 f.

74 Vgl. Stadler, F. (1982), S. 17; vgl. Hegselmann, R. (1992), S. 9.

75 Die konstruktivistische Position ist lediglich als Beispiel aufgeführt, da Burrell / Morgan die dem Positivismus konträren Positionen gebündelt als Anti-positivistische Positionen bezeichnen. Zu einer weiteren Anti-positivistischen Positionen, dem kritischen Rationalismus vgl. z. B. Popper, K. R. (1971); vgl. auch Gethmann, C. F. (1995b), S. 466 ff.

76 Und damit einhergehend auch andere Verfahren der Evaluation des Erkenntnisgewinns.

77 Vgl. Kraft, V. (1968).

nostizieren.[78] Der subjektivistische Gegensatz in der Methodik stellt die Idiographie als Methodenbündel dar. Als idiographisch lassen sich alle Methoden (vor allem der Geistes- und Sozialwissenschaften) charakterisieren, welche Wissenschaft als einen situativen, temporären Ausschnitt der konstruierten subjektiven Realität auffassen. Die Betonung der Situation und der Konstruktion deutet bereits darauf hin, dass es innerhalb der idiograpischen Methode weniger um zeitunabhängige, intrapersonelle Kausalzusammenhänge geht, sondern vielmehr um eine Beschreibung und ein Verstehen der Situation aus singulären Ereignissen heraus.[79] Damit sind die wissenschafts- und erkenntnistheoretischen Positionen umrissen, welche der Forschende, ganz gleich welcher Wissenschaftsdisziplin, kontinuierlich reflektieren sollte. Denn auch wenn innerhalb eines Theoriekomplexes[80] keine explizite Aussage mit materiellem Gehalt über Erkenntnisgewinn und Begründungstrukturen getroffen wird, so liegen jedem Theoriekomplex implizit Annahmen und Prämissen zu Grunde.[81] Neben den erwähnten wissenschaftstheoretischen Grundpositionen gilt es aber auch zu beachten, dass sich die Organisationstheorie innerhalb der Sozialwissenschaft bewegt, und somit auch grundlegende Prämissen über die Erforschung einer Gesellschaft bzw. einer Organisation gewählt werden. Diese werden im Folgenden bei der Erläuterung der Dimension Regulierung-Radikaler Wandel erläutert.

3.1.1.2 Die Dimension Regulierung-Radikaler Wandel

Ein spezifisches Erkenntnisinteresse und damit auch ein Forschungsinteresse liegen jeder Forschung bereits durch die Existenz des Forschungstreibenden als Beobachter zu Grunde. *Burrell / Morgan* sehen innerhalb der sozialwissenschaftlichen Forschung zwei konkurrierende Formen von Grundannahmen über die Gesellschaft und damit auch über Organisationen. Dies sind die Soziologie der Regulierung sowie die Soziologie des radikalen Wandels.[82]

---

[78] Zum Hempel-Oppenheim-Schema vgl. Poser, H. (2001), S. 45-48.

[79] Vgl. Schmid, M. (1980), S. 292 f.

[80] Dabei stellt schon die Benutzung des Begriffes Theorie eine wissenschaftstheoretische Festlegung dar. Vgl. Thiel, C. (1996), S. 266-268.

[81] Vgl. Carrier, M. (1996), S. 273.

[82] Vgl. Burrell, G. / Morgan, G. (1992), S. 13.

Die grundlegende Hypothese der Soziologie der Regulierung besteht in der Aussage, dass Gesellschaften dazu tendieren zusammenzuhalten. Nicht Disharmonie bestimmt die Existenz und Veränderung einer Gesellschaft, sondern die Tendenz der einzelnen Individuen, trotz unterschiedlicher Zielpräferenzen als Kollektiv aufzutreten und Normen und Werte auszubilden, welche die gesellschaftliche Kohärenz unterstützen.[83] In Anlehnung an *Dahrendorf* werden die Grundannahmen der regulierenden Soziologie folgendermaßen beschrieben:

- Jede Gesellschaft ist eine relativ beständige, stabile Struktur von Elementen,
- jede Gesellschaft besteht aus einer Struktur von integrierten Elementen,
- jedes Element einer Gesellschaft besitzt eine Funktion, mit welcher es zu dem Erhalt der Gesellschaft als System beiträgt,
- jede funktionale Struktur basiert auf einem Wertekonsens der beteiligten Individuen.[84]

In dieser Konnotation lassen sich Gesellschaften mit biologischen Organismen bzw. Systemen vergleichen. Jeder Organismus besitzt Teile, welche sich zur Erhaltung und Vermehrung des Organismus funktional spezialisiert haben. Das biologische System als Ganzes überlebt i. d. R. seine funktionalen Teile, welche beständig reproduziert werden. Die funktionalen Teile des Systems dienen der Befriedigung systemischer Bedürfnisse, welche das System als Ganzes entwickelt.[85] Damit unterstellt die Soziologie der Regulierung den gesellschaftsbildenden Individuen einen grundlegenden Willen zur Integration in die gesellschaftlichen Strukturen. Durch den Willen zur Integration wird die relative Stabilität der gesellschaftlichen Elemente und der Gesellschaft als Ganzes erreicht. Denn der Willen zur Integration setzt auch den Konsens der Individuen bei unterschiedlichen Normen- und Wertegerüsten voraus, um ein kollektives Präferenzsystem zu konstituieren.[86] Das Forschungsinteresse der regulativen Soziologie ist dementsprechend auf eine

---

83 Vgl. Burrell, G. / Morgan, G. (1992), S. 17.
84 Vgl. Dahrendorf, R. (1959), S. 161.
85 Vgl. Lenski, G. (1973), S. 40; vgl. Hollis, M. (1995), S. 130-135.
86 Vgl. Burrell, G. / Morgan, G. (1992), S. 13-16.

Erklärung der bestehenden gesellschaftlichen Strukturen im Rahmen einer statischen Sichtweise ausgerichtet.[87]

Im Gegensatz dazu lassen sich die Grundannahmen der Soziologie des radikalen Wandels wie folgt charakterisieren:

- Jede Gesellschaft ist zu jedem Zeitpunkt in einem Prozess des Wandels inbegriffen, sozialer Wandel ist allgegenwärtig.
- Jede Gesellschaft spiegelt zu jedem Zeitpunkt Dissens und Konflikt wider. Soziale Konflikte sind allgegenwärtig.
- Jedes Element einer Gesellschaft erbringt einen Beitrag zum gesellschaftlichen Wandel und der Desintegration der Individuen.
- Jede Gesellschaft basiert auf der Ausübung von Zwang und Dominanz von einigen Gesellschaftsmitgliedern über andere.[88]

Dissens und Konflikt sind somit die zentralen Schlüsselworte, nach denen sich jede Gesellschaft in einem beständigen Wandel inbegriffen sieht.[89] Wandel ist allerdings ein relativ unbestimmter Terminus, der sich in unterschiedlich großen Zeitfenstern, und auf unterschiedlichen Ebenen manifestieren kann. So lässt sich der Wandel individueller Motive durch den Zwang der Gesellschaft von dem Wandel der Gesellschaft als Ganzes unterscheiden, welcher z. B. hervorgerufen wird durch die Interaktion von Individuen und der Gesellschaft.[90] Das Forschungsinteresse der Theorien des sozialen Wandels ist folglich die Erklärung des Wandels im Zeitablauf, und die Identifikation potentieller zukünftiger Zustände, welche den Status Quo der herrschenden sozialen Begebenheiten abzulösen im Stande sind.[91] „The *‚sociology of radical change'* [...] is a sociology which is essentially concerned with man's emancipation from the structures which limit and stunt his potential for development. [...] It is often visionary and Utopian, in that it looks towards potentiality as much as actuality; it is concerned with what is possible rather

---

87 Vgl. Burrell, G. / Morgan, G. (1992), S. 14.

88 Vgl. Dahrendorf, R. (1959), S. 162.

89 Vgl. Strasser, H. (1979), S. 26.

90 Zu einer detaillierteren Differenzierung der Theorien des sozialen Wandels vgl. die Zusammenstellung bei Strasser, H. (1979), S. 46 f.

91 Vgl. Schönbohm, A. (2005), S. 52 f.

than with what is; with alternatives rather than with acceptance of the *status quo*."[92]

Die grundlegenden Paradigmen, und damit die grundlegende Einstellung des Forschenden zum Forschungsobjekt stehen sich bei diesen zwei Soziologien diametral gegenüber. Aussagen der Soziologie des radikalen Wandels sind inkompatibel mit denen der Soziologie, welche die Gesellschaft als ein regulatives System auffasst, und deren konstituierende Grundlage der Konsens ist (vgl. Abb. 5).[93]

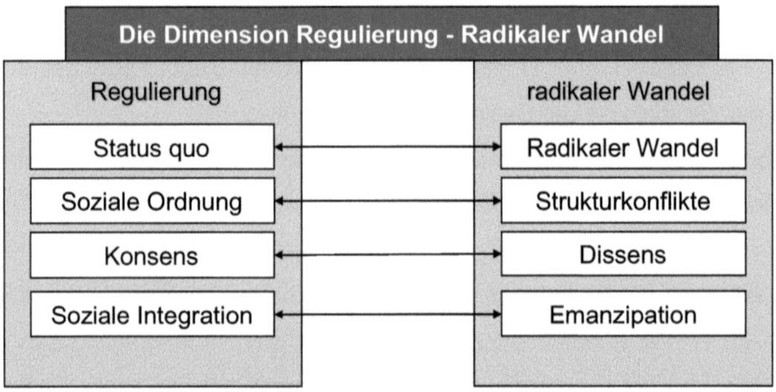

Abb. 5 *Die Dimension Regulierung-radikaler Wandel des Ordnungsrahmens von Burrell / Morgan*[94]

3.1.1.3 Paradigmen sozialwissenschaftlicher Forschung

Auf Basis der zwei erläuterten Dimensionen, von denen die eine die erkenntnistheoretischen Grundannahmen beschreibt, die andere die gesellschaftstheoretischen Grundannahmen des Forschenden, konstruieren *Burrell / Morgan* den aus vier Quadranten bestehenden Ordnungsrahmen. Jeder Quadrant steht stellvertretend für ein Paradigma sozialwissenschaftlicher Theorienbildung (vgl. Abb. 6).[95]

---

92 Burrell, G. / Morgan, G. (1992), S. 17.
93 Vgl. Bonacker, T. (2005), S. 9.
94 In Anlehnung an Burrell, G. / Morgan, G. (1992), S. 13.
95 Zum Terminus des Paradigmas vgl. Gethmann, C. F. (1995a), S. 33 ff.

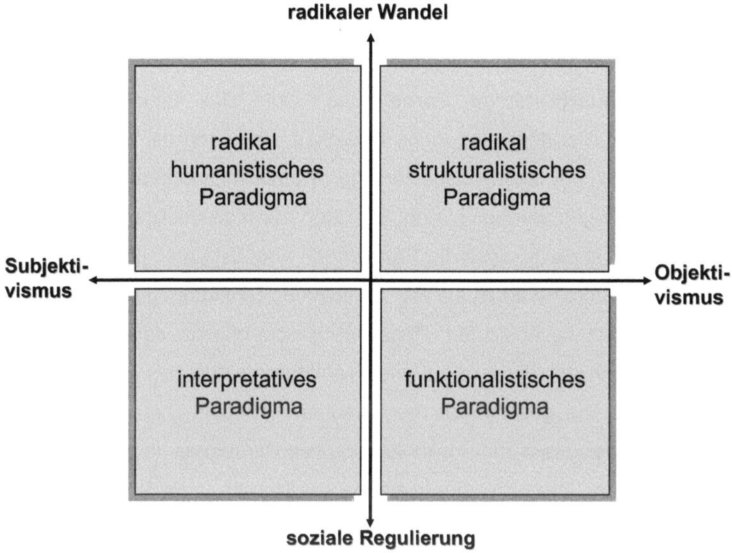

Abb. 6 *Vier Paradigmen sozialwissenschaftlicher Forschung nach Burrell / Morgan*[96]

Das **funktionalistische Paradigma** ist geprägt durch ein an die Naturwissenschaften angelehntes Forschungsverständnis. Es korrespondiert mit dem Kritischen Rationalismus, woraus folgt, dass die Theoriebildung der Aufdeckung zeit- und raumunabhängiger Kausalzusammenhänge gilt, aus welchen sich wiederum universelle Prinzipien formulieren lassen.[97] Die universellen Prinzipien dienen der ex post Erklärung und der ex ante Prognose gesellschaftlicher Tatbestände[98]. Sie lassen sich vor allem durch die Analyse der zu Grunde liegenden sozialen Strukturen formulieren, welche auch „unabhängig von ihren Mitgliedern wirken und er-

---

96 Vgl. Burrell, G. / Morgan, G. (1992) S. 22.

97 Vgl. Scherer, G. A. (2006), S. 35.

98 Dabei wird ein gesellschaftlicher Tatbestand in Anlehnung an Durkheims soziologischen Tatbestand folgendermaßen verstanden: „Ein soziologischer Tatbestand ist jede mehr oder minder festgelegte Art des Handelns, die die Fähigkeit besitzt, auf den Einzelnen einen äußeren Zwang auszuüben; oder auch, die im Bereiche einer gegebenen Gesellschaft allgemein auftritt, wobei sie ein von ihren individuellen Äußerungen unabhängiges Eigenleben besitzt." Durkheim, E. (1895); zitiert nach Brock, D. et al. (2007), S. 109.

forscht werden können“ [99] und welche zum Zusammenhalt und der Erhaltung des sozialen Systems beitragen.[100]

Innerhalb des **interpretativen Paradigmas** besitzt das naturwissenschaftliche Verständnis der Theoriebildung keine Gültigkeit. Entgegen der funktionalen Aufdeckung von zeit- und situationsbeständigen Kausalzusammenhängen der strukturellen Bedingungen werden soziale Entitäten als individuelles Konstrukt angenommen. Damit ist die Analyse der Handlungen und Absichten der Individuen von zentraler Bedeutung, da durch sie erst die sozialen Strukturen geschaffen werden. Da sich zumindest die Absichten offensichtlich nicht objektiv darstellen lassen, ist der Forschungsansatz durch die subjektive Interpretation des Forschenden gekennzeichnet.[101] Die gesellschaftstheoretischen Grundannahmen der Forschenden bestehen, gleichsam zum funktionalistischen Paradigma, in der Annahme der Kohärenz und der Integrationskraft einer Gesellschaft.[102] Bedeutender Vertreter der interpretativen Theoriebildung ist u. A. *Max Weber*, welcher die grundlegenden gesellschaftlichen Strukturen und deren Veränderungen im Rahmen seiner Handlungstheorie analysiert.[103]

Sowohl das **radikal humanistische**, als auch das **radikal strukturalistische Paradigma** sind gesellschaftstheoretisch dem Dissens und dem kontinuierlichen Wandel verpflichtet.[104] Das erkenntnistheoretische Interesse des Forschungstreibenden besteht folglich in einer Kritik des Status Quo und den herrschenden Kräften und Strukturen. Die Kritik soll zu einer Veränderung der bestehenden Machtverhältnisse führen, und die Individuen von „Bevormundung, Entfremdung, Ausbeutung und Unterdrückung [...] befreien“.[105] Es zeigt sich hierbei deutlich der Unterschied zu den beiden gesellschaftstheoretisch dem Konsens verpflichteten Paradigmen, welche eine Beschreibung, auch eine Erklärung und Prognose der Ge-

---

99 Scherer, G. A. (2006) S. 36.
100 Vgl. Burrell, G. / Morgan, G. (1992) S. 26.
101 Streng genommen muss der Forschende die situativen Interpretationen der Individuen interpretieren, weswegen man auch von einer doppelten Hermeneutik spricht. Vgl. Veraart, A. / Wimmer, R. (1984), S. 88; vgl. Hollis, M. (1995), S. 195.
102 Vgl. Burrell, G. / Morgan, G. (1992), S. 31.
103 Vgl. Weber, M. (1976), S. 12 ff.; Baumgarten, E. (1964), S. 283.
104 Vgl. Burrell, G. / Morgan, G. (1992), S. 326 f.
105 Scherer, G. A. (2006), S. 37.

sellschaft formulieren, welche aber nicht aktiv[106] als Gestalter in den Prozess eingreifen. Im Rahmen des **radikal humanistischen Paradigmas** ist dies jedoch das Erkenntnisinteresse des Forschenden: Die Kritik der bestehenden Strukturen und Machtverhältnisse mit dem Ziel der Veränderung und Herbeiführung neuer, gerechterer Strukturen. Da die Strukturen wiederum lediglich soziale Konstruktionen der mächtigsten Individuen sind, deren Konstruktionen durch ihre Macht dominant sind, führt das Paradigma des radikalen Humanismus unweigerlich, so scheint es, zu einer sozialen Theorie der Klassenkämpfe.[107]

Das **radikal strukturalistische Paradigma** teilt zwar den Drang nach Veränderung und Reorganisation des Bestehenden, allerdings kommt in ihm die strukturalistische Sichtweise zum tragen, so dass die Individuen keinen Einfluss auf die Strukturen besitzen, welche Dominanz ausüben. Mehr noch ist der Forschende ein objektiver Beobachter, dem sich die sozialen Strukturen als Realität offenbaren. Diese sind zu kritisieren, um eine Veränderung herbeizuführen. Die Veränderung kann nicht durch die Einstellungen und Handlungen der Individuen vorangetrieben werden, sondern durch die „tieferen Strukturen der Welt“[108], zwischen jenen auch das eigentliche Konfliktpotential identifiziert werden kann.[109]

Zum besseren Verständnis sind in Abb. 7 idealtypische Theorien und Strömungen innerhalb der vier Paradigmen wiedergegeben. Die Auswahl wurde bewusst auf soziologische Theorien beschränkt, um den einführenden Rahmen des Kapitels nicht zu sprengen. Mit *Durkheims* Soziologie lässt sich z. B. ein idealtypischer Vertreter des funktionalistischen Paradigmas identifizieren, der sowohl von einer Solidarität zwischen Gesellschaftsmitgliedern ausgeht, als auch von der Idee der Regulierung.[110] Im Hinblick auf das Forschungsziel war Durkheim wohl Verfechter jener Kausalanalyse, die typisch für die Naturwissenschaften ist, wie folgendes Zitat zeigen mag: „When, then, the explanation of a social phenomen is underta-

---

106 Zwar vertritt das interpretative Paradigma ein subjektivistisches Weltbild, in dem auch die Annahme enthalten ist, dass es keinen objektiven Beobachter geben kann. Jedoch beeinflusst bzw. manipuliert der Beobachter nicht zielgerichtet in Richtung eines herbeizuführenden Ergebnisses, wie es innerhalb des radikal humanistischen Paradigmas vorliegt.

107 Vgl. Scherer, G. A. (2006), S. 38.

108 Scherer, G. A. (2006), S. 38.

109 Vgl. Scherer, G. A. (2006), S. 38.

110 Vgl. Burrell, G. / Morgan, G. (1992), S. 45 f.

ken, we must seek separately the efficient cause which produces it and the function it fulfills."[111]

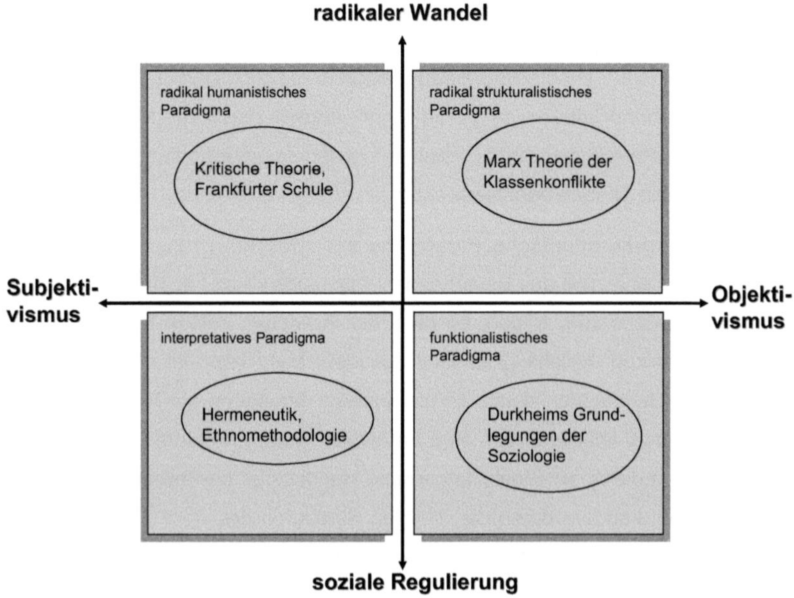

Abb. 7 *Paradigmen und idealtypische Theorien und Theorieströmungen innerhalb der Paradigmen*

3.1.2 Der Paradigmenbegriff und Inkommensurabilität als Konsequenz

Ziel von *Burrell / Morgan* bei der Analyse der sozialwissenschaftlichen Theorien war es, Gründe für die Vielfalt der sozialwissenschaftlichen Theorien zu finden, welche ebenfalls erklären können, warum verschiedene Theorien zu solch unterschiedlichen Ergebnissen in Bezug auf das gleiche Forschungsobjekt kommen.[112] Ihre Analyse hatte als Ergebnis die Differenzierung der sozialwissenschaftlichen Forschung in Paradigmen, welche die erkenntnistheoretische und gesellschaftstheoretische Grundausrichtung des Forschenden wiedergeben und metatheoreti-

[111] Durkheim, E. (2006), S. 49.
[112] Vgl. Burrell, G. / Morgan, G. (1992), S. VIII-XII.

schen Charakter besitzen. Dies heißt jedoch nicht, dass innerhalb eines Paradigmas vollkommene Einigkeit bezüglich der angesprochenen Prämissen zu herrschen hat. Allerdings sind die Forschenden zumindest in der Lage, sich gegenseitig zu verstehen, da sie von denselben Annahmen und methodischen Grundlagen heraus diskutieren.[113] Zwischen zwei unterschiedlichen Paradigmen wird diese Verständigungsleistung schon wesentlich schwieriger, da z. B. das Dogma des Zusammenhaltens vs. dem Auseinanderbrechen einer Gesellschaft eine Verständigung zwischen zwei Positionen, die sich innerhalb dieses Spannungsfeldes befinden, unmöglich machen wird. Ebenso werden sich z. B. ein logischer Empirist[114] und ein radikaler Konstruktivist[115] sowohl auf einer semantischen Ebene, als auch in Bezug auf ontologische Aspekte nicht verständigen können, da die grundlegenden Annahmen über die Realität, ontologische Entitäten, Forschungsmethoden und Begründungsprinzipien viel zu unterschiedlich sind.[116] Eben hierin äußert sich die Bedeutung des Begriffes Paradigma in einem *Kuhn'schen* Sinn. Demzufolge besitzt ein Paradigma drei Funktionen: Eine kognitiv-ontologische, eine normative sowie eine pädagogische Funktion. Die erstgenannte Funktion ist bestimmend für die grundlegenden ontologischen Annahmen innerhalb des Paradigmas, nämlich „Welches sind die fundamentalen Entitäten, aus denen sich das Universum zusammensetzt?“[117] Die normative Funktion gibt Auskunft über die Anerkennung wissenschaftlicher Methoden, Problemstellungen und Lösungsnormen innerhalb der Referenzgemeinschaft des Paradigmas.[118] Die pädagogische Funktion bezieht sich auf die wissenschaftliche Sozialisation des Forschenden. Durch den Erwerb von Expertise auf dem Forschungsgebiet findet auch eine unbewusste Sozialisation mit dem „Forschungskonsens“ des jeweiligen Fachgebietes statt.[119] Der Konsens wird vermutlich nicht immer klar zu formulieren sein, sondern besteht viel-

---

[113] Vgl. Burrell, G. / Morgan, G. (1992), S. 23.

[114] Vgl. grundlegend zum logischen Empirismus bzw. Positivismus Lorenz, K. (1980), S. 543 f.

[115] Vgl. zum Konstruktivismus grundlegend Thiel, C. (1984), S. 449 ff.

[116] Hüttemann z. B. macht die Differenzen beider Positionen sehr anschaulich am Ziel der physikalischen Forschung fest. Vgl. Hüttemann, A. (1997), S. 178 ff. u. S. 187 ff. Ähnlich Janich, P. (1996), S. 12 f., der sich jedoch stärker auf den Methodischen Konstruktivismus der Erlanger Schule bezieht. Vgl. Lorenzen, P. (1987).

[117] Kuhn, T. S. (1973), S. 21-22.

[118] Vgl. Kuhn, T. S. (1973), S. 73 ff, S 119 u. S 149 f.

[119] Vgl. Feyerabend, P. (1992), S. 47.

mehr aus nicht klar umrissenen, unbewusst übernommenen Grundvorstellungen der wissenschaftlichen Gemeinde. „Die Studierenden akzeptieren aber Theorien wegen der Autorität des Lehrers und des Lehrbuches, nicht aufgrund von Beweisen. [...] Die in den Lehrbüchern geschilderten Anwendungen stehen dort nicht als Beweis, sondern weil ihr Erlernen ein Teil des Erlernens des Paradigmas zu Beginn der üblichen Praxis ist."[120]

Wissenschaft vollzieht sich in der westlichen Welt nicht wie ein linearer kontinuierlicher Prozess des Erkenntnisfortschrittes. Vielmehr wird ein wissenschaftliches Paradigma von einem anderen abgelöst, welches nicht dem vorher herrschenden Mainstream der Forschung angehörte.[121] Neue Grundlagen, Standpunkte und neue Offensichtlichkeiten, was als wissenschaftlich erwiesen ist, gehen damit einher. Kurzum: Eine Revolution der Wissenschaft, oder, wie *Hollis* formuliert: „Wenn die normale Wissenschaft beständig unerwartete Resultate zutage fördert, gerät sie unter Druck. Zu einer Umwälzung kommt es, sobald eine völlig neuartige Betrachtungsweise der widerspenstigen Resultate zum Vorschein kommt und als Deutungsverfahren dieser Resultate weithin Anerkennung findet."[122] Der Ordnungsrahmen nach *Burrell / Morgan* kategorisiert die Paradigmen nun aber nicht chronologisch aufeinander abfolgend[123], womit auch bereits eine Wertung und Hierarchisierung impliziert wäre. Die Paradigmen stehen gleichberechtigt und gleichzeitig nebeneinander, und es kann keine Aussage getroffen werden, welches Paradigma den besseren Erkenntnisfortschritt, die wahrhaftigeren Theorien oder Ähnliches hervorbringt. Es fehlt nämlich schlicht ein Vergleichsmaßstab zwischen den Paradigmen, um deren Ergebnisse miteinander vergleichen zu können bzw. die Sprache des einen Paradigmas in die eines anderen zu übersetzen. Diesen Umstand nennt man Inkommensurabilität[124]. Zum Vergleich zweier Theo-

---

[120] Kuhn, T. S. (1973), S. 114.

[121] Nach Kuhn vollzieht sich Wissenschaft durch Revolutionen, welche den Übergang von einem Paradigma zu einem nächsten markieren. Vgl. Kuhn, T. S. (1984), S. 2 ff.

[122] Hollis, M. (1995), S. 117.

[123] Wie es im Rahmen einer linear sich vollziehenden wissenschaftlichen Entwicklung zu erwarten wäre. Vgl. zum Grundmodell dieser kumulativ-kontinuierlichen Entwicklung Gethmann, C. F. (1984a), S. 504.

[124] Inkommensurabilität ist ein Begriff, der ursprünglich aus der Mathematik stammt, und dort die Nicht-Vergleichbarkeit zweier Strecken bezeichnet, da auch dort eine dritte Vergleichsstrecke

rien[125] fehlt ein übergeordnetes Bezugssystem (Vergleichsmaßstab), anhand dessen über die Richtigkeit geurteilt werden könnte. Vielmehr verhalten sich die Paradigmen zueinander in einem Zustand der Konkurrenz. Die Einnahme eines bestimmten paradigmatischen Standpunktes ist lediglich exklusiv möglich. Dies liegt eben an den unterschiedlichen Paradigmen, derer sich Aussagensysteme als Grundannahmen bzw. Bezugssystem bedienen, deren Prämissen einander ausschließen.

3.1.3 Ebenen der Inkommensurabilität

Der Begriff Inkommensurabilität wurde innerhalb der Wissenschaftstheorie von *Kuhn* innerhalb seiner Abhandlungen zu den Phasen wissenschaftlichen Fortschritts geprägt, und von *Feyerabend* aufgegriffen.[126] Seinen Ursprung hat die wissenschaftstheoretische Interpretation des Begriffes Inkommensurabilität in der Mathematik. Dort sind zwei Zahlenwerte bzw. zwei Strecken inkommensurabel, wenn

- die Relation der Zahlenwerte nur durch eine irrationale Zahl auszudrücken ist.
- das Verhältnis zweier Strecken nicht durch eine rationale Zahl ausgedrückt werden kann, da eine dritte Strecke fehlt, welche den Vergleichsmaßstab der beiden Strecken darstellt.[127]

Innerhalb der wissenschaftstheoretischen Interpretation der Inkommensurabilität existieren mehrere Ebenen, auf denen Aussagensysteme zueinander inkommen-

fehlt. Vgl. Haas, G. (1984b), S. 245. Für eine historisch detailliertere Einführung vgl. Fritz, K. v. (1965), S. 271 ff. Vgl. auch Kapitel 3.1.3.

125 Welche sich in zwei sich widersprechenden Paradigmen befinden.

126 Vgl. Kuhn, T. S. (1988); Vgl. Feyerabend, P. (1979). Die Verwendung des Begriffes und die Schlussfolgerungen aus der Interpretation von Inkommensurabilität unterscheiden sich bei beiden Autoren allerdings. Vgl. Homann, K. (1980), S. 207 f.

127 Als Beispiel sei ein Quadrat mit der Kantenlänge a angeführt. Nach dem Satz des Pythagoras ergibt sich für die Diagonale d (Hypotenuse des gebildeten Dreiecks) in Abhängigkeit der Kantenlänge a des Quadrates (Kathete): $d = \sqrt{a^2 + a^2}$. Im Falle der Kantenlänge a = 1 ergibt sich für $d = \sqrt{2}$ .Dies ist nachweislich keine natürliche Zahl, und somit sind Diagonale und Kantenlänge inkommensurabel. Vgl. Lehrstuhl-der-Didaktik-der-Mathematik (2009).

surabel sein können. Man unterscheidet in diesem Rahmen die **semantische**, die **methodische** und die **evaluative** Inkommensurabilität.[128]

Innerhalb einer wissenschaftlichen Gemeinde, deren Forschung sich wiederum in den Grenzen eines Paradigmas abspielt, existiert ein Vokabular, mit welchem die ontologischen Entitäten und die Wechselwirkungen der Entitäten verbalisiert werden. Dieses wissenschaftliche Vokabular der jeweiligen Gemeinschaft ist oft implizit erworben durch die langjährige Tätigkeit in der spezifischen Domäne, und muss somit nicht unbedingt als bewusstes Wissen existent sein.[129] Das Vokabular bildet vielmehr einen unbewussten Hintergrund, vor dem und mit dessen Hilfe Forschung betrieben wird, denn Sprache stellt den Urgrund aller wissenschaftlichen Tätigkeit dar. Vor der Publizierung, der Überprüfung oder der Verwerfung einer Theorie steht immer ihre Formulierung.[130] Damit bildet das Vokabular ein „Begriffsnetz, durch welches die Wissenschaftler die Welt betrachten."[131] Wie jede Betrachtung eines Objektes durch ein bestimmtes Medium, sei es dinglicher oder sprachlicher Art, findet durch die Brechung[132] ein Selektionsprozess statt, der dem Betrachtenden nur einen Teilbereich des Objektes freigibt. Je nach Art und Gestalt des brechenden Mediums, in diesem Falle das Begriffsnetz des Wissenschaftlers, ergibt sich ein variierender „erkenntnistheoretisch relevante[r] Zugang"[133] zum Objektbereich. In unterschiedlichen Paradigmen finden, bedingt durch ein divergierendes wissenschaftliches Vokabular, unterschiedliche Selektionsprozesse des Objektbereiches statt, so dass die Perzeption der Forschenden sich fundamental unterscheiden kann.[134] Verstärkt wird diese **semantische Inkommensurabilität** wesentlich durch eine begriffliche Bedeutungsverschiebung bei dem Übergang

[128] Die Darstellung lehnt sich an Hönig, K. (2006), S. 32-39, an und fußt auf Kuhn, T. S. (1988).

[129] Es kann allerdings davon ausgegangen werden, dass Wissenschaftler sich auch durchaus bewusst eines bestimmten Vokabulars bedienen. Jedoch wird diese bewusste Verwendung im Laufe der Jahre und der unbewussten Routine vermutlich mehr und mehr zu unbewusstem Wissen. Vgl. zu einer grundlegenden Darstellung von unbewusstem Wissen und dessen Einbringung in die Entscheidungssituation Lingnau, V. (2006), S. 4 ff.

[130] In Anlehnung an das sprachlich orientierte Paradigma der zeitgenössischen Philosophie. Vgl. Reese-Schäfer, W. (2001), S. 58.

[131] Kuhn, T. S. (1988), S. 115.

[132] Dieser Begriff sei verwendet in Anlehnung an die Brechung des Lichtes bei Betrachtung durch ein Okular bzw. ein anderes Medium.

[133] Hönig, K. (2006), S. 52.

[134] Vgl. Hönig, K. (2006), S. 52-53.

von einem Paradigma in ein anderes. Dies liegt nicht an einer Ersetzung des vorherrschenden wissenschaftlichen Vokabulars, sondern im Gegenteil an seiner Beibehaltung, bei welcher das Vokabular allerdings eine neue Semantik erhält. Dieser Vorgang führt zu einer Bedeutungsverschiebung zentraler Begrifflichkeiten einer Theorie, wodurch die Kommunikation zwischen zwei Paradigmen in einem Zusammenbruch enden muss[135] bzw. die Sprache des einen Paradigmas nicht in sinnvolle Begrifflichkeiten des anderen Paradigmas zu übersetzen ist.[136]

Die **methodische Inkommensurabilität** folgert ebenfalls z. T. aus dem Selektionsprozess der sprachlichen Beschreibung eines Gegenstandsbereiches. Die Unmöglichkeit von Kommunikation begründet sich allerdings aus daraus divergierenden Problemgebieten, Problemlösungsfähigkeiten und den Bewertungen der Problemrelevanz.[137] Je nach erkenntnistheoretischem Zugang, und damit auch implizit unterstellten ontologischen Annahmen, wird ein Problem erst als solches identifiziert und repräsentiert.[138] Filtert der Wissenschaftler durch sein „Begriffsnetz" also bereits ontologische Entitäten aus dem Objektbereich heraus, so kann er diese auch nicht mehr als Problem wahrnehmen. Zum anderen aber bestimmt ein Paradigma auch „die Quelle aller Methoden, Problemgebiete und Lösungsnormen, die von einer reifen wissenschaftlichen Gemeinschaft zu irgendeinem Zeitpunkt anerkannt werden."[139] Ähnlich wie das wissenschaftliche Vokabular dem Forschenden mit der Zeit unbewusst werden wird, findet eine Sozialisation der Methoden und Begründungsnormen statt, welche er bereit ist als wissenschaftlich adäquat zu akzeptieren.[140]

Damit existiert nach *Kuhn* eine doppelte Inkommensurabilität zwischen zwei wissenschaftlichen Paradigmen. Zum einen müssen Verständigungsprobleme bzw. die Unmöglichkeit einer Kommunikation über den Gegenstandsbereich, die als

---

[135] Vgl. Hönig, K. (2006), S. 53.
[136] Vgl. Hönig, K. (2006), S. 32.
[137] Vgl. Hönig, K. (2006), S. 53-54.
[138] Analog gibt es die subjektive Repräsentation eines Problems im Verlauf eines Problemlösungsprozesses. Vgl. Roth, E. (1999).
[139] Hönig, K. (2006), S. 116.
[140] Wobei dieser Prozess in jeder wissenschaftlichen Gemeinschaft, und auch innerhalb eines Paradigmas zu beobachten ist. Man vergleiche die Diskussion um die Werturteilsfreiheit der Sozialwissenschaft, respektive der Betriebswirtschaftslehre. Vgl. Weingärtner, P. (2006); Kirchgässner, G. (2006).

relevant eingestuften Probleme und deren Lösungen postuliert werden. Selbst wenn eine solche transparadigmatische Kommunikation möglich wäre, scheitert sie an der unterschiedlichen Semantik des verwendeten wissenschaftlichen Vokabulars. „Da Paradigmen selbstbegründend sind, scheint die Möglichkeit einer externen neutralen Beurteilung oder Evaluation ausgeschlossen.“[141] Diese umfassendere Inkommensurabilität, welche sich aus der semantischen und der methodischen Inkommensurabilität konstituiert, wird als **evaluative Inkommensurabilität** bezeichnet.[142] In dem Begriff kommt zum Ausdruck, dass es kein abschließendes Urteil über einen größeren Erkenntnisgewinn mehrerer Theorien geben kann, wenn sie in sich widersprechenden Paradigmen angeordnet sind. Ist eine Theorie innerhalb eines Paradigmas vor dem jeweiligen erkenntnistheoretischen und semantischen Hintergrund in sich stimmig[143], so ist sie als gleichwertig zu einem Aussagensystem zu sehen, das sich in einem anderen Paradigma befindet, und vor den dort geltenden materiellen Vorschriften Bestand hat.[144] Diese Position des Ablehnens einer Begründungspflicht führt zu einer relativistischen Auffassung von Wissenschaft, welche unter Bezugnahme auf den Ordnungsrahmen von *Burrell / Morgan* im Folgenden erläutert werden wird.

3.1.4 Relativismus als wissenschaftstheoretischer Standpunkt

Der Relativismus ist, um eine erste grobe Annäherung zu versuchen, eine philosophische Position, nach der es keinen absoluten Standpunkt einer Begründung, eines Wertes oder einer Überzeugung geben kann. Jede zu begründende Aussage baut auf Bedingungen auf, welche wiederum von dem Umfeld ihrer Emergenz abhängig sind. Neben begründungswürdigen Aussagen lassen sich auch Werte und Normen begründen, ebenso die Frage nach dem Wahrheitsbegriff. Bezeichnet man die begründungswürdigen Aussagen als Geltungsansprüche, so lassen sich mehrere Varianten des Relativismus identifizieren, in Abhängigkeit der Klasse

---

[141] Hönig, K. (2006), S. 55.

[142] Vgl. Wong, D. (1989), S. 142 ff. Wong postuliert allerdings ein anderes Ableitungsverhältnis der evaluativen Inkommensurabilität.

[143] Der Terminus Stimmig ist in diesem Zusammenhang als Konformität mit der Regelhaftigkeit innerhalb eines Paradigmas aufzufassen. Eine absolute und objektive Beurteilung der wissenschaftlichen Begründungsleistung wird auch von *Burrell / Morgan* verneint. Vgl. Scherer, G. A. (2006), S. 39.

[144] Vgl. Scherer, G. A. (2006), S. 39.

der Geltungsansprüche und dem Hintergrund, vor dem die Geltungsansprüche gestellt werden. Der Hintergrund kann dabei in Form eines bestimmten Kultur- oder Gesellschaftskreises[145] gegeben sein, ebenso aber durch eine wissenschaftliche Gemeinschaft und dem Paradigma, welchem sie verpflichtet ist. Folglich gibt es mehrere Varianten des Relativismus. Zu erwähnen sind vor allem der Werterelativismus[146], der Wahrheitsrelativismus sowie der Bedeutungsrelativismus.[147] Da *Burrell / Morgan* mit ihrer Systematisierung den Erkenntnisfortschritt und die Begründungsleistung von sozialwissenschaftlichen Theorien fokussieren, wird im Folgenden eine weitere Spielart des Relativismus erörtert werden: Der erkenntnistheoretische Relativismus.

Die Frage, wie sich ein Erkenntnisgewinn begründen lässt, und damit auch beurteilen lässt, wird von Realisten mit dem Verweis auf die Korrespondenz mit der Realität beantwortet.[148] Ein dem Realismus verpflichteter Wissenschaftler setzt eine objektiv erfassbare Realität voraus, welche unabhängig vom Beobachter existent ist, und von diesem somit durch den Prozess des Beobachtens auch nicht verändert wird. Eine Beurteilung einer wissenschaftlichen Aussage muss demnach über die Übereinstimmung mit der Realität erfolgen.[149] Damit ist ein Absolutheitsanspruch impliziert, da der oberste Bezugspunkt aller Wissenschaft nunmehr die objektive erfahrbare Realität ist. Nach dieser objektivistischen Weltauffassung lassen sich also nicht nur die Regelhaftigkeit einer Theorie, sondern auch deren

---

[145] Man vergleiche z. B. die ethnologischen Studien von Evans-Pritchard, welcher sich Hollis als Beispiel zur Erläuterung des Relativismus bedient. Hier bildet der Kulturkreis bzw. das Stammesgebilde der Zande den Hintergrund vor dem die Werte und Normen dieser Stammesgemeinschaft begründet werden, so dass auch Hexerei eine in diesem Kulturkreis durchaus rationale Begründung erfährt. Vgl. Evans-Pritchard, E. E. (1937)

[146] Der häufig mit einem Wertepluralismus verwechselt wird, wie er in den westlichen Industriegesellschaften in den letzten Jahrzehnten zu beobachten ist. Zum Unterschied des Relativismus zum Pluralismus vgl. Hönig, K. (2006), S. 11.

[147] Vgl. Hollis, M. (1995), S. 306-309.

[148] Diesem Gedanken des Realismus liegt die Korrespondenztheorie der Wahrheit zu Grunde. Je nach erkenntnistheoretischer Ausrichtung sind andere Kriterien und damit auch Definitionen für den Wahrheitsbegriff ausschlaggebend. So ist z. B. in der Konsensustheorie der Wahrheit nach Habermas die Anerkennung von berechtigten Geltungsansprüchen innerhalb von Sprechakten das Kriterium für eine wahre Aussage. Vgl. Habermas, J. (1973), S. 218. Es gibt ebenso sprachanalytisch orientierte Theorien, welche ein semantisches Konzept von Wahrheit vorlegen. Vgl. z. B. Tarski, A. (1977). Es ist also zu unterstreichen, dass der Wahrheitsbegriff auch ein Bestandteil des erkenntnis- und wissenschaftstheoretischen Standpunktes ist, und damit auch in den unterschiedlichen Paradigmen divergent besetzt sein kann.

[149] Vgl. Gethmann, C. F. (1995e), S. 500 f.

Wahrhaftigkeit überprüfen. Die logische Konsequenz dieses absoluten Anspruches ist auch die Möglichkeit eines Theorienvergleichs und die Präferenz für die Theorie, welche die Realität besser beschreibt, und sich somit verifizieren[150] bzw. falsifizieren[151] lässt. Konstituierend für eine solche Evaluationsmöglichkeit ist ein Verständnis von Realität, welches die Unabhängigkeit der Realität von den Individuen[152] sowie ihre interkulturelle und intertemporäre Autonomie postuliert. Die Realität fungiert als ein intersubjektives, überindividuelles und exklusives Bezugssystem, das einen absoluten Punkt darstellt.[153]

Im Gegensatz dazu wird von Relativisten die These des Pluralismus von Bezugssystemen vertreten. Ebenso wie es in den Ausführungen zur Inkommensurabilität dargestellt wurde, besitzt jede wissenschaftliche Aussage einen gültigen Geltungsanspruch, wenn sie innerhalb ihres Bezugssystems logisch korrekt begründet. Begründung bedeutet hier also eine relative Begründung zum Bezugssystem, und das Bezugssystem stellt den Geltungsbereich einer Theorie dar. Nach relativistischer Auffassung muss es folglich mehrere Bezugsysteme geben, die unabhängig voneinander parallel existieren. Dies stellt den grundsätzlichen Gegensatz zum Absolutismus dar, der ein einzigartiges universell gültiges Bezugsystem postuliert. Ein praktisches Beispiel einer relativistischen Interpretation von Erkenntnis sind z. B. die unterschiedlichen Erklärungsansätze der Makroökonomie, namentlich die Neoklassische Theorie und der im scharfen Gegensatz dazu stehende Keynesianische Ansatz.[154] Beide Theorien „kommen zu gänzlich unterschiedlichen

---

150 Bereits die Verwendung des Begriffes Verifikation impliziert ein positivistisches Wissenschaftsverständnis, nach dem sich Theorien positiv verifizieren lassen auf Grundlage einer Korrespondenztheorie der Wahrheit. Vgl. zum Positivismus bzw. logischen Empirismus und der Verifikation Kraft, V. (1968), S. 121 ff; Stadler, F. (1982). Zur Korrespondenztheorie der Wahrheit vgl. Kügler, P. (2001), S. 42.

151 Das Prinzip der Falsifikation beruht auf den Gedanken Poppers. Danach lässt sich die Realität objektiv erfahren, aber eine letzte Begründung für eine Verifikation ist nicht möglich. Dies bedeutet für Aussagensysteme, dass diese sich solange bewähren, bis sie falsifiziert sind. Vgl. Carrier, M. (2007), S. 29 f.; Hübner, K. (1986), S. 285 ff.

152 Damit wird die Realität zu einer ontologischen Struktur, die unabhängig von der Existenz bzw. dem Denken von Individuen präsent ist. Vgl. Craig, E. (2007), S. 215. Diese Frage wird ausführlich im Rahmen der Erläuterung von Methodologischem Individualismus und Methodologischem Kollektivismus hinsichtlich des ontologischen Aspektes diskutiert werden. Vgl. Kapitel 5.2.1.

153 An dieser Stelle sei auf eine Analogie zum Absoluten von Umberto Eco verwiesen. Vgl. Eco, U. (1989), S. 9-16.

154 Vgl. Heine, M. / Herr, H. (2003), S. 208 f.

Vorstellungen über die Ursachen von Arbeitslosigkeit, Inflation, konjunkturellen Krisen usw. Die Unterschiede kristallisieren sich in der jeweiligen theoretischen Erfassung der Rolle und Funktion des Geldes in einer Volkswirtschaft heraus."[155] Neben der Rolle des Geldes existiert ein jeweilig konträrer Ansatz, wie die einzelnen Märkte aufeinander wirken. Während in der Neoklassik die Märkte, wie z. B. Arbeitsmarkt, Gütermarkt und Kapitalmarkt, gleichberechtigt nebeneinander stehen, sind sie im Rahmen des Keynesianismus hierarchisch angeordnet. Dies bedeutet, dass z. B. der Vermögensmarkt auf lange Sicht das Investitionsvolumen und damit auch die Güterproduktion determiniert.[156]

Bevor die Probleme erläutert werden, die ein relativistischer Standpunkt mit sich bringt, muss noch der Unterschied zum Pluralismus geklärt werden, der ebenfalls eine Koexistenz mehrerer Bezugsysteme annimmt.[157] Nach pluralistischer Auffassung gibt es eine mögliche Konvergenz der Bezugssysteme, sodass die Inkommensurabilität nicht unbedingt unüberwindbar ist.[158] Vielmehr ist es unter Umständen möglich, ein Bezugssystem in ein anderes zu „übersetzen", sodass „etwaige Gegensätze letztlich oder prinzipiell aufgehoben werden könnten."[159] Der relativistische Standpunkt widerspricht dem und nimmt im Gegensatz dazu eine prinzipielle Unvereinbarkeit an, die aber in letzter Konsequenz auch eine vollständige Gleichwertigkeit der Bezugssysteme bedingt. Denn die pluralistische Annahme der prinzipiellen Überführbarkeit eines Bezugsystems in ein anderes bedeutet auch, dass es eine subkutane Hierarchisierung der Bezugsysteme geben muss.[160]

Was aber sind nun die Konsequenzen aus der relativistischen Behauptung, jede wissenschaftliche Aussage ist gültig unter Berücksichtigung ihres Bezugsystems bzw. Paradigmas? Mit dem Fallenlassen des Absolutheitsanspruches geht paradoxerweise ein Problem formaler Art einher. Um nämlich einen absoluten Anspruch bestreiten zu können, muss streng formal von einem absoluten Standpunkt aus argumentiert werden, den der Relativist ja gerade negiert. Dieser Vorwurf ge-

---

155 Heine, M. / Herr, H. (2003), S. 208.
156 Vgl. Heine, M. / Herr, H. (2003), S. 209.
157 Vgl. Hönig, K. (2006), S. 11.
158 Vgl. Rescher, N. (1993), S. 38 f., der Paradigmenübergänge mit einer Situation des Dissens beschreibt.
159 Hönig, K. (2006), S. 11.
160 Vgl. Hönig, K. (2006), S. 26 f. Im Unterschied dazu vgl. Hoyningen-Huene, P. (1997), S. 137 f.

gen die relativistische Position wird als Selbstwiderspruchsvorwurf bezeichnet.[161] Etwas detaillierter lässt sich der Selbstwiderspruchsvorwurf folgendermaßen darstellen: Der Relativist behauptet, dass die Aussage a über den Objektbereich O innerhalb des Bezugssystems A rechtmäßig begründet ist, und somit den Anspruch auf Gültigkeit besitzt. Gleichzeitig gebe es eine Aussage b aus B, ebenfalls über O, welche eine Widerlegung von a darstelle, diesem also innerhalb der Grenzen von B die Gültigkeit abspreche. Nach relativistischer Auffassung müssen beide Aussagen a und b zur gleichen Zeit gültig und ungültig sein, da R annimmt, dass

- a Gültigkeit mit Bezug auf A besitzt.
- b ebenfalls relativ zu B gültig ist bzw. a damit ungültig ist.

Es findet in diesem Fall also ein Widerspruch statt, da a zur selben Zeit als gültig und ungültig akzeptiert wird. Der tiefere Grund dieses Widerspruchs liegt in der bereits angedeuteten absoluten Position, die notwendig ist, um eine relative Position zu vertreten. Denn auch die Wahl zwischen einer relativistischen und einer absoluten Erkenntnissauffassung kann ihrerseits nur vor einem Bezugssystem argumentativ vertreten werden. Um die Wahl zu Gunsten des Relativismus zu treffen, muss also ein absolutes Bezugsystem existieren, vor dessen Hintergrund der Vorzug einer relativistischen Position begründet werden kann.

Bereits *Platon* war sich dieses formalen Widerspruchs bewusst, was die folgenden Aussagen des Sokrates im Rahmen der Widerlegung des **Homo-mensura-Satzes**[162] des Protagoras zeigen: „[...] Sokrates erklärt zu Recht: Wenn ich behaupte, alle Meinungen seien wahr für den Meinenden, dann gilt das auch für die Meinungen, die meine Meinung für falsch halten. Wenn Protagoras selbst auf diese Weise gezwungen ist, das Gegenteil seiner These für wahr zu halten, ergäbe sich die subtile Konsequenz, dass niemand die These für wahr hielte."[163]

Protagoras kann die relativistische Position des Homo-mensura-Satzes nicht begründen, da er denjenigen, die ihm vorhalten er irre sich, den Anspruch auf Gültig-

---

[161] Vgl. Hönig, K. (2006), S. 9.

[162] „Aller Dinge Maß ist der Mensch, der seienden, daß sie sind, der nichtseienden, daß sie nicht sind". Zitiert nach Bröcker, W. (1986), S. 113.

[163] Original aus dem Theaitetos-Dialog des Platon. Zitiert nach Kranz, M. (1986), S. 22.

keit seiner Aussage nicht verwehren kann, gleichzeitig aber die Gültigkeit seiner eigenen Aussage beansprucht. Somit landet er in eben jenem erläuterten Selbstwiderspruch des Relativismus.

Innerhalb der Systematisierung sozialwissenschaftlicher Theorien bewegen sich *Burrell / Morgan* in demselben Spannungsfeld. Auch ihnen ist eine relativistische Position zueigen, da die vier Paradigmen miteinander unvereinbar sind, und in einem Konkurrenzverhältnis stehen. Eben mit dieser Interpretation des wissenschaftlichen Erkenntnisfortschrittes begründen sie einen erkenntnistheoretischen Relativismus.[164] Bedingt durch die relativistische Position bleibt aber die Begründung geschuldet, „warum man gerade eine solche relativistische Position, wie die von ihnen vertretene, anderen Auffassungen vorziehen soll."[165] Lösungsansätze zur Überwindung des Selbstwiderspruchsvorwurfs sind in Form eines Teilrelativismus und Teilinkommensurabilitäten diskutiert worden. Neben der Philosophie, welche sich grundlegend mit der Begründbarkeit des Relativismus beschäftigt, hat es auch Ansätze in der Organisationstheorie gegeben, die Begründungsproblematik und damit die Inkommensurabilität des Ordnungsrahmens nach *Burrell / Morgan* aufzulösen. Eine wesentliche Weiterentwicklung fand durch die Arbeit von *Gioia / Pitre*[166] statt, welche sich auf eine Teilinkommensurabilität der Paradigmen stützt.

3.2 Erweiterung des Ordnungsrahmens nach Gioia / Pitre

Der Ordnungsrahmen von *Burrell / Morgan* wurde 1990 von *Gioia / Pitre* wieder aufgenommen und in seiner Differenzierung der Paradigmen weiterentwickelt. Von *Burrell / Morgan* werden die vier Paradigmen durch die zwei Dimensionen Subjektiv-Objektiv-Dimension und Regulierung-Radikaler Wandel aufgespannt. *Gioia / Pitre* erweitern die Beschreibung der vier Paradigmen um die Aspekte übergeordnetes Forschungsziel, Theorieperspektive und Theoriebildung.[167] Als Leitfaden

---

[164] Vgl. Scherer, G. A. (2006), S. 39.
[165] Scherer, G. A. (2006), S. 39.
[166] Vgl. Gioia, D. A. / Pitre, E. (1990).
[167] Vgl. Gioia, D. A. / Pitre, E. (1990), S. 588 - 591.

ihrer Paradigmenbeschreibung dient dabei das „concept of structure“[168], da zu diesem jedes der vier Paradigmen einen anderen epistemologischen Zugang besitzt, welches jedoch größtenteils in den bereits erwähnten paradigmatischen Prämissen, z. B. über den ontologischen Status fußt. Von diesem Gesichtspunkt ist an dem Konzept von *Gioia / Pitre* wenig Revolutionäres zu entdecken, sondern vielmehr eine verbesserte Differenzierungsleistung unter den vier Paradigmen. Äußerst aufschlussreich ist hingegen der Anspruch, Brücken bzw. Übergangszonen zwischen den Paradigmen herzuleiten, da dies mit einer Negierung der globalen Inkommensurabilität gleichzusetzen ist, und eine wesentliche Kontraposition zu *Burrell / Morgan* darstellt.[169] Um die Inkommensurabilitätsdiskussion aus den beiden verschiedenen Perspektiven nachvollziehen zu können, wird im Folgenden zunächst die Detaillierungsleistung des Konzeptes von *Gioia / Pitre* erläutert.

3.2.1 Die Detaillierung der Perspektiven nach *Gioia / Pitre*

Das Forschungsziel der Forschenden, welche sich im **funktionalen Paradigma** bewegen, spezifizieren *Gioia / Pitre* als die Suche nach Regelmäßigkeiten und Kausalbeziehungen, die zu einer Generalisierung führt und darüber hinaus zu der Formulierung von universellen Prinzipien.[170] Funktionalistische Theorien haben das Ziel, auf Grundlage der allgemeinen Gesetze, eine Prognose von zukünftigen Zuständen geben zu können, und die Prognose ex post zu kontrollieren und die Theorie damit zu verifizieren, bzw. zu falsifizieren. Diese Forschungsziele sind eng angelehnt an das klassische Forschungsparadigma der Naturwissenschaften, welches eben zeit- und raumunabhängige Zusammenhänge annimmt, die sich dem Beobachter durch ontologisch existente Strukturen als objektive Realität offenbaren.[171] Bezogen auf die Organisation als Forschungsobjekt bedeutet es, dass „Organizational structure is taken as an objective phenomenon that is external to, and independent of, organization members."[172] Zur Beschreibung der Strukturen und der kausalen Beziehungen kommen in der Regel quantitative Methoden

[168] Vgl. Gioia, D. A. / Pitre, E. (1990), S. 588.
[169] Vgl. Gioia, D. A. / Pitre, E. (1990), S. 595-598.; vgl. Scherer, G. A. (2006), S. 43.
[170] Vgl. Gioia, D. A. / Pitre, E. (1990), S. 590.
[171] Vgl. Hollis, M. (1995), S. 64 ff; Müller, S. (2004), S. 27 f.
[172] Gioia, D. A. / Pitre, E. (1990), S. 590.

zum Einsatz, mit welchen sich der Einfluss spezifischer zu variierender Variablen auf einen Output messen und kontrollieren lässt. Der Einfluss auf die Output-Dimension wird durch eine oder mehrere Hypothesen über die betrachteten Zusammenhänge quantitativ formuliert. Die Generierung der Hypothesen folgt aus einer Revision der Literatur unter Berücksichtigung bestehender Theorien des jeweiligen Forschungsgebietes. Aus diesem Status Quo der derzeitigen Forschungsbemühungen in dem jeweiligen Gebiet strebt die funktionalistische Theoriebildung eine Verfeinerung und Verbesserung der bestehenden Theorien an. Verfeinerung meint hierbei, dass durch die neue Theorie die Realität besser beschrieben wird, als durch vorangehende Theorien (vgl. Abb. 8).

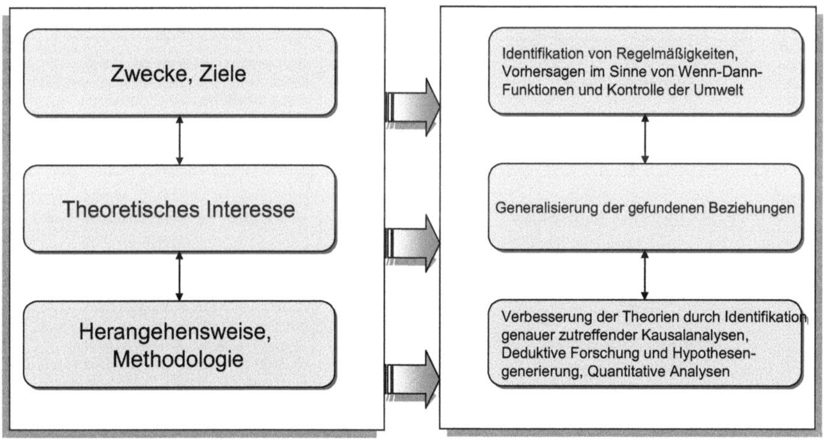

Abb. 8 *Beschreibung des funktionalistischen Paradigmas*[173]

Der historische Prozess der Theoriebildung folgt nach funktionalistischer Auffassung einem geradlinigen Weg. Neue Theorien werden aus alten geboren, da sie sich besser zur Beschreibung eignen[174], eine größere Generalisierung bei gleich bleibender Qualität der Realitätsbeschreibung leisten oder die Möglichkeit eröffnen, eine Entscheidung zwischen konkurrierenden Erklärungsmodellen zu fällen.[175]

---

173 In Anlehnung an Gioia, D. A. / Pitre, E. (1990), S: 591.
174 Unter Umständen können neue Theorien auch bestehende Erkenntnislücken füllen.
175 Vgl. Gioia, D. A. / Pitre, E. (1990), S. 590.

Innerhalb des **interpretativen Paradigmas** verschiebt sich im Vergleich zum funktionalistischen Paradigma vor allem das Forschungsziel. Statt der Suche nach Kausalbeziehungen wird das Erklären und Verstehen sozialer Konstruktionen in den Mittelpunkt gestellt. „People socially and symbolically construct and sustain their own organizational realities.“[176] Statt dem Postulat objektiv vorhandener Strukturen werden diese nach interpretativer Auffassung erst von den Individuen konstruiert, und können demnach keine Kontinuität über Raum und Zeit hinweg haben. Vielmehr stellt die Konstruktion der sozialen und organisatorischen Umwelt[177] einen subjektiven Prozess der Sinngebung dar, den der Forschende zu beschreiben und erklären versucht (vgl. Abb. 9).

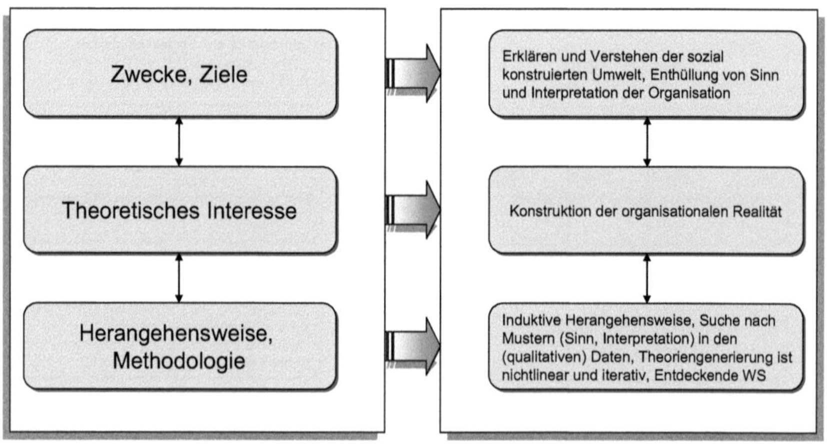

Abb. 9 *Beschreibung des interpretativen Paradigmas*[178]

Die Strukturen repräsentieren hierbei das Ergebnis regelbasierter Prozesse, wie z. B. Heuristiken und Verhaltensmuster, derer sich die Individuen bei der Konstruktion ihrer Umwelt bedienen.[179] Der Beobachtung und Aufdeckung dieser, der sozialen und organisationalen Konstruktion zu Grunde liegenden Prozesse, gilt das Augenmerk des interpretativen Paradigmas. Dabei ist dem Forschungstreibenden,

---

[176] Gioia, D. A. / Pitre, E. (1990), S. 588.
[177] Und damit auch der Strukturen, um die Verbindung zum „concept of structure“ zu ziehen.
[178] In Anlehnung an Gioia, D. A. / Pitre, E. (1990), S. 591.
[179] Vgl. Gioia, D. A. / Pitre, E. (1990), S. 588.

der dem interpretativen Paradigma verpflichtet ist, bewusst, dass er durch die Beobachtung und Beschreibung der Prozesse zu einem Teil dieser selbst wird. Der Hauptansatz ist dementsprechend, aus der Perspektive der Organisationsmitglieder, die Konstruktion sozialer Wirklichkeit zu erfahren.[180] Die Konstruktionen der Individuen lassen sich nur durch eine Interpretation der individuellen Repräsentation einer sozialen Situation beschreiben und erklären, woraus sich eine doppelte Interpretationspflicht für den Forschungstreibenden ergibt.[181] Die Methoden, welche sich zur Aufdeckung des Strukturierungsprozesses eignen, sind vielschichtig, jedoch grundsätzlich qualitativer Natur. „The interpretive researcher collects data that are relevant to the informants and attempts to preserve their unique representations. Analysis begins during data collection and typically uses coding procedures to discern patterns in the (usually) qualitative data so that descriptive codes, categories, taxonomies, or interpretive schemes that are adequate at the level of meaning of the informants can be established."[182] Bedingt durch den im Vergleich zu funktionalistischen Erklärungen eher „weichen" Aussagen derartiger Theoriebildung, sind auch die einzelnen Phasen der Theoriebildung nicht ganz klar abzugrenzen. Vielmehr stellt die interpretative Theoriebildung einen iterativen, induktiven Prozess dar, in dem die Datensammlung, Interpretation und Theorieformulierung ineinander übergehen.[183] Betrachtet man den historischen Verlauf interpretativer Theoriebildung, so ist im Gegensatz zu funktionalistischen Theorien kein geradliniger Erkenntnisfortschritt zu erkennen. Bevor eine Theorie mittlerer Reichweite[184] Gültigkeit erlangt, können Modifikationen, aber auch Umwälzungen innerhalb der Theorie stattfinden.[185] Interpretative Theoriebildung bedeutet, zusammenfassend gesagt, mehr eine beschreibende und entdeckende Wissenschaft, denn eine erklärende und prognostizierende.

Die Theoriebildung im **radikal humanistischen Paradigma** weist große Ähnlichkeiten zu der Theoriebildung im interpretativen Paradigma auf. Auch nach radikal

---

[180] Vgl. Gioia, D. A. / Pitre, E. (1990), S. 588.
[181] Vgl. Hollis, M. (1995), S. 172 f, S. 194 ff.
[182] Gioia, D. A. / Pitre, E. (1990), S. 588.
[183] Vgl. Gioia, D. A. / Pitre, E. (1990), S. 588.
[184] Zu einer Erklärung Theorien mittlerer Reichweite in der Soziologie vgl. Eisenstadt, S. N. (1980), S. 29 f.
[185] Vgl. Gioia, D. A. / Pitre, E. (1990), S. 588.

humanistischer Auffassung ist die Theoriebildung ein induktiver, nichtlinearer und interaktiver Prozess, innerhalb dessen die einzelnen Phasen mehrfach durchschritten werden und nicht ganz klar voneinander zu separieren sind. Anliegen der Theoriebildung ist, ebenso wie im interpretativen Paradigma, eine Aufdeckung der sinngebenden Prozesse, welche die organisatorische Konstruktion der Individuen formen.[186] Der Hauptunterschied zwischen radikal humanistischem Paradigma und sowohl interpretativem, als auch funktionalistischem Paradigma, ist der Zielaspekt der Theoriebildung, durch den auch das theoretische Interesse beeinflusst wird.

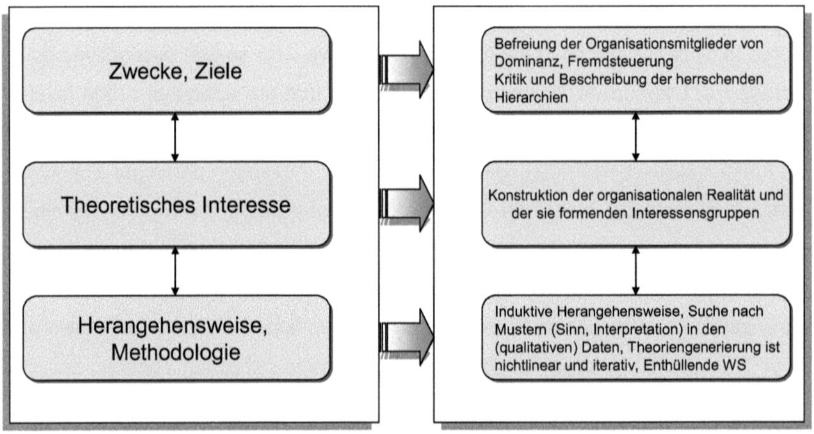

Abb. 10 Beschreibung des radikal humanistischen Paradigmas[187]

Innerhalb des radikal humanistischen Paradigmas dominiert eine kritische Sichtweise, welche auf die Beeinflussung von Strukturierungsprozessen durch die Eliten[188] fokussiert. Das Ziel jeder Theoriebildung liegt in der Befreiung der Organisationsmitglieder von Kräften der Beherrschung, Ausbeutung und Unterdrückung (vgl. Abb. 10). Dazu wird die vorhandene soziale und organisatorische Struktur analysiert, mit dem Ziel sie positiv für die Organisationsmitglieder zu verändern.

---

186 Vgl. Gioia, D. A. / Pitre, E. (1990), S. 588 f.

187 In Anlehnung an Gioia, D. A. / Pitre, E. (1990), S. 591.

188 Eliten heißt hierbei in der Organisationsumwelt das Management bzw. die Unternehmensführung oder der Eigentümer. Im Original wird der Begriff power-holders verwandt. Vgl. Gioia, D. A. / Pitre, E. (1990), S. 589.

Dabei differenziert das radikal humanistische Paradigma in zwei Strukturen: Zum einen ist eine Oberflächenstruktur existent, in welcher sich die bestehenden Machtverhältnisse durch Dominanz und (mentaler) Unterdrückung der Organisationsmitglieder äußern. Zum anderen gibt es eine tiefer liegende Struktur, in der die eigentlichen Ursachen für die Notwendigkeit eines Wandels liegen. Dieses „deep-structure level“[189] ist eines der Forschungsobjekte kritischer Wissenschaft, um den Einfluss der verdinglichten, unter der Oberfläche liegenden Strukturen auf individuelle Interaktion zu identifizieren und zu eliminieren.

Ein weiterer Unterschied zum interpretativen Paradigma stellt die Methodologie dar. Nicht so sehr Literaturdurchsicht und Interpretation von Repräsentationen sind der Mittelpunkt der Theoriebildung, sondern „theory building is best viewed as having a political agenda.“[190] Das liegt eben an dem Wunsch und Bedürfnis nach Veränderung und Wandel der bestehenden Verhältnisse[191], der als Methode folglich ein eher pragmatisch angelegtes Programm zur Veränderung beinhaltet. Die Motivation des radikal humanistischen Paradigmas ist nicht die wissenschaftlich exakte Begründung, sondern die Erziehung der Individuen zur Veränderung. Dies setzt auch die Identifikation von Kommunikationsverzerrungen voraus, welche zur Verdeckung einer falschen Legitimität bestehender Verhältnisse führen.[192] Diese dominante Orientierung in Richtung des organisatorischen Wandels zeigt sich auch bei der historischen Betrachtung radikal humanistischer Theoriebildung. Statt einem, wie auch immer orientierten Fortschreiten der Theorien und einem sukzessiven Aufbau von Aussagensystemen, wird der radikal humanistischen Theoriebildung vorgeworfen, hauptsächlich bereits bestehende Theoriensysteme neu zu interpretieren.[193] Zusammenfassend lässt sich der Charakter der radikal humanistischen Begründung und Präsentation mit einem Zitat von *Gioia / Pitre* wiedergeben: „The presentation of theory in this paradigm is meant to be persuasive, in that

[189] Gioia, D. A. / Pitre, E. (1990), S. 589.
[190] Gioia, D. A. / Pitre, E. (1990), S. 589; vgl. auch Rosen, M. (1985), S. 32 ff.
[191] Vgl. Scherm, E. / Pietsch, G. (2007)
[192] Vgl. Gioia, D. A. / Pitre, E. (1990), S. 589.
[193] Vgl. Gioia, D. A. / Pitre, E. (1990), S. 589.

theories are intended to serve as a motivating impetus for change toward an ideologically laden viewpoint.“[194]

Dem **radikal strukturalistischen Paradigma** ist mit dem radikal humanistischen das Verlangen nach einer Umwälzung[195] der bestehenden (Macht)Verhältnisse gemein. Allerdings wird diese Umwälzung nicht über eine Aufdeckung und Veränderung der individuellen Prozesse der Konstruktion gesucht, sondern über die Identifikation und die Erklärung bestehender Makrostrukturen. Diese Makrostrukturen werden als ontologisch existent unabhängig vom Individuum angenommen. Vielmehr werden die Individuen durch solche sozialen bzw. ökonomischen Makrostrukturen unterdrückt und in ihrer Entfaltung gehemmt.[196] Diese Strukturen können sozialer Natur sein, wie z. B. die Existenz gesellschaftlicher Klassen mit unterschiedlich großem Einfluss auf die Gestaltung der Gesellschaft[197], sie können aber auch ökonomischer Natur sein, wie z. B. die Strukturierung der westlichen Industrie.[198] Die erwähnten Strukturen dienen den gesellschaftlich dominanten Klassen als Instrument der Unterdrückung weniger privilegierter Klassen[199], und sie sind nach radikal strukturalistischer Auffassung historisch bedingt und gewachsen und führen zu Dysfunktionalitäten des Produktionssystems, das seinen eigentlichen Sinn[200] verloren hat. Die gegebenen Strukturen verhindern ein optimales Funktionieren innerhalb des organisatorischen Kontextes, da die dominanten sozialen Schichten die Organisationen zu ihrer persönlichen Zweckerreichung einzusetzen wissen.[201] Das Ziel radikal strukturalistischer Forschung ist also zusammenfassend gesagt (vgl. Abb. 11), „to understand, explain, criticize, and act

[194] Gioia, D. A. / Pitre, E. (1990), S. 589.

[195] Die Verschärfung der Begrifflichkeiten wurde bewusst verwendet, da im Original von einer „ideology for change, or perhaps more dramatically, for transformation“ die Rede ist. Gioia, D. A. / Pitre, E. (1990), S. 589.

[196] Vgl. Gioia, D. A. / Pitre, E. (1990), S. 589.

[197] Wie es sich in Marx' Schriften widerspiegelt. Vgl. Marx, K. / Engels, F. (2006), S. 12 f.

[198] Vgl. zum Beispiel zur Strukturierung der deutschen Industrie Hansmann, K. W. (2006), S. 19-25.

[199] Vgl. Morgan, G. (1980), S. 615 -620.

[200] Mit einer Aussage über den Sinngehalt eines Produktionssystems bzw. einer ganzen Volkswirtschaft geht ein Werturteil einher, das in strukturalistischer Hinsicht auf die Wohlfahrtsmehrung der Massen abzielt. Vgl. z. B. Marx, K. / Engels, F. (2006), S. 215 ff. u. 424 ff.

[201] Vgl. das Beispiel der Kreditierung der Arbeitskraft von Marx, K. / Engels, F. (2006), S. 188.

on the structural mechanisms that exist in the organizational world, with the ultimate goal of transforming them through collective resistance and radical change."[202]

Der Theoriebildungsprozess ist, ähnlich dem humanistischen Paradigma, eher argumentativ ausgelegt und dient ebenso eher der Überzeugung und Motivation einer gesellschaftlichen Umwälzung. Selten werden neue Theorien generiert. Schwerpunkt ist vielmehr eine Reformulierung historischer Tatsachen, die sich dem Beobachter als offensichtlich erschließen. Auf Basis dieser Evidenzen soll nach strukturalistischer Auffassung gezeigt werden, wie sich die gesellschaftliche und organisationale Praxis ändern müsste, um die beherrschenden Strukturen aufzubrechen und zu überwinden.[203]

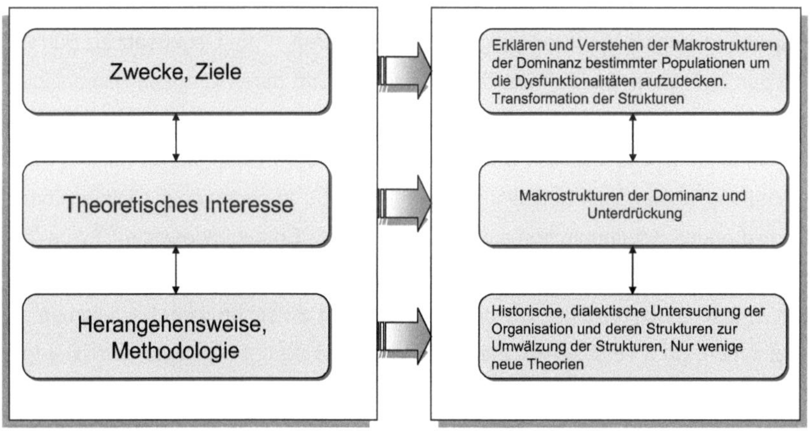

Abb. 11 *Beschreibung des radikal strukturalistischen Paradigmas*[204]

3.2.2 Möglichkeiten der multiparadigmatischen Betrachtung

Neben der Detaillierung der Paradigmen verfolgen *Gioia / Pitre* einen weiteren Anspruch mit ihrer Forschungsarbeit: Ziel der Argumentation ist es, eine multiparadigmatische Perspektive auf den Prozess der Theoriebildung zu schaffen, um die erkenntnistheoretisch engen Grenzen einer monoparadigmatischen Betrach-

[202] Heydebrand, W. V. (1983), S. 312.
[203] Vgl. Gioia, D. A. / Pitre, E. (1990), S. 593.
[204] In Anlehnung an Gioia, D. A. / Pitre, E. (1990), S. 591.

tungsweise zu erweitern.[205] Der Mehrwert einer multiparadigmatischen Betrachtung konstituiert sich aus der Konstruktion von Verbindungen zwischen den Paradigmen und der Identifikation von Gemeinsamkeiten, Unterschieden und Unvereinbarkeiten der verschiedenen Paradigmen.[206] Aus der Perspektive unterschiedlicher Paradigmen kann so das Forschungsobjekt Organisation, unter Berücksichtigung variierender erkenntnis- und gesellschaftstheoretischer Prämissen, betrachtet werden, was wiederum für eine bessere Kenntnis des eigenen Paradigmas wie auch der anderen Paradigmen und des Forschungsobjektes spricht.[207] Diese Ausweitung der erkenntnistheoretischen Grenzen hat aber im Gegenzug auch Auswirkungen auf den Begriff der Inkommensurabilität, denn wenn eine multiparadigmatische Sichtweise möglich sein soll, so muss wohl zumindest auf kommunikativer Ebene eine Verständigungsleistung existieren.[208] Im Gegensatz zu *Burrell / Morgan* definieren *Gioia / Pitre* die Paradigmen und deren Grenzen dementsprechend nicht vollständig gegeneinander abgrenzbar. Während die Ausprägungen der erkenntnis- und gesellschaftstheoretischen Dimensionen bei *Burrell / Morgan* vollständig bipolar sind, postulieren *Gioia / Pitre* die Ausprägung der Dimensionen als fließendes Kontinuum von einem Extrem in das Entgegengesetzte.[209] Aus dieser Argumentation des Kontinuums abgeleitet wird die grundsätzliche Schwierigkeit erläutert, den exakten Ort der Grenzziehung zwischen zwei Paradigmen zu bestimmen. „In a strict sense, then, the paradigms do not constitute hard-and-fast domains. The boundaries between paradigms are therefore more usefully conceived as *transition zones*."[210] Die Übergangszonen können als ein Bereich aufgefasst werden, in denen zumindest eine transparadigmatische Kommunikation möglich ist. Inwieweit auch eine evaluative Inkommensurabilität überwunden werden kann, bleibt noch zu zeigen. Als „Brückenkopf"[211] in den Übergangszonen sol-

---

[205] Vgl. Goles, T. / Hirschheim, R. (2000), S. 9.
[206] Vgl. Gioia, D. A. / Pitre, E. (1990), S. 1, S. 591.
[207] Vgl. Goles, T. / Hirschheim, R. (2000), S. 9.
[208] Vgl. Weaver, G. R. / Gioia, D. A. (1994), S. 6.
[209] Vgl. Gioia, D. A. / Pitre, E. (1990), S. 592.
[210] Gioia, D. A. / Pitre, E. (1990), S. 592.
[211] Dem Autor sei die blumige Sprache verziehen, bedenke man, dass Gioia / Pitre im Original von „bridging across these blurred transition zones" sprechen. Gioia, D. A. / Pitre, E. (1990), S. 592.

len dabei so genannte second-order Konzepte dienen, welche die wissenschaftlichen Prämissen des Verstehens beschreiben.[212]

Gioia / Pitre bedienen sich, ähnlich wie im Rahmen der Detaillierung der einzelnen Perspektiven, der „notion of structure"[213], welche im Weiteren als gedanklicher Wegweiser bei der Vorstellung der Übergangszonen fungieren wird.

3.2.2.1 Die Übergangszone zwischen funktionalistischem und interpretativem Paradigma

Ein Konzept zweiter Ordnung, welches nach *Gioia / Pitre* in der Übergangszone von funktionalistischen und interpretativen Paradigma anzusiedeln ist, stellt die Strukturationstheorie dar.[214] Diese von *Giddens*[215] entwickelte Theorie hat den Anspruch, eine allgemeine Sozialtheorie zu sein, weswegen ihre Formulierung entsprechend abstrakt ist, und sie keine Gesellschaftstheorie darstellt, d. h. keinen Anspruch auf die Erklärung des gesellschaftlichen Status Quo bzw. der gesellschaftlichen Entwicklung beinhaltet.[216] Vielmehr wird durch das Konzept der Strukturation versucht, grundlegende ontologische Fragen der sozialen Wirklichkeit zu analysieren.[217]

Ausgangspunkt der Strukturationstheorie ist hierbei die Überwindung der Dichotomie von intentionaler Handlung und Struktur. Nach klassischer Auffassung muss die wissenschaftliche Erklärung sozialer Phänomene vom einzelnen Individuum erfolgen, welches durch seine Handlungen die Strukturen erst erschafft bzw. manipuliert. Diese Position ist als Methodologischer Individualismus (MI) bekannt. Die wissenschaftstheoretisch konträre Analyse- und Erklärungsposition ist der Methodologische Kollektivismus (MK). [218] Dieser strebt die Analyse der gesellschaftlichen Phänomene durch den Bezug zur Gesellschaft als Ganzes an. Die gesell-

---

[212] Generell sind second-order Konzepte reflexiv angelegt, so dass häufig auch von einer Repräsentation der Repräsentation gesprochen wird. Vgl. Elkana, Y. (1988), S. 178.

[213] Gioia, D. A. / Pitre, E. (1990), S. 592.

[214] Vgl. Gioia, D. A. / Pitre, E. (1990), S. 592.

[215] Vgl. Giddens, A. (1984a).

[216] Vgl. Scherm, E. / Pietsch, G. (2007), S. 90.

[217] Vgl. Scherm, E. / Pietsch, G. (2007), S. 90.

[218] Eine detailliertere Erläuterung, sowohl des MI, als auch des MK findet sich in Kapitel 5.2.1, in Vorbereitung der Analyse wissenschaftstheoretischer Ausprägungen bestehender Controllingkonzeptionen.

schaftlichen Strukturen haben in dieser Sichtweise einen kausalen Einfluss auf die Handlungen der Individuen, welche somit einem Determinismus unterliegen, und in der Wahrscheinlichkeit ihrer Handlung mindestens eingeschränkt sind.[219] Die Aussagen beider Positionen in Bezug auf die materiellen Vorschriften zur Analyse haben ebenso Konsequenzen auf die ontologischen Grundannahmen. Während Methodologische Individualisten in ihrer Extremposition[220] lediglich Individuen als ontologisch existent postulieren, wird diese Annahme von Methodologischen Kollektivisten zu Gunsten einer exklusiven Existenz von gesellschaftlichen Strukturen ersetzt.[221]

Die Strukturationstheorie überwindet die dichotomen Positionen durch die Dualität von Struktur und Handlung. Der Prozess der Strukturierung lässt sich demnach nicht separieren von der Existenz von Strukturen.[222] „Handeln benötigt eine Orientierung stiftende soziale Struktur; letztlich kann aber auch die soziale Struktur nur durch das darauf beruhende Handeln zur Geltung kommen, weil sie keine Existenz aufweist außer in ihrer laufenden Aktualisierung durch das Handeln."[223] Die Strukturen haben demnach eine sinngebende und verhaltenssteuernde Komponente, weswegen sich individuelle Handlungen an ihnen orientieren, sie zudem auch interpretieren müssen. Gleichzeitig aber sind Strukturen das Produkt von individuellen Handlungen, so dass z. B. Individuen formalisierte Regeln durch sinnstiftende Handlungen schaffen. Struktur und Handlung befinden sich folglich in einer rekursiven Beziehung: „structure is both medium and outcome of social practices."[224] Aus der Überwindung der Gegensätze von Handlung und Struktur folgt laut *Gioia / Pitre* die integrierende Kraft der Strukturationstheorie. Sie ist als ein intermediierendes Konzept innerhalb der Subjektiv-Objektiv-Dimension zu charakterisieren, da sie die konträren Auffassungen zu vereinen weiß. Damit spannt die Strukturationstheorie eine Übergangszone zwischen interpretativem und funktio-

---

219 Zu einer Analogie des evolutionären Determinismus vgl. Krohs, U. (2007), S. 269.

220 Die erwähnte Extremposition wird strenger MI genannt, korrespondierend der strenge MK. Die bipolar entgegengesetzte Ausprägung nennt sich gemäßigter MI bzw. gemäßigter MK. Vgl. Kapitel 5.2.1.

221 Vgl. Meran, J. (1979).

222 Vgl. Gioia, D. A. / Pitre, E. (1990), S. 592.

223 Scherm, E. / Pietsch, G. (2007), S. 91.

224 Giddens, A. (1979), S. 357.

nalistischem Paradigma auf, da sie die Differenzen zumindest partiell zu beheben vermag.[225]

3.2.2.2 Die Übergangszone zwischen interpretativem und radikal humanistischem Paradigma

Die Differenzen von interpretativem und radikal humanistischem Paradigma ergeben sich vor allem aus dem Zweck der Forschung. Wie in Kapitel 3.1.1.3 und 3.2.1 gezeigt werden konnte, ist das Ziel radikal humanistischer Theoriebildung vor allem auf eine Änderung der bestehenden Strukturen gerichtet, welche die einzelnen Individuen determinieren und dominieren.[226] Die epistemologischen und ontologischen Grundannahmen beider Paradigmen sind hingegen dieselben. Aus beiden paradigmatischen Perspektiven ist die Realität eine subjektive Konstruktion des Individuums und die Theoriebildung vollzieht sich durch die Interpretation der individuellen Interpretationen. Unterschiede ergeben sich also prinzipiell lediglich durch die unterschiedlich starke Ausprägung der Dimension Regulierung vs. radikaler Wandel. Nach *Gioia / Pitre* kann die Ausprägung der Radikalität als ein Kontinuum aufgefasst werden, welches sich statt von Stabilität zu Wandel eher von inkrementellem Wandel zu radikalem Wandel bewegt.[227] Die Differenzen beider Paradigmen lassen sich dementsprechend eher in der Ausrichtung der Forschung auf das Forschungsobjekt und der Anwendung der Ergebnisse verorten. Während im interpretativen Paradigma der Prozess des Strukturierens von essentieller Bedeutung ist, steht das Konzept der „deep structure“ im Mittelpunkt des radikal humanistischen Paradigmas, welches wiederum die Verdinglichung der individuellen Strukturierungsprozesse darstellt. Damit haben die beiden Paradigmen laut *Gioia / Pitre* zwar einige grundlegende Gemeinsamkeiten[228], aber es darf nicht vergessen werden, dass das radikal humanistische Paradigma ideologisch gerichtet ist, und eine Dominanz der Eliten aufzubrechen sucht.[229] Dahingegen ist das interpretative

---

[225] Vgl. Gioia, D. A. / Pitre, E. (1990), S. 592.

[226] Man vgl. zu den unterschiedlich starken ideologischen Färbungen kritischer Theoriebildung den Herausgeberband von Bonacker, T. (2005).

[227] Vgl. Gioia, D. A. / Pitre, E. (1990), S. 592.

[228] Von einigen Wissenschaftlern werden beide Paradigmen auch als ein einziges Paradigma betrachtet. Vgl. Gioia, D. A. / Pitre, E. (1990), S. 593.

[229] Vgl. Gioia, D. A. / Pitre, E. (1990), S. 591.

Paradigma keineswegs ideologisch gefärbt, sondern besitzt das grundlegende Forschungsziel des Erklärens und Verstehens der sozialen Konstruktionen.[230]

Zusammenfassend lässt sich festhalten, dass sich über das Konzept der sozialen Konstruktion und der sich daraus verdinglichenden „deep structures" Anknüpfungspunkte im Hinblick auf eine Übergangszone zwischen den beiden Paradigmen ergeben. Leider vertiefen sich *Gioia / Pitre* nicht in dem Versuch, auch in dieser Übergangszone Konzepte zweiter Ordnung zu identifizieren, mit welchen eine Operationalisierung der erläuterten Anknüpfungspunkte möglich wäre.

3.2.2.3 Die Übergangszone zwischen radikal humanistischem und radikal strukturalistischem Paradigma

Die Übergangszone, welche subjektivistische und objektivistische Epistemologie in den Paradigmen des Wandels verbinden soll, wird nach *Gioia / Pitre* durch Konzepte gebildet, welche in Beziehung zur Strukturationstheorie nach *Giddens* stehen, bzw. dieser ähnlich sind.[231] Ähnlichkeiten in den Konzepten sind vor allem in der Überwindung des Dualismus von Struktur und Handlung zu sehen, welche dann üblicherweise rekursiv ausgelegt werden, bzw. eine „Gleichursprünglichkeit"[232] von Struktur und Handlung postulieren. Dies sind vor allem Konzepte wie die *reflexivity*[233], *structuring structure*[234], und die *relative independence.*[235] Auf letzteres Konzept wird im Folgenden kurz eingegangen werden.

Nach *Layder* sind gesellschaftliche bzw. organisatorische Strukturen grundsätzlich als ontologisch existent anzunehmen.[236] Die Strukturen haben die Eigenschaft, Individuen in ihren Handlungen beeinflussen zu können und sie stellen sich ihnen als objektiv und intersubjektiv erfassbar dar.[237] Ihre Existenz mag durch soziale

---

[230] Vgl. Abb. 9.
[231] Vgl. Gioia, D. A. / Pitre, E. (1990), S. 594.
[232] Scherm, E. / Pietsch, G. (2007), S. 91.
[233] Vgl. Mehan, H. / Wood, H. (1975).
[234] Vgl. Mehan, H. (1978).
[235] Vgl. Layder, D. (1997).
[236] Vgl. Layder, D. (2006), S. 235; vgl. auch Craib, I. (1995), S. 361, der Layder tendenziell im Realismus lokalisiert.
[237] Allerdings bedient sich Layder einer „moderaten Form des Objektivismus, wie er es nennt. Auch Strukturen dependieren von sozialen Prozessen. Sie verdinglichen allerdings im Laufe der Zeit. Vgl. Layder, D. (1997), S. 77.

Konstruktion geschehen sein, dies kann sich aber entweder im historischen Prozess vollzogen haben, sodass die Strukturen für das zeitgenössische Individuum als verdinglicht gelten mögen, oder aber durch die ständige Repetition sinnstiftender Handlungen hat sich die Struktur sozusagen als Tradition verdinglicht.[238] Den Strukturierungsprozess des Individuums sieht *Layder* im Handeln, welches ähnlich zur Strukturationstheorie Sinn und Strukturen zu schaffen vermag.[239]

„To argue for a relative independence (of social structure) is simply to argue that macro structures have properties which enable them to constrain, as well as facilitate, human action from outside as well as from within. Constraints and facilities do not simply exist in the minds of human actors; they are most crucially, socially generated and socially located resources which are drawn into agent's activities from external funds."[240]

Die Übergangszone zwischen den Paradigmen des radikalen Wandels vollzieht sich somit analog zu der Übergangszone der Paradigmen der Regulierung. Was allerdings im Rahmen einer kritischen Reflexion zu hinterfragen bleibt, ist das Potential des integrierenden Ansatzes. Die beiden Übergangszonen lassen sich nach *Gioia / Pitre* mit denselben Konzepten zweiter Ordnung umschreiben. Was unterscheidet dann überhaupt noch beide Zonen, wenn sie doch in so divergierenden Paradigmen liegen? Dazu werden einige Gedanken in Kapitel 4.1.3 darzulegen sein, um den Erkenntnisfortschritt der Übergangszonen beurteilen zu können.

3.2.2.4 Die Übergangszone zwischen radikal strukturalistischem und funktionalistischem Paradigma

Ähnlich wie in Kapitel 3.2.2.2 für das interpretative und das radikal humanistische Paradigma ist auch die Übergangszone zwischen funktionalistischem und radikal strukturalistischem Paradigma hauptsächlich von der Ausprägung der gesellschaftstheoretischen Grundlagen abhängig, d. h. vor allem von der Ausprägung der Dimension des Wandels.[241] Während dem radikal strukturalistischem Paradigma ein „ideologischer" Aktionismus als theoretisches Ziel zu Grunde liegt, be-

---

[238] Vgl. Layder, D. (1997), S. 79.
[239] Vgl. Layder, D. (1997), S. 109-111.
[240] Layder, D. (1990), S. 23.
[241] Vgl. Gioia, D. A. / Pitre, E. (1990), S. 594.

schränken sich funktionalistische Theorien auf eine objektive Beobachterposition, mit der eine Wertfreiheit der Wissenschaft einhergeht.[242] Nach *Gioia / Pitre* ließe sich über einen Einbezug von (radikalen) Werten in das funktionalistische Paradigma die Position des radikal strukturalistischen konzeptionell konstruieren.[243] Damit wäre zumindest konzeptionell bzw. metatheoretisch eine Annäherung möglich. Auf der Ebene der einzelnen Theorien und bestehenden Aussagensysteme innerhalb der Paradigmen lässt sich diese grundsätzliche konzeptionelle Möglichkeit aber nicht finden, und so resümieren *Gioia / Pitre* auch: „we see only limited similarity in the writings of these two paradigms.“[244]

3.3 Zwischenfazit - Unterschiede der Ordnungsrahmen und der Standpunkte

Burrell / Morgan haben mit ihrer Differenzierung der sozialwissenschaftlichen Forschung in vier nebeneinander bestehende, konkurrierende Paradigmen ein überaus plausibles Erklärungsmuster für die bestehende Theorienvielfalt und Divergenz der Ergebnisse vorlegen können. Durch den Rekurs auf die erkenntnistheoretischen und gesellschaftstheoretischen Grundannahmen lässt sich der „Theoriendschungel“ auf der einen Seite erklären, auf der anderen Seite lassen sich Aussagensysteme nach ihrer Herkunft und Evolution und ihrem wissenschaftstheoretischen Hintergrund „kartographieren“. *Gioia / Pitre* erweitern die Kategorisierungsleistung, indem sie die Charakteristika der jeweiligen Paradigmen nicht nur nach den beiden Dimensionen Subjektiv-Objektiv-Dimension und Regulierung-Radikaler Wandel bestimmen, sondern zusätzlich eindeutige Charakteristika der Theoriebildung für jedes Paradigma identifizieren.[245]

Mit der Detaillierung der Paradigmen geht aber auch eine Radikalisierung innerhalb der Dimension Regulierung-Radikaler Wandel einher. Bezieht sich diese Dimension bei *Burrell / Morgan* noch hauptsächlich auf die gesellschaftstheoreti-

[242] Sofern diese Wertfreiheit überhaupt theoretisch möglich sein sollte. Vgl. den Herausgeberband von Tietz, R. (1981), im besonderen den Beitrag von Sauermann, H. (1981).
[243] Vgl. Gioia, D. A. / Pitre, E. (1990), S. 594.
[244] Gioia, D. A. / Pitre, E. (1990), S. 594.
[245] Vgl. Gmür, M. (1993), S. 7 f.

schen Annahmen[246], bekommt sie bei *Gioia / Pitre* deutlich ideologische Züge. Ist bei ersteren noch die Frage nach den konstituierenden Faktoren der Gesellschaft gestellt, d. h. vereinfacht gesprochen, ob Gesellschaften zu Kohärenz oder zu Divergenz neigen, stellt sich bei *Gioia / Pitre* ein Aktionismus innerhalb der radikalen Positionen dar, der den Forschungstreibenden die Aktivität zum Umbruch unterstellt. Der Unterschied mag darin begründet sein, dass *Burrell / Morgan* Beispiele zu Theorien in den radikalen Positionen geben, welchen allen ein ideologischer Hintergrund unterstellt werden kann, diese politische Komponente aber keineswegs zwingend existent sein muss.[247]

Ein weiterer bedeutender Unterschied liegt in der Auffassung der Ausprägung der Dimensionen. Bei *Burrell / Morgan* sind diese als bipolar zu verstehen. Man nimmt beispielsweise entweder einen subjektivistischen Standpunkt ein, oder einen objektivistischen, und es gibt keinen fließenden Übergang zwischen diesen Positionen.[248] Theorien lassen sich damit in einem Paradigma verorten, jedoch gibt es keine weitere Skalierung innerhalb der Paradigmen. Im Gegensatz dazu deklarieren *Gioia / Pitre* die Ausprägung der Dimensionen als Kontinuen, was dazu führt, dass auch innerhalb eines Paradigmas unterschiedlich starke Ausprägungen von Dimensionen lokalisiert werden können. Dies hat Konsequenzen auf den Begriff der Inkommensurabilität und die Möglichkeit der Beurteilung sozialwissenschaftlicher Forschung. Innerhalb des Ordnungsrahmens von *Burrell / Morgan* ist lediglich eine innerparadigmatische Beurteilung der Forschungsleistung und des Erkenntnisgewinns möglich, folglich die bereits erörterte relativistische Position. Jegliche transparadigmatischen Begründungspflichten und Erweiterungsmöglichkeiten werden abgelehnt. Im Gegensatz dazu verfolgen *Gioia / Pitre* eine Multiparadigmenperspektive, welche ausdrücklich die transparadigmatische Betrachtung billigt.[249] Die Lokalisierung von Theorien innerhalb des Ordnungsrahmens ist nicht lediglich exklusiv innerhalb eines Paradigmas, sondern kann auch innerhalb des Paradigmas unterschiedlich starke Ausprägungen annehmen. Daraus ergeben

---

246 Vgl. Gmür, M. (1993), S. 6.

247 Zur Radikalisierung und Ideologisierung von Konflikten und Konflikttheorien vgl. Freund, J. (1983), S. 361 ff.

248 Vgl. Goles, T. / Hirschheim, R. (2000), S. 8.

249 Vgl. Scherer, G. A. (2006), S. 43.

sich Übergangszonen auf den Paradigmengrenzen, wodurch die Exklusivität der Paradigmen zumindest partiell verletzt wird.[250] Allerdings eröffnen die Übergangszonen und die postulierte Multiparadigmenperspektive laut *Gioia / Pitre* die Möglichkeit, das Forschungsobjekt über die engen Grenzen der Paradigmen hinweg zu betrachten und durch die Aufweitung der Prämissen einen Erkenntnisgewinn über das Forschungsobjekt zu erzielen.

Fraglich bleibt, inwieweit die Aussage bejaht werden kann, dass *Gioia / Pitre* trotzdem die globale Inkommensurabilität der Paradigmen anerkennen.[251] Es scheint ein Teilrelativismus gegeben zu sein, der sich auf die Paradigmengrenzen erstreckt. Im Weiteren wird daher zu analysieren sein, wie gut die Kategorisierungsleistung und die Möglichkeit der Multiparadigmenbetrachtung von der Organisationstheorie auf die Controllingforschung zu transferieren ist. Denn ein Erkenntnisgewinn für die Controllingforschung kann nur aus einer adäquaten Differenzierung in controllingspezifische Paradigmen folgen, sowie aus der Frage, inwieweit eine paradigmenübergreifende Sichtweise möglich sein kann.[252]

---

[250] Vgl. Weaver, G. R. / Gioia, D. A. (1994), S. 6.

[251] Vgl. Scherer, G. A. (2006), S. 43.

[252] Wie dies z. B. eines der anvisierten Ziele von Schönbohm, A. (2005) ist.

4 Anwendung der ordnungstheoretischen Überlegungen auf die Controllingforschung

Gegenstand der folgenden Ausführungen wird der *Schönbohm'sche* Versuch sein, die Perspektiven der Controllingforschung durch eine multiparadigmatische Sichtweise zu erweitern. Die Synopse von Controllingkonzepten, Controllerrollen und Controllinginstrumenten, wie sie *Schönbohm* vornimmt[253], kann nur unter der Bedingung gelingen, dass das zu Grunde liegende Metakonzept von *Burrell / Morgan* einen adäquaten Rahmen für die Controllingforschung darstellt.

Im Weiteren werden zwei Schwerpunkte Gegenstand einer kritischen Analyse sein, die bereits bei der Erläuterung des Ordnungsrahmens in Kapitel 3.1 hervorgehoben wurden. Zum einen gilt es die Kategorisierungsleitung des Ordnungsrahmens für die Controllingforschung zu analysieren. Zum anderen verdient die Möglichkeit einer multiparadigmatischen Perspektive eine nähere Betrachtung, da sie Gegenstand einer lang anhaltenden Debatte innerhalb der Organisationstheorie ist.

4.1 Kritische Reflexion des Ordnungsrahmens

Die reine Kategorisierungsleistung des Ordnungsrahmens wird an Hand der Adäquanz der beiden Dimensionen diskutiert werden. Denn der Anspruch einer Orientierung bzw. einer Kartographie sozialwissenschaftlicher Forschung muss sich daran evaluieren lassen, ob die zu Grunde liegenden dichotomen Ausprägungen der beiden Dimensionen in der Lage sind, sozialwissenschaftliche Forschungsfelder angemessen wiederzugeben[254] und Kontroversen zwischen den Paradigmen zu erzeugen, welche different genug sind, um eine Abgrenzung zu schaffen.[255]

---

253 Vgl. Schönbohm, A. (2005), S. 225-230.

254 Diese Fragen seien im Gegensatz zu einigen Autoren gestellt, die offensichtlich der Meinung sind, das Schema von *Burrell / Morgan* unreflektiert übernehmen zu können; vgl. Bea, F. X. / Göbel, E. (2006), S. 233-248.

255 An dieser Stelle sei bereits vorweggenommen, dass es etliche Versuche vor und nach Burrell / Morgan gegeben hat, andere Dimensionen bzw. Kombinationen von Merkmalsausprägungen

Dabei folgt die Diskussion der Linie, zunächst die grundlegenden Probleme zu erläutern, welche bereits in der Organisationstheorie aufgeworfen worden sind. Im Anschluss daran werden controllingspezifische Gesichtspunkte behandelt.

4.1.1 Kritische Diskussion der Systematisierungsleistung

Anlass zur kritischen Reflexion der erkenntnis- und gesellschaftstheoretischen Dimensionen gibt zunächst die Reduktion der Komplexität sozialwissenschaftlicher Forschungstätigkeit. Wie bei jedem Systematisierungsversuch wird auch bei *Burrell / Morgan* die Vielschichtigkeit von Forschungsansätzen durch ein „Fit" in die vier Paradigmen beschnitten.[256] Die Reduktion lässt die Tatsache nahe liegen, dass es Forschungsansätze geben könnte, die dem auf sie angelegten Raster nicht entsprechen und damit entweder durch ebendieses fallen, oder aber durch die Limitation des Rasters in ein Paradigma gepresst werden, dem sie, ihrer Grundausrichtung nach, nicht zugehörig sind. So gibt z. B. *Reis* in Bezug auf die Reduktion erkenntnistheoretischer Annahmen auf die Subjektiv-Objektiv-Dimension zu bedenken: „ In essence, perspectives and subsidiary theories relevant to intersubjective phenomena cannot be accommodated in the framework presented by Burrell and Morgan."[257] Diese partielle Verzerrung bzw. Ausblendung mag wohl als Charakteristikum jeglichem Systematisierungsstreben zu Grunde liegen. Was jedoch auffällig ist, ist die Konzentration und Übergewichtung funktionalistischer Theoriebildung, wie sie bei *Burrell / Morgan* zu verzeichnen ist.[258] Dies kann zum einen seinen Grund in der Wissenschaftsgeschichte der Sozialwissenschaften haben, dass nämlich traditionell dem positivistischen Wissenschaftsideal nahe stehende Ansätze die Anfänge der Sozialwissenschaft bzw. Organisationstheorie geprägt haben.[259] Zum anderen aber gibt es kritische Autoren, welche *Burrell / Morgan* unterstellen, die vier Paradigmen ihres Schemas von einem festen

---

zu einer Systematisierung zu benutzen. Zu einer Zusammenstellung vgl. Gmür, M. (1993), S. 4-8.

256 Vgl. Scherm, E. / Pietsch, G. (2007), S. 14; Willmott, H. (1990), S. 48.

257 Reis, L. M. (1983), S. 154.

258 Vgl. Scherm, E. / Pietsch, G. (2007), S. 14.

259 Vgl. für die Soziologie in Bezug auf Comte und Durkheim z. B. Massing, O. (1976), S. 29 ff.; vgl. König, R. (1976), S. 357.; Für die traditionellen Ansätze der Organisationstheorie vgl. Kieser, A. (2006c) und Kieser, A. (2006b).

Standpunkt aus auszuspannen, dem funktionalistischem Paradigma.[260] Implizit akzeptieren demnach *Burrell / Morgan* die Unterschiede zwischen funktionalistischer und nicht-funktionalistischer Wissenschaft. Aber sie akzeptieren die Unterschiede von dem Standpunkt eines Funktionalisten, so dass die Frage nach den unterscheidenden Merkmalen einseitig aus funktionalistischer Perspektive beantwortet wird.[261] Durch diese definitorische Dominanz ergibt sich eine relativ schwache Systematisierungsleistung, da andere Paradigmen im Wesentlichen Randgruppen der Forschungsgemeinde darstellen. Würden diese Randgruppen von ihrem Standpunkt aus die Frage beantworten können, welche wesentlichen Charakteristika sie von dem funktionalistischen Paradigma unterscheiden, so würde die Definition der Paradigmen vermutlich völlig anders ausfallen.[262] Diese Überlegung wirft die Frage auf, inwieweit die Merkmalsausprägung der Paradigmenunterschiede mit der bipolaren Ausprägung der beiden Dimensionen adäquat beschrieben werden kann.[263]

4.1.1.1 Die erkenntnistheoretische Dimension

Die Subjektiv-Objektiv-Kontroverse ist nicht nur in den Sozialwissenschaften, sondern auch in der Philosophie seit ihren frühesten Anfängen geführt worden.[264] Dabei ist es keinesfalls einfach, terminologisch exakte Definitionen des Subjektivismus bzw. des Objektivismus zu finden.[265] Vielfach definiert sich die eine wissenschaftstheoretische Position als Negativ der jeweils anderen und vice versa. *Burrell / Morgan* nehmen ihren Abgrenzungsversuch über eine Differenzierung in die ontologische und epistemologische Grundposition, sowie das Menschenbild und die Methodologie vor.[266] Diese Vorgehensweise hat ein Präzisionsdefizit zur Folge, da die Definition der beiden Grundpositionen Subjektivismus und Objektivismus auf eine subsidiäre Ebene verlagert wird. Die Definition der subsidiären Ele-

260 Vgl. Deetz, S. (1996), S. 191.
261 Vgl. Deetz, S. (1996), S. 192.
262 Vgl. Deetz, S. (1996), S. 192.
263 Vgl. Willmott, H. (1990), S. 48 f.; Scherer, G. A. (2006), S. 38.
264 Vgl. Jaspers, K. (1953), S. 28-37. Damit korrespondiert das Leib-Seele-Problem, vgl. Nagel, T. (2007), S. 56 ff. bzw. das Problem des Fremdseelischen. Vgl. Hollis, M. (1995), S. 195 f.
265 Vgl. Schwemmer, O. (1996a); Hayek, F. A. v. (2004), S. 43.
266 Vgl. Burrell, G. / Morgan, G. (1992), S. 3.

mente gestaltet sich z. T. allerdings noch unklarer, da z. B. die Frage der Epistemologie ungemein schwieriger als bipolare Ausprägung widerzuspiegeln ist.

So bedienen sich *Burrell / Morgan* in diesem Punkt einer Aufspaltung der epistemologischen Grundpositionen in eine positivistische und eine anti-positivistische Position. Zum einen ist es evident, dass die anti-positivistische Grundposition eine extreme Reduktion darstellt, da darunter nicht nur konträre epistemologische Positionen fallen können, sondern auch dem Positivismus parallele Entwicklungen, die nichtsdestotrotz nicht zwingenderweise als anti-positivistisch zu charakterisieren sind.[267] Zum anderen folgert daraus, ähnlich wie bereits in Kapitel 4.1.1 erwähnt, eine Akzentuierung der positivistischen Position und damit in letzter Konsequenz auch des funktionalistischen Paradigmas.[268]

Bei näherer Betrachtung entpuppt sich die Verwendung des Begriffes der positiven Wissenschaft ebenfalls als sehr oberflächlich: „We use „positivist“ here to characterise epistemologies which seek to explain and predict what happens in the social world by searching for regularities and causal relationships between its constituent elements.“[269] Der Positivismus, wie er in der (vor allem deutschsprachigen) Wissenschaftsgeschichte zu finden ist, dürfte kaum mit dieser exklusiven Charakterisierung über das Forschungsziel zu erfassen sein. Zu eng sind dazu z. B. die Verknüpfungen mit dem logischen Empirismus, welcher die Empirie als alleinige Quelle aller Erkenntnis auffasst.[270] Zudem werden unweigerlich unterschiedliche erkenntnistheoretische Positionen vermischt[271], wie z. B. der Positivismus und der Kritische Rationalismus[272], da beiden das prognostische Interesse als wissenschaftliches Ziel zu Grunde liegt.[273] Aufbauend auf den Überlegungen lässt sich konstatieren, dass die epistemologische Position keinesfalls bipolar sein

[267] Z. B. den Pragmatismus, vgl. Rorty, R. (2007), S. 139 ff.

[268] Was der Vermutung Folge leistet, Burrell / Morgan konstruieren die Paradigmen ausgehend von ihrem eigenen, funktionalistischen Standpunkt. Vgl. Deetz, S. (1996), S. 192.

[269] Burrell, G. / Morgan, G. (1992), S. 5.

[270] Vgl. Kamitz, R. (1973), S. 183 ff.

[271] Wie dies Burrell / Morgan auch unumwunden einräumen. Vgl. Burrell, G. / Morgan, G. (1992), S. 5 f.

[272] Vgl. Popper, K. R. (1994); Böhm, J. et al. (2002).

[273] Für den Kritischen Rationalismus vgl. Popper, K. R. (1971), S. 31 ff.

kann. Sie besitzt eine Streuung auf der so genannten anti-positivistischen Seite, welche vielmehr als multipolar zu bezeichnen ist.

Abseits der erwähnten Probleme mit der scheinbaren Dichotomie in positivistische und anti-positivistische Epistemologie, scheint diese Systematisierung speziell für die Controllingforschung noch relativ problemlos zu sein. Denn es lassen sich innerhalb von controllingspezifischen Aussagensystemen zumindest die epistemologischen Grundpositionen häufig eindeutig identifizieren und beschreiben.[274] Weniger zweckmäßig für eine Systematisierung der Controllingforschung stellt sich die ontologische Dichotomie Nominalismus-Realismus dar. Die erkenntnistheoretische Anerkenntnis oder Zurückweisung einer Existenz von Universalien bzw. Entitäten im Allgemeinen lässt sich wohl in den allerwenigsten Controllingkonzeptionen analytisch finden. Selbst im Rahmen relativ geschlossener Controllingkonzeptionen, die eine große Nähe zu den Sozialwissenschaften aufweisen, lassen sich keine direkten Belege für ein irgendwie geartetes, ontologisches Bekenntnis finden.[275] Rückschlüsse auf die ontologischen Grundannahmen lassen sich lediglich ziehen, indem z. B. Aussagen über das zu Grunde liegende Menschenbild oder die Methode der individualistischen Theoriebildung analysiert werden.[276] Das dieses Vorgehen zu einer extremen Ungenauigkeit der Ergebnisse führt, scheint evident.[277] Auch scheint es nicht ausgeschlossen zu sein, dass Aussagensysteme existieren, die nicht in allen bipolaren Positionen exklusiv subjektivistisch oder objektivistisch geprägt sind. Zu nennen sind innerhalb der Philosophie der Sozialwissenschaften vor allem Ansätze, welche den Dualismus von Handlung und Struktur zu überwinden suchen.[278] Diese entziehen sich dem Analyseraster von *Burrell /*

---

[274] Wie dies z. B. *Küpper* anschaulich macht. Vgl. Küpper, H.-U. (2008), S. 30 f; Ebenso Lingnau, V. (2000), S. 130-140.

[275] Vgl. z. B. den Ansatz von Weber, J. / Schäffer, U. (2008b), welcher über die verschiedenen Auflagen des Lehrbuches hinweg eine theoretische Verdichtung und Abgeschlossenheit erfahren hat.

[276] Zum Menschenbild des rationalitätsorientierten Controllings vgl. Weber, J. / Schäffer, U. (2008b), S. 35 ff; zur individualistischen Methode vgl. Weber, J. / Schäffer, U. (2008b), S. VII.

[277] Wobei das erläuterte Problem wohl keinesfalls nur für die Controllingforschung relevant ist. Auch innerhalb abgeschlossener sozialwissenschaftlicher Theorien bzw. organisationstheoretischer Überlegungen weisen Konzepte diffuse ontologische Grundannahmen aus. Vgl. z. B. Weick, K. E. (1985).

[278] Vgl. z. B. Giddens, A. (1979).

Morgan vollständig[279], haben aber gerade in der Controllingforschung eine Bedeutung innerhalb der theoretischen Fundierung dieser Disziplin erreicht.[280] Damit ist die Relevanz der Subjektiv-Objektiv-Dimension für die Controllingforschung als eher gering zu beurteilen. Zum einen scheint die Differenzierung in vier bipolare Ausprägungen nicht in der Lage zu sein, die wissenschafts- und erkenntnistheoretischen Prämissen der existierenden Controllingforschung zu erfassen. Zum anderen entziehen sich bestehende Controllingkonzeptionen der Systematisierung, da eine exklusive Ausprägung der Dimension in subjektivistisch oder objektivistisch keine intersubjektiven Phänomene berücksichtigen kann.[281]

Einen Lösungsansatz für die geschilderte Problematik bildet die Weiterentwicklung des Ordnungsrahmens nach *Gioia / Pitre*. Denn diese postulieren die beiden konstituierenden Dimensionen im Unterschied zu *Burrell / Morgan* explizit als Kontinuen, entlang derer sich Forschung systematisieren lässt.[282] Dies hat zur Folge, dass sie Ansätze, wie z. B. die Strukturationstheorie, zwischen der extremen subjektivistischen und der extremen objektivistischen erkenntnistheoretischen Position lokalisieren können, und diese sogar die Verbindung der eigentlich inkommensurablen Paradigmen leisten können.[283] Das Problem fehlender bzw. sich widersprechender Ausprägungen der ontologischen und epistemologischen Subdimensionen, ließe sich durch die Spezifizierung der Paradigmen in die verschiedenen Elemente des Theoriebildungsprozesses heilen. So wäre es z B. durchaus denkbar, das rationalitätsorientierte Controlling auf Grundlage seines Forschungszieles, seinem theoretischen Interesse und der Methodologie als funktionalistisch zu charakterisieren. Dieselbe Charakterisierung würde zumindest auf Grundlage der Frage, ob dem Ansatz eine nominalistische oder eine realistische ontologische Grundposition zueigen ist, Probleme bereiten.[284] Es stellt sich an dieser Stelle die Frage, ob *Gioia / Pitre* durch die zusätzlichen Charakteristika, welche die Para-

---

279 Vgl. Reis, L. M. (1983), S. 154.

280 Vgl. Becker, A. (2003), der seine reflexive Controllingkonzeption auf der Strukturationstheorie aufbaut.

281 Vgl. Reis, L. M. (1983), S. 154.

282 Vgl. Gioia, D. A. / Pitre, E. (1990), S. 592.

283 Vgl. Gioia, D. A. / Pitre, E. (1990), S. 592 und 594.

284 Wenn sie auch scheinbar rein argumentativ nicht ausgeschlossen zu sein scheint, wie Schönbohm, A. (2005) beweist.

digmen noch detaillierter beschreiben, nicht eine Chimäre geschaffen haben. Denn jedes Paradigma müsste sich folglich sowohl durch die beiden Dimensionen der erkenntnis- und gesellschaftstheoretischen Prämissen beschreiben lassen, als auch durch die der Theoriebildung innewohnenden Elemente bzw. Phasen. Dies mag für den Mainstream der sozialwissenschaftlichen Forschung zutreffen, ebenso für die Grundtendenzen controllingspezifischer Forschungsansätze. Inwieweit aber z. B. Ansätze des radikal humanistischen Paradigmas diese Bedingung erfüllen, mag als höchst fragwürdig gelten. Vielmehr scheint auch durch die Spezifizierung der Forschungsziele und des theoretischen Interesses in feste Kategorien eine Limitation jeglicher Forschung einzutreten, die sich außerhalb des Mainstream des funktionalistischen Paradigmas bewegt.[285]

4.1.1.2 Die gesellschaftstheoretische Dimension

„The view that all theories of organisation based upon a philosophy of science and a theory of society seemed to recur time and again in our conversations and we soon found it defining two major dimensions of analysis."[286] Mit diesem Zitat argumentieren *Burrell / Morgan* für die Einführung der gesellschaftstheoretischen Dimension (neben der erkenntnistheoretischen), welche die grundlegenden Annahmen des Forschenden über die Natur der Gesellschaft bzw. Organisation beinhaltet. Die Annahmen basieren auf der Differenzierung *Dahrendorfs*[287] in die Soziologie der Regulierung und die Soziologie des Wandels.[288] Beide Soziologien beschäftigen sich mit unterschiedlichen Problemfeldern und setzen bei der Analyse soziologischer Phänomene unterschiedliche Grundannahmen über das Funktionieren von Gesellschaften voraus.[289] Während die Soziologie der Regulation sich einer eher statischen Analyse des Status Quo widmet, und zu ergründen sucht, warum es zu einer relativen Stabilität sozialer Gebilde kommt, fokussiert die So-

[285] Vgl. Deetz, S. (1996), S. 193-195.

[286] Burrell, G. / Morgan, G. (1992), S. X.

[287] Vgl. Dahrendorf, R. (1979), S. VII-IX sowie allgemein Dahrendorf, R. (1988).

[288] Bis zum heutigen Zeitpunkt ist die Differenzierung durchaus üblich, wobei Konflikttheorien das größere Gewicht beizumessen ist. Zu einer Zusammenstellung von Konflikttheorien vgl. z. B. Bonacker, T. (2005), S. 9-10. Zu einem Beispiel der Soziologie der Regulation vgl. Holton, R. J. (1986; Parsons, T. (1937); vgl. auch Klimpel, A. / De Carnée, G. (1983), S. 41-59; Hamilton, P. (1983), S. 48.

[289] Vgl. Scherer, G. A. (2006), S. 34 f.

ziologie des Wandels Transformationsprozesse in dem sozialen Gefüge. Die divergenten Problemfelder werden verstärkt durch unterschiedliche Grundannahmen über die Gesellschaft, wie sie bereits in Kapitel 3.1.1.2 erläutert worden sind. Diese Grundannahmen dürfen wohl als Annahmen über die konstituierenden Faktoren einer Gesellschaft angesehen werden, in Abhängigkeit des zu Grunde liegenden soziologischen Forschungsansatzes. Übertragen auf die Organisation als soziales Gebilde bedeutet dieser Gedanke konsequenterweise, dass dieser Differenzierung ein rein institutioneller Organisationsbegriff zu Grunde liegen muss, denn nur mit einer Perspektive, welche die Entstehung und Veränderung der Organisation als Ganzes fokussiert[290], sind Kohärenz bzw. Kohäsion zu identifizieren und zu analysieren. Dagegen ist eine Sichtweise, welche die Organisation lediglich als Funktion der Unternehmensführung bzw. als eine Strukturierung von Arbeitsprozessen begreift[291], nicht kompatibel mit der gesellschaftstheoretischen Dimension von *Burrell / Morgan*.

Der institutionelle Organisationsbegriff erweitert die rein instrumentell-funktionale Betrachtungsweise auf das ganze System der Institution. D. h. Organisationen sind begrenzte, soziotechnische Systeme, welche Ziele verfolgen und eine formelle Struktur aufweisen, damit die einzelnen Organisationselemente und deren individuelle Präferenzen sich konform zu den Erwartungen der Organisation verhalten.[292] [293]

Dabei sind drei Merkmale von zentraler Bedeutung innerhalb des institutionell geprägten Organisationsbegriffes:[294]

---

290 Vgl. Winterhoff-Spurk, P. (2002), S. 33; North, D. C. (1992), S. 4 ff; Weinert, A. B. (1987), S. 41.

291 Und damit eine rein instrumentelle Sichtweise auf das Phänomen Organisation aufweist. Vgl. Schreyögg, G. (2008), S. 5-9; vgl. Bea, F. X. / Göbel, E. (2006), S. 2-7. Während die instrumentelle Sichtweise die Effizienz und Effektivität der formalen Struktur im Hinblick auf Zielerreichung der Organisationsziele optimieren möchte, ist die funktionale Sichtweise als eine Querschnittsfunktion des ‚Organisierens' zu verstehen.

292 Vgl. Schreyögg, G. (2008), S. 9 ff.

293 Es soll nicht unerwähnt bleiben, dass diese Arbeitsdefinition aus dem Mainstream der Organisationsforschung stammt. Beileibe nicht alle Autoren würden dieser Definition zustimmen. So können Organisationen nicht nur als soziotechnische Systeme betrachtet werden, sondern als individuelle Konstruktion sozialer Wirklichkeit. Vgl. Astley, W. G. / Van de Ven, A. H. (1983), S. 245.

294 Vgl. March, J. G. / Simon, H. A. (1958), S. 1 ff; vgl. Mayntz, R. (1963), S. 1 f. Es sei noch einmal unterstrichen, dass innerhalb der vorliegenden Arbeit besonderes Gewicht auf den institutionellen Organisationsbegriff gelegt wird, da im weiteren Verlauf organisatorische Aussagen

- Jede Organisation besitzt eine **spezifische Zweckorientierung**. Die Zwecke können multidimensional sein, und müssen sich nicht zwingenderweise mit den Zielen der Individuen decken, aus denen sich die Institution zusammensetzt. Häufig ist lediglich eine partielle Kongruenz von Organisationszielen und individuellen Zielen gegeben.[295] Die formalen und informalen Strukturen sollen der Ausrichtung auf die Organisationsziele dienen.[296]
- Zur Optimierung von Effektivität und Effizienz sind die Abläufe und Prozesse innerhalb der Organisation arbeitsteilig organisiert.[297] Diese **geregelte Arbeitsteilung** setzt eine Koordination und Standardisierung der individuellen Handlungen voraus, um die Erwartungen der Organisation mit dem Handeln der Mitglieder in Einklang zu bringen.[298] Dazu kann es sinnvoll sein, ein einheitliches Normen- und Wertesystem zu installieren, als handlungsleitende Ordnung für die Organisationsmitglieder.[299]
- Eine Organisation grenzt sich zu ihrer Umwelt durch eine trennscharfe und zeitlich beständige **Grenzziehung** ab.[300] Das bedeutet, dass unzweifelhaft zwischen den Elementen unterschieden werden kann, die sich innerhalb der organisatorischen Sphäre befinden, und solchen, die der Umwelt zugehörig sind und somit als externe Elemente identifiziert werden können.[301] Individuen, welche sich in der organisatorischen Sphäre befinden, verfügen über die Mitgliedschaft in der Organisation[302], sei es durch einen formellen Vertrag, oder durch die informelle Akzeptanz und Unterstützung der organisatorischen Ziele.[303]

---

des Controllerbereiches eine Rolle spielen, die nicht sinnvollerweise mit einem rein instrumentellen oder einem rein tätigkeitsorientierten Organisationsbegriff beschrieben werden können. Zum instrumentellen und tätigkeitsorientierten Organisationsbegriff vgl. Bea, F. X. / Göbel, E. (2006), S. 2 ff.

295 Vgl. Schreyögg, G. (2008), S. 9.

296 Vgl. Mayntz, R. (1963), S. 85 ff.

297 Vgl. Schreyögg, G. (2008), S. 9.

298 Vgl. Lingnau, V. (2006), S. 9-11.

299 Vgl. Bea, F. X. / Göbel, E. (2006), S. 4.

300 Vgl. Bea, F. X. / Göbel, E. (2006), S. 5 f.

301 Vgl. Bokranz, R. / Karsten, L. (2003), S. 19.

302 Vgl. Schreyögg, G. (2008), S. 10.

303 Die Mitgliedschaft scheint die Organisation im Übrigen zumindest tendenziell vom eher soziologischen Begriff der Institution unterscheidbar zu machen.

Mit diesen Merkmalen der Institution lassen sich z. B. Aussagen treffen, warum Organisationen relativ beständig sind. Durch die spezifische Zweckorientierung und die Akzeptanz der Mitglieder zu diesem organisatorischen Zweck, sowie die Ausrichtung der handlungsleitenden Prinzipien auf den Zweck, lässt sich die relative Stabilität erklären.[304] Dadurch wird eine Einordnung in die gesellschaftstheoretische Dimension von *Burrell / Morgan* möglich. Im vorliegenden Beispiel ließe sich eine Soziologie der Regulierung konstatieren.[305]

Überträgt man diese Überlegungen zu dem institutionellen Organisationsbegriff und der gesellschaftstheoretischen Dimension des Ordnungsrahmens auf die Controllingforschung, so gelangt man zu dem Ergebnis, dass nur ein Controllingkonzept mit einer institutionellen Auffassung auf seine gesellschaftstheoretischen Prämissen hin untersucht werden kann.

Die traditionellen Controllingkonzeptionen sind aber größtenteils funktional geprägt. So ist z. B. in den Anfängen des koordinationsorientierten Controllings explizit eine funktionale Begründung für die Notwendigkeit einer Controllingfunktion verlangt.[306] In ähnlicher Weise erläutert *Küpper:* „Bei der Konzeption des Controlling geht es aber um die Frage, worin dessen Gegenstand liegt. Man fragt also nach den Merkmalen, welche die **Funktion des Controllings** charakterisieren."[307] Damit scheinen Aussagen zur Institution Controlling und ihrer Verortung innerhalb der Organisation weitgehend von der Theoriebildung ausgeschlossen zu sein.[308] Ebenso scheint es unmöglich, diese funktional geprägten Ansätze mit Grundannahmen über das Bestehen bzw. die Transformation von Organisationen in Verbindung zu bringen. Das Fehlen der institutionellen Betrachtung innerhalb der traditionellen Controllingkonzeptionen führt zu der vielfach beschriebenen Konsistenzproblematik.[309] Bei dem Versuch, Instrumente eines koordinationsorientierten

---

304 Zumindest in dem Element der Stabilität entspricht die Vorstellung des institutionellen Organisationsbegriffes dem Bürokratieansatz nach Max Weber. Vgl. Walter-Busch, E. (1996), S. 98-108.

305 Wie dies für Elemente der Weber'sche Soziologie von Gioia / Pitre auch getan wird. Vgl. Gioia, D. A. / Pitre, E. (1990), S. 27.

306 Vgl. Horváth, P. (2006), S. 79.

307 Küpper, H.-U. (2001), S. 6.

308 Vgl. Becker, A. (2003), S. VII.

309 Zur Konsistenzproblematik vgl. Winter, P. (2007), S. 58.

Controllings zu identifizieren, gelangt man zu dem Ergebnis, dass entweder alle Instrumente der Planungs-, Kontroll- und Informationssysteme Controllinginstrumente sind (funktionell betrachtet), oder aber kein originäres Koordinationsinstrument existiert (institutionell betrachtet).[310]

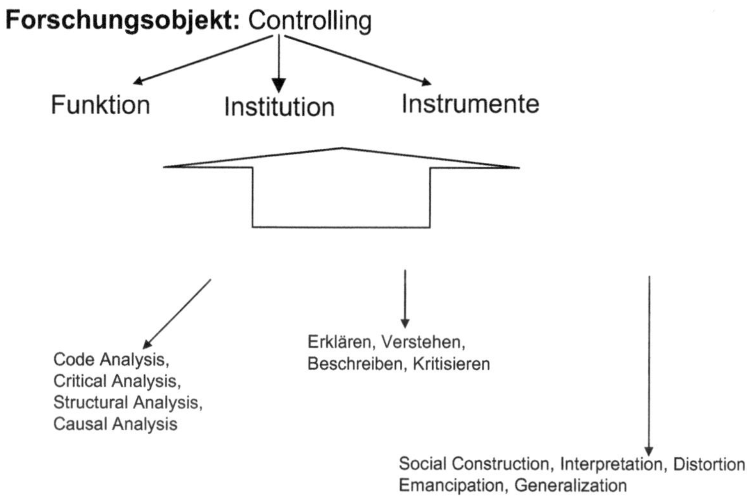

Abb. 12 Abgrenzung zwischen institutioneller, funktioneller und instrumenteller Controllingforschung

Setzt man hypothetisch voraus, dass eine multiparadigmatische Betrachtung wissenschaftlich legitim sei (die Legitimität dieser Annahme wird in Kapitel 4.1.3 noch ausführlich zu diskutieren sein), wie dies z. B. von *Gioia / Pitre*, aber auch von *Schönbohm* vollzogen wird, und man das Phänomen Controlling aus unterschiedlichen Paradigmen „beleuchten" möchte, so gelangt man unmittelbar in die folgende Problematik: Durch die Verwendung der gesellschaftstheoretischen Dimension, welche unzweifelhaft einen institutionellen Controllingbegriff voraussetzt, auf Controllingkonzepte, welche offensichtlich nur funktionale Aussagen treffen, folgt zwangsläufig eine Inhärenz bezüglich Funktion und Institution des Controllings. Somit ist z. B. im Rahmen der *Schönbohm'schen* Untersuchung nicht zu klären,

---

[310] Vgl. Lingnau, V. (2002), S. 130.

ob es sich bei der Betrachtung der Balanced Scorecard aus allen vier Perspektiven um ein Instrument der Funktion oder der Institution handelt.[311]

Die Erweiterungen des Ordnungsrahmens nach *Gioia / Pitre* sind bereits ausführlich in Kapitel 3.2 diskutiert worden. An dieser Stelle bleibt zu evaluieren, ob sich mit einer Differenzierung in das Forschungsziel und die Methoden eine zweckmäßigere controllingspezifische Kategorisierung erreichen lässt. Wie im Fazit zu Kapitel 3 erläutert, werden die radikal-soziologischen Ansätze über ein Interesse des Forschenden an Wandel, Transformation und Befreiung von den herrschenden Strukturen charakterisiert. In der deutschsprachigen Controllingforschung ist allerdings ein solches emanzipatorisches bzw. ideologisches Interesse nicht zu erkennen. *Schönbohm* kann auch dementsprechend keinen Ansatz der deutschsprachigen Controllingforschung identifizieren, welcher sich in den radikalen Paradigmen verorten ließe. Zur Besetzung dieser Paradigmen erweitert er seinen Analyserahmen um Ansätze der Critical Accounting School[312] und der Radikalen Accounting-Theorien.[313] Was allerdings unerwähnt bleibt, ist die kulturell bedingte Divergenz zwischen dem angelsächsischen Accounting-Verständnis und den deutschsprachigen Controllingkonzeptionen.[314] So werden an dieser Stelle „Äpfel mit Birnen verglichen", da das Aufgabenbündel des Management Accountant, und damit auch seine organisatorische Einbindung in die Organisation, nicht kongruent zum deutschen Controller sind.[315] Denn nicht zuletzt ist die akademische Identitätskrise des Controllings ein exklusives Phänomen der deutschsprachigen Controllingforschung.[316] Die Betonung liegt dabei zum einen auf dem germanophonen Aspekt, da eine solche Identitätskrise in der wesentlich pragmatischer vorgehenden angelsächsischen Forschungslandschaft kaum zu finden ist. Zum anderen liegt die Betonung aber auch auf der Disziplin Controlling, da andere Disziplinen der Betriebswirtschaftslehre lediglich Unverständnis für die in der Controllingliteratur ge-

---

[311] Vgl. Schönbohm, A. (2005), S. 182 ff.

[312] Z. B. Roberts, J. / Scapens, R. (1985); Walters, M. (2004); Zu einem Überblick ohne Anspruch auf Vollständigkeit vgl. Loft, A. (1991), S. 17 ff.

[313] Vgl. Schönbohm, A. (2005), S. 184 ff. u. 219 ff.

[314] Auch wenn diese nach Schönbohm scheinbar deckungsgleich sind. Vgl. Schönbohm, A. (2005), S. 15.

[315] Vgl. Stoffel, K. (1995), S. 157.

[316] Vgl. Kieser, A. (2003), S. 16.

führte Diskussion aufbringen, und eine Fundierung durch Praxis fordern.[317] Es bleibt festzuhalten, dass die ideologisch gefärbten Forschungsinteressen nach *Gioia / Pitre* keine adäquate Möglichkeit einer controllingspezifischen Differenzierung darstellen. Gerade die traditionellen Controllingansätze sind funktional geprägt, und definieren Controlling im weitesten Sinn als eine Managementunterstützungsfunktion. Forschungsansätzen, welche eine Unterstützungsfunktion postulieren, kann aber, wenn überhaupt, nur ein Interesse an der Beständigkeit von Organisationen unterstellt werden. Damit bliebe die gesamte deutschsprachige Controllingforschung in den regulierenden Paradigmen verhaftet. Ähnlich wie bei der Diskussion der Subjektiv-Objektiv-Dimension stellt sich die Frage, welchen Mehrwert ein Ordnungsrahmen bringen kann, der eine vollkommen einseitige Systematisierung vornimmt.

4.1.2 Der Erkenntnisgewinn durch die Systematisierung

Wie bereits mehrfach erwähnt, sind *Burrell / Morgan* durch den Ordnungsrahmen in der Lage, die Vielfalt organisationswissenschaftlicher Forschung zu erklären. Parallel existierende Paradigmen und die in ihrem Rahmen betriebenen Forschungsansätze entstehen durch verschiedene Prämissen und Grundeinstellungen der Forschungstreibenden. So lassen sich die divergenten Methoden und Forschungsaussagen der Organisationstheorie auf ihre Grundannahmen in Bezug auf die Erkenntnistheorie und eine Theorie der Gesellschaft zurückführen. „The scheme offered itself as a form of intellectual map upon which social theories could be located according to their source and tradition. Theories rarely if ever appear out of thin air; they usually have a well established history behind them. We found that our intellectual map allowed us to trace their evolution."[318] Für organisationstheoretische Aussagensysteme lässt sich damit festhalten, dass sie zumeist Teil eines größeren Entwurfs sind, der auch immer historische Anleihen an z. B. die Philosophie der Wissenschaft enthält.[319]

---

[317] Vgl. Kieser, A. (2003), S. 25.
[318] Burrell, G. / Morgan, G. (1992), S. XI.
[319] Vgl. Burrell, G. / Morgan, G. (1992), S. IX-XII.

In Kapitel 4.1.1 konnte aber gezeigt werden, dass die organisationstheoretischen Überlegungen nicht unreflektiert auf die Controllingforschung übertragen werden können. Zum einen sind die Dimensionen, und die ihnen zu Grunde liegenden Begrifflichkeiten, zu unbestimmt, um eine tatsächliche Systematisierung zu erlauben. Zum anderen, und diese Tatsache wiegt schwerer, eignen sich die gewählten Dimensionen nicht zur Beschreibung und Analyse von Controllingtheorien. Während die Subjektiv-Objektiv-Dimension zumindest z. T. eine Systematisierung über das Forschungsinteresse und -ziel zulässt, ist die gesellschaftstheoretische Dimension durch die traditionell funktionale Ausprägung der Controllingkonzeptionen denkbar ungeeignet (vgl. Kapitel 4.1.1.2). Zudem fällt die unilaterale Systematisierungsleistung im Hinblick auf das funktionale Paradigma besonders auf.[320] Wenn sich der größte Teil aller Controllingkonzeptionen im funktionalen Paradigma verorten lässt, welchen Sinn kann dann überhaupt noch der Versuch einer Differenzierung machen? Es bleibt vielmehr zu konstatieren, dass für eine controllingspezifische Systematisierung die falschen Dimensionen zur Analyse gewählt wurden, da keine wesentlichen Unterschiede zwischen den Konzeptionen herausgearbeitet werden können. Ein Erkenntnisgewinn aus der Übertragung der Systematisierung nach *Burrell / Morgan*[321] muss an dieser Stelle eindeutig negativ beurteilt werden.

Zu prüfen bleibt, ob mit dem zweiten Forschungsziel, einer multiparadigmatischen Betrachtung, ein Erkenntnisgewinn für die Controllingforschung verbunden ist. Denn wie es *Scherer* formuliert: „Ausgehend von der Vorstellung, dass Wissenschaft letztlich der Verbesserung der Praxis dienen soll, darf Wissenschaftstheorie nicht bloß als ein Versuch zur Systematisierung und Beschreibung wissenschaftlichen Tuns verstanden werden, sondern muss eine kritische Beurteilung möglich machen."[322] Die Positionen von *Burrell / Morgan* und *Gioia / Pitre* bezüglich Inkommensurabilität und einer multiparadigmatischen Perspektive sind bereits in den Kapitel 3.1.2 und 3.2.2 erläutert worden. Aufbauend auf diesen Erläuterungen werden im nächsten Kapitel mögliche einzunehmende Positionen für die Controllingforschung betrachtet.

---

320 Vgl. Schönbohm, A. (2005), S. 82-100.

321 Gleiches gilt für die Erweiterungen nach Gioia / Pitre, wie in Kapitel 4.1.1 gezeigt wurde.

322 Scherer, G. A. (2006), S. 38.

4.1.3 Paradigmendiskussion und Erkenntnisgewinn

In der Organisationswissenschaft schwelt schon seit längerer Zeit ein Grundlagenstreit über die Legitimität und den Erkenntnisgewinn einer multiparadigmatischen Betrachtung. Es haben sich dabei einige grundlegende Positionen herausgebildet, welche die Forschenden der verschiedenen Schulen einnehmen.[323] Die Positionen werden im Folgenden vorgestellt, um darauf fußend die Positionen, welche von *Burrell / Morgan* und *Gioia / Pitre* eingenommen werden, kritisch zu reflektieren.

4.1.3.1 Positionen der Paradigmendiskussion

Unter dem **Isolationismus**[324] wird eine Position verstanden, welche von einer vollständigen Inkommensurabilität der Paradigmen ausgeht, welche nicht überwunden werden kann.[325] Diese Position stützt sich auf die bereits in Kapitel 3.1.2 vorgestellte Argumentationslinie von *Burrell / Morgan*, nach der es keinen Vergleichsmaßstab geben kann, der als absolute, überparadigmatische Vergleichsskala fungieren kann. Jedes Paradigma muss folglich isoliert betrachtet werden, und es kann keinen Erkenntnisgewinn durch eine multiparadigmatische Betrachtung ein und desselben Forschungsobjektes geben.[326] Die rationale Begründung einer wissenschaftlichen Position kann demnach nur innerparadigmatisch erfolgen. D. h., dass die Begründung vor dem Hintergrund der innerparadigmatischen materiellen Vorschriften und der ihnen zu Grunde liegenden wissenschaftlichen Logik erfolgen muss.[327] Dies bedeutet in letzter Konsequenz, dass „die Möglichkeit

[323] Vgl. Scherer, G. A. (2006), S. 41-44.

[324] Die von Reed, M. (1992) vorgestellte Position „back to basics", welche Scherer, G. A. (2006) auf S. 42 vorstellt, wird unter einer isolationistischen Position subsumiert, da auch ein kontrollierter Isolationismus des funktionalistischen Paradigmas letztlich in einer inkommensurablen Position münden muss.

[325] Scherer spricht von einem „Pluralismus verschiedener Paradigmen [der] nicht überwunden werden darf, weil sonst die intellektuelle Freiheit ungerechtfertigt eingeschränkt wird" Scherer, G. A. (2006), S. 41. Einer pluralistischen Auffassung wird an dieser Stelle nicht gefolgt, da dies die grundsätzliche Möglichkeit einer Integration der Paradigmen bedingen würde. Das Konzept der Inkommensurabilität verlangt aber die Konkurrenz und Exklusivität der Paradigmen, bzw. deren Unvereinbarkeit. Vgl. Hoyningen-Huene, P. (1989).

[326] Wie dies z. B. Schmid für den derzeitigen Stand der Soziologie erläutert. Vgl. Schmid, M. (1997), S. 265 ff.

[327] Vgl. Schurz, G. (1998), S. 2 ff., S. 24 -25.

einer rationalen Einigung zwischen konkurrierenden Positionen [...] negiert"[328] wird. Dem Isolationismus in der Organisationstheorie wird deshalb häufig der Vorwurf einer Fragmentierung der theoretischen Entwicklung gemacht (vgl. Abb. 13).[329]

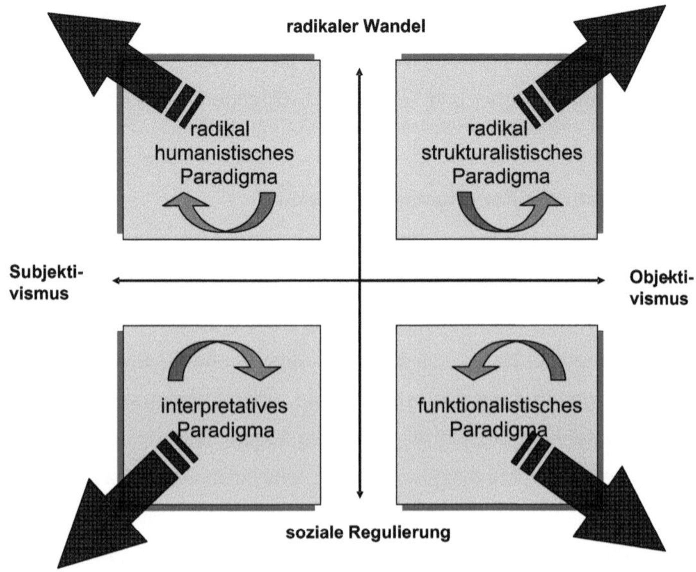

Abb. 13 Fragmentierung und Spezialisierung durch Isolationismus

Durch die Akzeptanz der parallelen und gleichberechtigten Existenz von Paradigmen, und damit dem Konkurrenzverhältnis der Paradigmen zueinander[330], werde demnach eine Spezialisierung innerhalb der Paradigmen gefördert, welche die Theorien in den unterschiedlichen Paradigmen noch weiter divergieren lässt als dies ohnehin schon der Fall ist.[331] Dieser Vorwurf wird von den Anhängern einer isolationistischen Position[332] als eine konstituierende Bedingung jeglichen Er-

---

[328] Scherer, G. A. (2006), S. 42.

[329] Vgl. Pfeffer, J. (1993), S. 616; Scherer, G. A. / Steinmann, H. (1999), S. 520; Gioia, D. A. / Pitre, E. (1990), S. 599.

[330] Vgl. Hinck, D. (2000), S. 8.

[331] Vgl. Jackson, N. / Carter, P. (1991), S. 118-123.

[332] Die Entwicklung hin zum Konsens zwischen den Paradigmen wird von allen Gruppen verneint, außer den Anhängern der multiparadigmatischen Position bzw. den Befürwortern eines dominanten funktionalistischen Paradigmas. So z. B. Pfeffer, J. (1993).

kenntnisgewinns aufgefasst: "[...], we conclude that a high degree of consensus, however achieved, would suggest that the evolution of knowledge has been slowed, not facilitated."[333]

Die Position, welche die Möglichkeit einer **multiparadigmatischen Betrachtung** eines Forschungsobjektes behauptet, setzt die vollständige Inkommensurabilität zumindest zu Gunsten einer Teilinkommensurabilität außer Kraft.[334] Befürworter dieser Position gehen davon aus, dass ein Dialog über die Paradigmengrenzen hinweg geführt werden muss, um einen wissenschaftlichen Fortschritt über das Forschungsobjekt Organisation zu erreichen.[335] Die erkenntnistheoretische Einfalt des Isolationismus wird abgelehnt und es wird eine Vielfalt wissenschaftlicher Aussagen durch die Legitimität einer Betrachtung desselben Forschungsobjektes durch verschiedene paradigmatische „Wahrheiten" gesucht.[336] Dabei gibt es jedoch auch innerhalb der multiparadigmatischen Position unterschiedliche Auffassungen, inwieweit eine Betrachtung des einheitlichen Erkenntnisobjektes Organisation durch verschiedene Perspektiven sinnvoll erscheint. Eine Extremposition stellen Autoren dar, welche explizit fordern, dass eine Kommunikation zwischen den Paradigmen legitim sei, um eine Debatte über das Forschungsobjekt Organisation zwischen den Anhängern der verschiedenen Paradigmen zu fördern.[337] Zwar wird die Möglichkeit von Kommunikation innerhalb dieser Position zumeist bejaht, aber die Möglichkeit einer Begründung über die Paradigmen hinweg wird, ebenso wie im Isolationismus, zumeist negiert.[338] Eine andere Positionierung haben z. B. *Gioia / Pitre* angestrebt, welche zwar grundsätzlich auch eine multiparadigmatische Betrachtung anstreben (vgl. das symbolische Auge in Abb. 14, das die Betrachtung über unterschiedliche Paradigmen darstellt), jedoch die Verknüpfung der Paradigmen über die bereits erläuterten Übergangszonen anstreben.

---

[333] Canella, A. A. / Paetzold, R. L. (1994), S. 331.
[334] Vgl. Schurz, G. (1998), S. 41-44.
[335] Vgl. Gioia, D. A. / Pitre, E. (1990), S. 597; Schultz, M. / Hatch, M. J. (1996).
[336] Vgl. Scherer, G. A. (2006), S. 43.
[337] So z. B. Reed, M. (1985); Reed, M. (1992).
[338] Vgl. Scherer, G. A. (2006), S. 43.

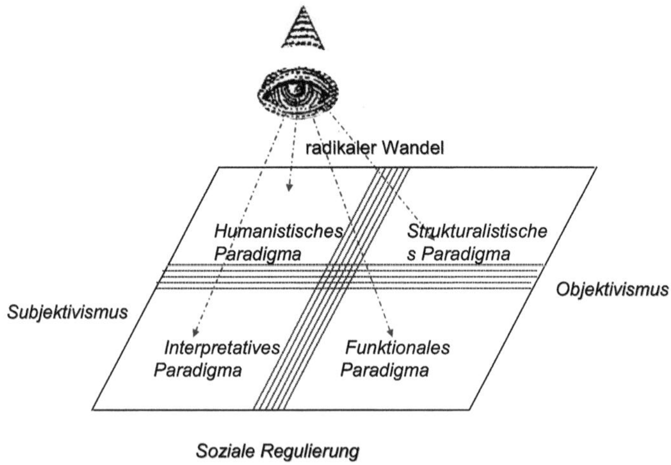

Abb. 14 Multiparadigmatische Betrachtung[339]

Die globale Inkommensurabilität wird auch von ihnen akzeptiert, somit ist dieser Standpunkt auch durchaus als relativistisch zu charakterisieren. Allerdings unterscheiden sie sich zu anderen Autoren der multiparadigmatischen Perspektive in der Reichweite des Relativismus.[340] Wenn nämlich die Übergangszonen zwischen zwei Paradigmen eine Begründung und Beurteilung zwischen diesen beiden Paradigmen ermöglichen sollen, so kann dies nur nicht-relativistisch geschehen, da ansonsten kein gemeinsamer Kommunikations- und Begründungszusammenhang gegeben ist.[341] Während in den Kernausprägungen des Paradigmas die Inkommensurabilität und damit der Relativismus also durchaus Gültigkeit besitzen,[342] wird diese Annahme zu Gunsten eines Teilrelativismus auf den Paradigmengrenzen fallengelassen.[343]

---

339 Nach Gioia, D. A. / Pitre, E. (1990), S. 597

340 Vgl. Schultz, M. / Hatch, M. J. (1996), S. 529 ff, welche einigen Autoren einen implizit vertretenen ‚praktischen' Absolutismus vorwerfen, der jedoch selten offen geäußert werde, sondern durch die begründungslose Verschmelzung von Paradigmen zum Ausdruck komme, ohne Rücksichtnahme auf deren paradigmatische Differenzen.

341 Vgl. die Ausführungen von Hönig, K. (2006), S. 67 ff. zu Inkommensurabilitäten als Teilrelativismus.

342 Wie dies Gioia / Pitre postulieren. Vgl. Gioia, D. A. / Pitre, E. (1990), S. 599.

343 Es soll nicht unerwähnt bleiben, dass sich Gioia / Pitre nicht explizit zu einem teilrelativistischen Konzept bekennen. Jedoch kann ein solches Konzept der Übergangszonen und Analogien zwi-

Die Position **„anything goes"** schließt an die Aussagen von *Feyerabend* in *Wider den Methodenzwang*[344] an. Ursprünglich wendet sich *Feyerabend* damit gegen das Erkenntnisprogramm und das Wissenschaftsverständnis, sowohl des logischen Positivismus als auch des kritischen Rationalismus. Nach *Feyerabend* ist die einzig rationale Möglichkeit eines wissenschaftlichen Fortschritts in der kreativen Freiheit und dem Bruch mit methodischen Zwängen zu sehen. Dies zeige der historische Verlauf von Wissenschaft, in dem Erkenntnisfortschritt häufig durch einen radikalen Bruch mit den vorherrschenden wissenschaftlichen Maßstäben und Begründungspflichten der wissenschaftlichen Gemeinschaft erreicht wurde.[345] Seinen wissenschaftlichen Opponenten, welche *Feyerabend* in letzter Konsequenz die Unmöglichkeit von Wissenschaft vorwerfen[346], entgegnet er: „›Anything goes‹ ist nicht das eine und einzige ›Prinzip‹ einer neuen von mir empfohlenen Methodologie. Ich empfehle keine ›Methodologie‹, ganz im Gegenteil, ich betone, daß die Erfindung, Überprüfung, Anwendung methodologischer Regeln und Maßstäbe die Sache der konkreten wissenschaftlichen Forschung ist. ›Anything goes‹ ist die Weise, in der traditionelle Rationalisten, die an universelle Maßstäbe und Regeln der Vernunft glauben, meine Darstellung von Traditionen, ihrer Wechselwirkung und ihrer Änderung werden beschreiben müssen. *Für sie* ist das Bild der Wissenschaften, das aus der historischen Forschung hervorgeht und ihre ›Rekonstruktionen‹ ersetzt, in der Tat ohne Regel, ohne Vernunft und alles, was sie angesichts dieses Bildes sagen können, ist: anything goes."[347]

Für die Paradigmendiskussion in der Organisationstheorie bedeutet die *Feyerabend'sche* Position einen extremen Relativismus, da jedes Aussagensystem, wissenschaftlich oder alltagsorientiert, gleichberechtigt nebeneinander steht. Denn eine rationale Begründung irgendeiner, wie auch immer gearteten Position, ist schlichtweg nicht möglich. Dies erinnert stark an eine isolationistische Auffassung, die ja auch eine transparadigmatische Begründung ablehnt. Befürworter eines „a-

---

schen den Übergangszonen (vgl. Gioia, D. A. / Pitre, E. (1990), S. 599) nach Meinung des Autors nur in einer solchen Art und Weise aufgefasst werden.

344 Vgl. Feyerabend, P. (1979).

345 Vgl. Feyerabend, P. (1979), S. 35 ff.

346 So z. B. Scherer, G. A. (2006), S. 42..

347 Feyerabend, P. (1981), S. 97.

nything goes" gehen aber weiter: Selbst die innerparadigmatische Begründung wird abgelehnt, da auch sie nicht rational begründbar ist.[348]

4.1.3.2 Erkenntnistheoretische Möglichkeiten und Grenzen des Paradigmenmodells

Unter den verschiedenen Vertretern der einzelnen Positionen in der Paradigmendiskussion sind z. T. scharfe Kontroversen und Debatten aufgeworfen worden, welche Position die Zukunft der Organisationstheorie sein sollte. Die Terminologie in den einzelnen Beiträgen zur Diskussion ist vereinzelt sehr pointiert, so dass z. B. von „paradigm wars"[349] die Rede ist, und sehr anschaulich geschildert wird, welcher Taktik sich der „Gegner" bedient, um seine Ziele zu erreichen. Ein basales Problem der Diskussion ist die schlecht definierte Terminologie, so dass selbst grundlegende Konzepte und Definitionen nie trennscharf wiedergegeben werden.[350] Weiterhin gilt es zu erwähnen, dass die Diskussion zwar wissenschafts- und erkenntnistheoretische Inhalte hat, die Partizipanten aber äußerst selten ihre eigenen Prämissen aufdecken. Trotz der erwähnten Schwierigkeiten soll für die beiden Positionen Isolationismus und Multiparadigmenperspektive, welche kennzeichnend sind für *Burrell / Morgan* und *Gioia / Pitre*, eine kritische Reflexion im Hinblick auf die erkenntnistheoretischen Möglichkeiten erfolgen.[351]

Dem Isolationismus wird vorgeworfen, wie in Kapitel 4.1.3.1 bereits kurz erwähnt, einer weiteren Zersplitterung der Organisationstheorie Vorschub zu leisten. Bedingt durch das Konkurrenzverhältnis der Paradigmen zueinander, muss sich der Forschungstreibende ein Paradigma „aussuchen"[352], vor dessen Hintergrund er das Forschungsobjekt analysiert.[353] Das Forschungsobjekt untersucht er auf Grundlage der dem Paradigma eigenen Prämissen und wissenschaftstheoreti-

---

[348] Vgl. Scherer, G. A. (2006), S. 42.

[349] Jackson, N. / Carter, P. (1993), S. 1.

[350] Vgl. z. B. Jackson, N. / Carter, P. (1991), S. 109; Westwood, R. / Clegg, S. (2003), S. 3-6.

[351] Wozu zum Teil auf Beiträge aus der Paradigmendiskussion zurückgegriffen wird, und somit die Argumente der Diskussionskontrahenten wiedergegeben werden.

[352] Wobei evident sein dürfte, dass der Prozess des Aussuchens nicht bewusst geschieht, sondern von der akademischen Gemeinschaft abhängt, in welcher der Forschungstreibende seine „akademische Kinderstube" hatte, folglich eine zeitlich frühe, eher unbewusste Entscheidung zu konstatieren ist.

[353] Vgl. Hinck, D. (2000), S. 8.

schen Grundpositionen, weswegen der Erkenntnis enge Grenzen gesteckt sind. Es führt also zwangsläufig zu einer Monokultur der Forschung, welche sich z. B. in der Dominanz des funktionalistischen Paradigmas äußert.[354] Für die Zukunft der Organisationstheorie würde ein konsequent betriebener Isolationismus bedeuten, dass sich die Paradigmen unabhängig voneinander in die Tiefe entwickeln, ohne irgendeine Verzahnung oder Rückkopplung aufzuweisen (vgl. die symbolhafte perspektivische Bewegung in das innere der Paradigmen in Abb. 13).[355] Eine Möglichkeit der Kohärenz, Kommunikation oder Beurteilung der Paradigmen zueinander wäre nicht möglich, wodurch in letzter Konsequenz einzelne Unterdisziplinen der Organisationstheorie entstehen müssten.

Der Erkenntnisgewinn einer solchen eindimensionalen Betrachtung wird von den Gegnern des Isolationismus als gering beurteilt, da keinerlei Einflüsse anderer Denkweisen berücksichtigt werden.[356] Auf dieses Argument entgegnen Anhänger einer isolationistischen Position allerdings, dass eben durch die Koexistenz verschiedener Paradigmen erst Vielfalt in der Erkenntnis möglich wird. Denn die Forderung einer Vereinigung oder eines Konsens von Paradigmen ließe unweigerlich ein Paradigma dominieren.[357] Der erste Teil des Argumentes erscheint jedoch bei näherer Betrachtung fragwürdig. Denn auch wenn die Paradigmen und damit die Erkenntnis aus ihnen parallel existieren, so stehen sie doch in einem konkurrierenden Verhältnis. Damit muss sich der Forscher entscheiden, und besitzt lediglich den wissenschaftlichen Horizont eines Paradigmas.[358]

Einher mit dem Konkurrenzverhältnis der Paradigmen, und der Unmöglichkeit einer Begründung über die Paradigmengrenzen hinweg, geht die Kritik des relativistischen Standpunktes von *Burrell / Morgan* bzw. allgemein der isolationistischen Position.[359] Denn wenn keines der Paradigmen einer transparadigmatischen Begründungspflicht unterliegt, so kann nicht vergleichend über die Rechtmäßigkeit

---

[354] Vgl. Sydow, J. (1992), S. 224.
[355] Vgl. Pfeffer, J. (1993), S. 616.
[356] Vgl. Scherer, G. A. (2006), S. 43.
[357] Vgl. Jackson, N. / Carter, P. (1991), S. 119 u. S. 126; Canella, A. A. / Paetzold, R. L. (1994), S. 331.
[358] Vgl. Hoyningen-Huene, P. (1989), S. 124 ff., der diesen Aspekt als die Nicht-Neutralität des Analytikers beschreibt.
[359] Vgl. Scherer, G. A. (2006), S. 39.

und Legitimität von Aussagen entschieden werden, die aus unterschiedlichen Paradigmen entstammen.[360] Neben dem Selbstwiderspruchsvorwurf des Relativismus, der bereits ausführlich in Kapitel 3.1.4 erläutert wurde, wird durch die relativistische Position aber noch ein weiterer logischer Widerspruch aufgeworfen. Denn wenn alle Paradigmen dem Relativismus unterliegen, dann muss dies auch auf der metatheoretischen Ebene für den Ordnungsrahmen von *Burrell / Morgan* selbst gelten (wie bereits in Kapitel 3.1.4 angedeutet). Denn nach relativistischer Auffassung kann der Isolationismus nicht der multiparadigmatischen Perspektive oder der Auffassung „anything goes" vorgezogen werden, da für keine der Positionen eine Begründungspflicht gegenüber den anderen existiert. Die relativistische Position entzieht sich somit selbst ihre Existenzgrundlage, da sie nicht aus sich heraus begründbar ist.[361]

Ähnliches lässt sich auch für die Auffassung „anything goes" postulieren, da sie eine relativistische Extremposition darstellt, und eben durch die Gleichbewertung von Alltagsaussagen und Wissenschaft keine Begründung geben kann, warum gerade dieser Auffassung mehr Recht eingeräumt werden sollte.[362]

Die multiparadigmatische Perspektive begründet den aus ihr zu ziehenden Erkenntnisgewinn mit der Addition des paradigmenspezifischen Erkenntnisgewinns. So führen *Gioia / Pitre* aus: „Multiparadigm approaches to theory building can generate more complete knowledge than can any single paradigmatic perspective."[363] Und ebenso wird erläutert: "Such a view allows a more comprehensive consideration of multifaceted organizational phenomena, especially where topics of study have apparent analogues (structure) of complementarity (culture, socialization, communication)."[364] Zum einen setzt diese Addition aber eine zumindest partielle Aufgabe des Relativismus voraus, wie dies *Gioia / Pitre* mit ihren Übergangszonen zwischen den Paradigmen verfolgen. Diese Zwischenposition zwischen Dogmatismus und Relativismus verursacht gleich mehrere Probleme. Zum anderen resultieren aus der Anerkenntnis der globalen Inkommensurabilität, *Bur-*

---

360 Vgl. Hoyningen-Huene, P. (1989), S. 161 f.
361 Vgl. Carrier, M. (1995), S. 365.
362 Vgl. Scherer, G. A. (2006), S. 42; Clegg, S. (1982), S. 380.
363 Gioia, D. A. / Pitre, E. (1990), S. 599.
364 Gioia, D. A. / Pitre, E. (1990), S. 599.

rell / Morgan folgend, dieselben Probleme, wie sie für eine isolationistische Position bereits erläutert wurden. Der Teilrelativismus, der durch die kommensurablen Zonen zwischen den Paradigmen in das Modell eingebracht wird, soll eine Verbindung bzw. eine Annäherung zwischen je zwei Paradigmen zulassen (vgl. die Ausführungen in Kapitel 3.2.2). Eines der wenigen Metakonzepte, das eine Annäherung an die Subjektiv-Objektiv-Dimension leisten kann, ist die Strukturationstheorie.[365] Der Grund für diese Annäherungsleistung ist darin zu sehen, dass die Strukturationstheorie Struktur und Handlung durch reziproke Sinngebungsprozesse verknüpft. In anderen Worten wird eine Brücke zwischen holistischer und individualistischer Theoriebildung geschaffen.[366] Diese Annäherung der beiden Paradigmen kann die Strukturationstheorie aber nur unter der Kondition leisten, dass die Subjektiv-Objektiv-Dimension als ein Kontinuum ausgeprägt ist. *Gioia / Pitre* postulieren zwar eine kontinuierliche Ausprägung der Dimensionen, entfernen sich damit aber weit von der Ursprungsidee von *Burrell / Morgan*, welche die Dimensionen als binär auffassen.[367] Damit wird evident, dass eine Zwischenposition im Sinne eines Teilrelativismus, wie sie von *Gioia / Pitre* vertreten wird, kaum haltbar ist. Denn entweder sind die Dimensionen als Kontinuen ausgelegt, was eine multiparadigmatische Position grundsätzlich möglich macht[368], oder aber die Dimensionen sind bipolar, was einer isolationistischen Auffassung entspricht. Die intermediäre Position scheint aber ausgeschlossen, da die Dimensionen zwei sich ausschließende Charakteristika in sich vereinen müssten. *Gioia / Pitre* behandeln diese Thematik äußerst sparsam und auf einem sprachlich-analytischen Niveau, mit welchem sie trennscharfe Aussagen umgehen.[369] Wenn sie aber, wie bereits erläutert, grundsätzlich der Inkommensurabilitätsthese beipflichten, dann stellt sich den vorigen Überlegungen folgend die Frage, wie die Implementierung einer metatheoretischen Perspektive Ziel ihrer Forschung sein kann: „In addition, we explore a metaparadigm perspective that might allow disparate approaches to theory buil-

---

[365] Vgl. Giddens, A. (1979).

[366] Vgl. Rometsch, M. (2007), S. 336.

[367] Vgl. die Überlegungen im Zwischenfazit 1.3.

[368] Dies bedeutet keinesfalls, dass die multiparadigmatische Position problemlos zu begründen wäre. Die Grenzen der Erkenntnis einer multiparadigmatischen Position werden im Folgenden erläutert werden.

[369] Dies scheint ein generelles Manko der Paradigmendiskussion zu sein. Vgl. z. B. die Rezension von Burrells Buch Pandemonium [Burrell, G. (1997)]: Jones, C. (1998), S. 2.

ding to be considered together. Such a perspective can produce views of organizational phenomena that not only allow scholars to recognize inherent and irreconcilable theoretical differences, but also can encourage them to adopt a more comprehensive view by accounting for those differences."[370] Es wird zwar nicht verschwiegen, dass es auch bei der Einnahme einer multiparadigmatischen Perspektive unerlässlich ist, seinen eigenen paradigmatischen Standpunkt zu lokalisieren, von wo aus man die anderen Paradigmen betrachtet.[371] Jedoch erscheint es nicht einleuchtend, warum die Betrachtung des Forschungsobjektes durch mehrere Perspektiven einen Erkenntnisgewinn bringen kann. Denn damit wird zumindest eine Vergleichbarkeit der verschiedenen paradigmatischen Positionen notwendig, wie es *Gioia / Pitre* über die Aufweichung der Paradigmengrenzen versuchen. Was aber nicht weiter erläutert wird, ist die Möglichkeit einer multiparadigmatischen Betrachtung von Ansätzen, welche Extrempositionen des jeweiligen Paradigmas darstellen.

Es stellt sich zudem grundsätzlich die Frage, welchen Mehrwert die Addition der paradigmenspezifischen Erkenntnis bieten kann. Denn je nach eingenommener Grundposition kann entweder diese falsch sein, oder aber jede Addition einer weiteren Perspektive.[372] Weiterhin müsste es die Möglichkeit einer multiparadigmatischen Begründung geben, um eben die Möglichkeit eines nur scheinbar richtigen Erkenntnisgewinns auszuschließen. Andernfalls rückt der multiparadigmatische Ansatz in die Nähe der Position „anything goes", da es keine Entscheidung über die Rechtmäßigkeit einer Aussage geben kann. *Scherer* formuliert zu dieser Problematik: „Was fehlt, ist offensichtlich eine zusätzliche Begründungsleistung, die die Multiparadigmenperspektive aus sich selbst heraus nicht aufzubringen vermag. [...] Letztlich geben die Anhänger dieser Perspektive keine Orientierung, wie die Widersprüche und Differenzen unterschiedlicher Paradigmen -sofern erforderlich - überwunden werden können."[373]

---

370 Gioia, D. A. / Pitre, E. (1990), S. 584.
371 Vgl. Gioia, D. A. / Pitre, E. (1990), S. 596.
372 Vgl. Scherer, G. A. (2006), S. 43.
373 Scherer, G. A. (2006), S. 43.

4.2 Zwischenfazit - Anwendbarkeit der Multiparadigmenbetrachtung auf die Controllingforschung

Eine unreflektierte Anwendung der Ordnungsrahmen aus der Organisationstheorie scheint für eine Verknüpfung von Controllingforschung und Organisationstheorie nach den Ausführungen des Kapitels 4 der falsche Weg zu sein. Betrachtet man noch einmal die zwei Hauptziele, welche *Burrell / Morgan* mit dem Einsatz ihres Ordnungsrahmens verfolgt haben, so muss man für beide eine Inadäquanz für die Controllingforschung konstatieren. Das Ziel einer Erklärung der Unterschiedlichkeit und Vielfalt organisationstheoretischer Ansätze kann für die Controllingforschung nicht erreicht werden, da die Dimensionen, welche zur Kategorisierung verwendet werden, für eine controllingspezifische Erklärung nicht relevant sind (vgl. Kapitel 4.1.1). Dies gilt sowohl für die erkenntnistheoretische, als auch für die gesellschaftstheoretische Dimension. Aus der Inadäquanz der Dimensionen folgt eine fehlende Differenzierungsleistung für die Controllingforschung, so dass sämtliche deutschsprachigen Controllingkonzeptionen mehr oder weniger funktional zu verorten sind.[374]

Das zweite Ziel, welches neben der Differenzierungs- und Kategorisierungsleistung steht, ist die Erkenntnis aus einer paradigmenübergreifenden Betrachtung, wie diese z. B. von *Gioia / Pitre* postuliert wird. Die Machbarkeit einer multiparadigmatischen Betrachtung hängt von der Begründungleistung ab. Zum einen muss die eigene Position innerhalb des Ordnungsrahmens begründet werden, zum anderen muss eine Begründung für eine Multiparadigmenperspektive und gegen die Inkommensurabilität geliefert werden. Dass diese Begründung zum jetzigen Stand der Organisationsforschung noch nicht gegeben werden konnte, zeigte sich in den Erläuterungen zur Inkommensurabilitätsdiskussion in Kapitel 4.1.3. Keine der erläuterten Positionen ist in der Lage, ihren eigenen Standpunkt zu begründen, und damit den aus ihr zu erlangenden Erkenntnisgewinn wissenschaftlich abzusichern. Ebenso kann keine Position eine Begründung für ihre absolute Überlegenheit gegenüber anderen Positionen liefern. Letztlich erinnert die Begründungsproblematik

[374] Wobei mehr oder weniger bedeutet, dass z. B. Schönbohm bei der Verwendung des Ordnungsrahmens die Paradigmen als Kontinuen auffasst und somit Abstufungen in beiden Dimensionen existieren. Vgl. Schönbohm, A. (2005), S. 227.

innerhalb der Paradigmendiskussion stark an das Problem der Letztbegründung und das Münchhausen-Trilemma. Demnach muss jeder Versuch, letzte Sätze als wahr zu beweisen, scheitern. Das Begründungsverfahren gerät entweder in einen Zirkelschluss, einen infiniten Regress oder einer dogmatischen Setzung eines A-xioms.[375] Den letzten Satz stellt innerhalb der organisationstheoretischen Diskussion die Entscheidung bzw. Begründung dar, ob eine Erkenntnis erlangt worden ist. Die unterschiedlichen Ausprägungen des Münchhausen-Trilemmas äußern sich z. T. in den unterschiedlichen Begründungsversuchen innerhalb der Inkommensurabilitätsdiskussion (vgl. Kapitel 4.1.3.1). Damit bleibt für einen Erkenntnisfortschritt der Controllingforschung durch Anwendung der organisationstheoretischen Überlegungen festzuhalten, dass dieser nicht begründbar ist. Von einer dogmatischen Position bis zu einer relativistischen sind alle Positionen gleichwertig, da ihre Überlegenheit und der Erkenntnisgehalt nicht zu begründen sind. Eine unreflektierte Transformation der organisationstheoretischen Überlegungen scheint somit aus controllingwissenschaftlicher Sicht nicht haltbar zu sein.

Aus dieser Kritik ergeben sich direkte Konsequenzen an die Konstruktion eines Ordnungskonzeptes für die Controllingforschung. Zunächst gilt es den Zweck des Ordnungskonzeptes anzugeben, um nach diesem die Dimensionen auswählen zu können, welche als relevant für die Controllingforschung erachtet werden können. Die Relevanz sollte sich grundsätzlich an der „Domäne" orientieren, in denen die Controllingkonzepte Aussagen aufstellen. Darauf aufbauend sollte eine controllingspezifische Differenzierungsleistung entstehen, so dass die dimensionsinduzierten Unterschiede der Aussagensysteme klar herausgestellt werden können.

Die Frage eines Erkenntnisgewinns aus der Systematisierung muss nach den vorangegangen Überlegungen zunächst negativ beschieden werden. Es kann keine Begründung geben für ein Metakonzept, welches Forschungsansätze über verschiedene methodische und wissenschaftstheoretische Grundpositionen vergleichen möchte. Um trotzdem einen konstruktiven Beitrag der Organisations- und Wissenschaftstheorie zur Controllingforschung leisten zu können, wird daher auf das Konzept der Erklärungsmächtigkeit eingegangen werden, welches die ideolo-

---

[375] Vgl. Albert, H. (1991), S. 13-18.

gischen Probleme der Inkommensurabilitätsdiskussion zu vermeiden vermag, indem keine paradigmatische Begründungsleistung im Vordergrund steht, sondern eine aussagensystem- und domänenspezifische Erklärungsmächtigkeit.

5 Wissenschaftstheoretische Anforderungen an einen Ordnungsrahmen

Wie aus dem Zwischenfazit zu Kapitel 4 folgt, muss jeder Ordnungsrahmen bestimmte Bedingungen aus wissenschaftstheoretischer Sicht erfüllen. Es wurde bereits erwähnt, dass die zu erfüllenden Bedingungen und Begründungsleistungen vom zu verfolgenden Zweck abhängig sind. Vor jeglichen Ausführungen zu möglichen Paradigmen und der Möglichkeit einer Komparabilität über die Paradigmengrenzen hinweg muss also eine Präzisierung der zu verfolgenden wissenschaftlichen Ziele stehen.[376] Die eigenen Ziele dieser Forschungsarbeit werden hierbei z. T. in Anlehnung an die Ausführungen zu den Analogien zwischen der Evolution der Organisationstheorie und der Controllingforschung entwickelt.[377]

Nach der Darlegung der Ziele gilt es eine Begründung für die Wahl der Dimensionen eines Ordnungsrahmens zu geben, und deren mögliche Ausprägungen zu beschreiben und zu fundieren. Dies wird in Kapitel 5.2, aufbauend auf der Kritik an der Systematisierungsleistung der bereits vorgestellten Ordnungsrahmen,[378] geschehen.

Danach gilt es, die Frage zu klären, ob, in Abhängigkeit der definierten Ziele, eine Präzisierung eines eigenen Standpunktes in Bezug auf die Inkommensurabilitätsdiskussion notwendig ist, und wie u. U. diese Position zu fundieren bzw. zu begründen ist. Denn letztlich geht es in diesem Punkt um die Frage: „What is to be gained from a meta-theoretical perspective on OT [Organisation Theory; Anm. d. Autors].“[379] Übertragen auf den Fokus der vorliegenden Forschungsarbeit ist natürlich nicht exklusiv der Mehrwert für die Organisationstheorie angesprochen, sondern vor allem eine meta-theoretische Betrachtung der Controllingforschung von Bedeutung.

---

376 Vgl. Janich, P. et al. (1974), S. 27-34. Demnach stellen methodologische Diskussionen in Abhängigkeit des Wissenschaftszweckes Basisüberlegungen dar.

377 Vgl. die einleitenden Erläuterungen zu Kapitel 3.

378 Vgl. vor allem die Ausführungen der Kapitel 3.1.1 und 3.2.

379 Tsoukas, H. / Knudsen, C. (2003), S. 4.

5.1 Ziele einer organisationstheoretisch orientierten Meta-Betrachtung der Controllingforschung

Ähnlich wie in der Entwicklung der Organisationstheorie auch, zeigt die Controllingforschung eindeutige Tendenzen, sich in voneinander entfernende Forschungsgrundlinien bzw. -paradigmen zu entwickeln. Es gibt allerdings einen bedeutenden Unterschied zwischen den beiden Teildisziplinen der Betriebswirtschaftslehre, wie dies *Kieser* pointiert formuliert: „Controlling ist eine bedeutende Praxis ohne eine bedeutende Theorie, während die Organisationstheorie eine Theorie ohne bedeutende Praxis ist.“[380] Für die Organisationstheorie ergibt sich aus ihrer Bedeutung heraus eine reflexive Rolle bei der Betrachtung der organisatorischen Praxis, der z. T. präskriptiver[381] Charakter zuteil wird, wenn die Aufgabe erweitert wird um die Aussage, wie organisationale Praxis betrieben werden sollte (vgl. Abb. 15).[382]

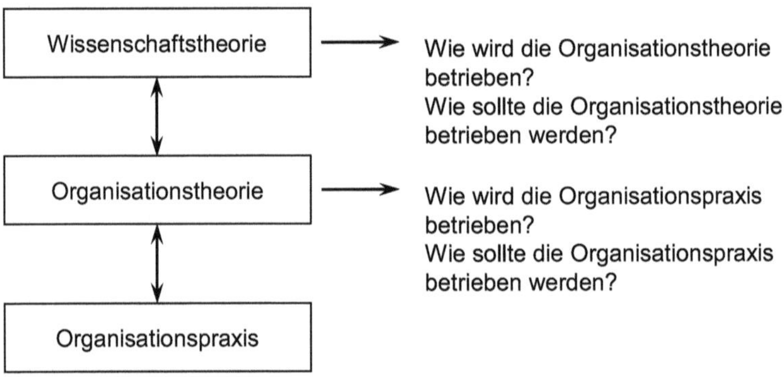

Abb. 15 *Zum Verhältnis von Wissenschaftstheorie, Organisationstheorie und Organisationspraxis*[383]

Controlling ist ein Phänomen, das aus der Praxis heraus entstanden ist, und mit dem die betriebswirtschaftliche Forschung bis zum heutigen Tage Probleme hat.

---

380 Kieser, A. (2003), S. 17.

381 Es sei darauf hingewiesen, dass die Adjektive präskriptiv und normativ im Weiteren synonym verwendet werden. Es wird folglich nicht differenziert in eine empfehlende, normative Komponente und eine vorschreibende, präskriptive Komponente.

382 Vgl. Scherer, G. A. (2003), S. 312.

383 Quelle: Scherer, G. A. (2006), S. 23. Vgl. auch Tsoukas, H. / Knudsen, C. (2003), S. 6.

Es ist trotz etlicher Versuche nicht gelungen, eine mehrheitlich akzeptierte Definition zu finden, was den Kern des Controllings ausmache[384] und worin die Begründung für die Eigenständigkeit einer wissenschaftlichen Disziplin Controlling liege. Daher ist die Aufgabe der konzeptionellen Controllingforschung nicht so sehr mit einem empfehlenden normativen Charakter versehen. Die Begründungsrichtung ist im Gegensatz zur Organisationstheorie tendenziell umgekehrt. Die konzeptionelle Controllingforschung versucht durch die Erklärung des Praxisphänomens Controlling eine wissenschaftliche Identität zu schaffen (vgl. Abb. 16).

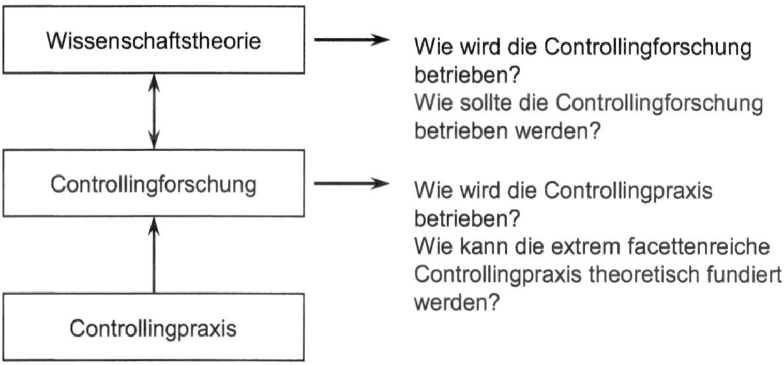

Abb. 16 *Zum Verhältnis von Wissenschaftstheorie, Controllingforschung und Controllingpraxis*[385]

Innerhalb der wissenschaftlichen Literatur zum Controlling herrscht keine Einigkeit darüber, wie das Praxisphänomen Controlling konzeptionell zu erfassen ist.[386] Daraus resultierend folgt eine Vielzahl von verschiedenen Controllingkonzeptionen, die Controlling mit Hilfe von Einflüssen aus den unterschiedlichen wissenschaftlichen Disziplinen beschreiben.[387] Was jedoch den Studierenden an den Hochschulen in der akademischen Praxis als Controlling „verkauft" wird und wurde, lässt sich anhand weniger grundlegender Konzeptionen zeigen (vgl. Abb. 17).

---

[384] Vgl. Lingnau, V. (2009), S. 19 f.

[385] In Analogie zu Scherer, G. A. (2006), S. 23.

[386] Vgl. Küpper, H.-U. (2008), S. 25; Scherm, E. / Pietsch, G. (2004b), S. 5.

[387] darunter zählen vor allem Einflüsse aus der Psychologie, den Verhaltenswissenschaften. Zahlreiche Versuche belegen auch, BWL respektive Controlling innerhalb der Sozialwissenschaften ihren angestammten Platz wiederzugeben. Vgl. den Herausgeberband von Scherm, E. / Pietsch, G. (2004a), in dem zahlreiche Strömungen wiedergefunden werden können.

Hierzu zählen die grundlegenden Konzeptionen bzw. Paradigmen,[388] wie die rechnungswesen- und informationsorientierten Konzeptionen, innerhalb der managementorientierten Ansätze sind vor allem das koordinationsorientierte Controlling und Controlling als Rationalitätssicherung zu nennen.

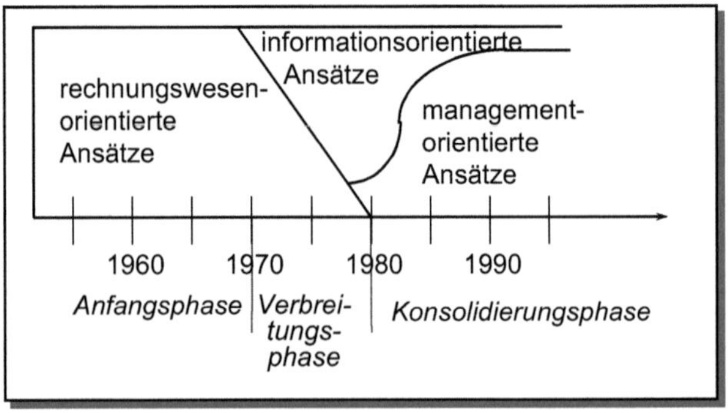

Abb. 17 *Entwicklungsphasen des Controllings in Deutschland*[389]

Während die rechnungswesenorientierten Konzeptionen die Herkunft des Controllings im betrieblichen Rechungswesen sehen und dem Controlling die „Hinwendung zu Einzelproblemen der Planung"[390] bescheinigen, stellen die informationsorientierten Konzeptionen „im Wesentlichen auf die bedarfsgerechte Bereitstellung entscheidungsrelevanter Informationen ab."[391] Eine erweiternde und integrierende Sichtweise schuf *Horváth*[392] mit seiner koordinationsorientierten Controllingkonzeption, die wesentliche konzeptionelle Erweiterungen durch *Küpper*[393] erfuhr. Danach ist die Aufgabe des Controllings die Sekundärkoordination, also die Koordination innerhalb und zwischen den Subsystemen der Unternehmensführung.

[388] Ähnlich wie in der Organisationstheorie darf man auch im Bereich der Controllingforschung von einer Theorienvielfalt sprechen, die durchaus durch Paradigmen innerhalb der Controllingforschung erklärt werden kann. Vgl. Schönbohm, A. (2005), S. 63 ff; Burrell, G. / Morgan, G. (1992).

[389] Quelle: Lingnau, V. (1999), S. 84.

[390] Küpper, H.-U. (2001), S. 5.

[391] Schaefer, S. / Lange, C. (2004), S. 106.

[392] Vgl. Horváth, P. (1978).

[393] Vgl. Küpper, H.-U. (2001), S. 13-60.

Hierzu zählen das Planungssystem, das Kontrollsystem, das Informationsversorgungssystem sowie die Teilsysteme Organisation und Personalführung.[394]

Seit einiger Zeit hat die Controllingkonzeption *Webers* zunehmende Bedeutung in der universitären Lehre gefunden. „Innerhalb der Controlleraufgaben lässt sich mit Rationalitätssicherung ein Aufgabentyp herausarbeiten, der zwar nicht ausschließlich, aber doch schwerpunktmäßig von Controllern wahrgenommen wird."[395] Der Controller fungiert hierbei als kritischer Counterpart[396] des Managements, um Rationalitätsdefizite aufzudecken und in einem möglichst frühen Planungsstadium zu beheben.[397] Die institutionelle Ausgestaltung des Controllings wird durch ein Kosten / Nutzen-Kalkül bestimmt, denn die durch Controlling erzielbaren Rationalitätsgewinne müssen die Kosten der Rationalitätssicherung übersteigen.[398]

Neben diesen grundlegenden Konzeptionen, die den wissenschaftlichen Mainstream widerspiegeln, gibt es neuere Versuche, Controllingkonzeptionen durch den Einbezug interdisziplinärer Erkenntnisse zu konstituieren.[399] Zum Teil nehmen diese neueren Konzeptionen bizarre Züge an, wie dies z. B. Schneider pointiert formuliert: „Nur wenige der neuen Ansätze lesen sich in Teilen amüsant."[400] Dies scheint ein weiterer Beleg für die eingangs dieses Kapitels erwähnte These zu sein, dass ebenso wie in der Organisationstheorie in der Controllingforschung eine Fragmentierung des „Theoriendschungels"[401] zu konstatieren ist.[402]

---

394 Vgl. Küpper, H.-U. (2001), S. 15.

395 Weber, J. / Schäffer, U. (2008b), S. 43.

396 Vgl. Weber, J. / Schäffer, U. (2006), S. 34.

397 Wie dabei genau das Konstrukt Rationalität definiert wird, bleibt im Unklaren, da Weber / Schäffer sich sowohl einer zweckorientierten Rationalität bedienen, welche der Handlungstheorie Max Webers entstammt, als auch Elemente integrieren, die einer Diskursrationalität Jürgen Habermas' entliehen sind. Vgl. Weber, M. (1976), S. 12 ff., Baumgarten, E. (1964), S. 283 und Habermas, J. (1997), 141-151.

398 Vgl. Weber, J. / Schäffer, U. (2008b), S. 51.

399 Vgl. z. B. die Fülle an Konzeptionen in dem Herausgeberband von Scherm, E. / Pietsch, G. (2004a), die durch verhaltens- und sozialwissenschaftliche Einflüsse geprägt sind.

400 Schneider, D. (2005), S. 66, in seiner Rezension des Herausgeberbandes von Scherm, E. / Pietsch, G. (2004a)

401 Im engeren Sinne müsste jedoch von einem Konzeptionsdschungel gesprochen werden, da die Controllingforschung zumeist Konzeptionen denn in sich abgeschlossene Theorien hervorbringt. Vgl. die Ausführungen in Kapitel 6.1. Das an dieser Stelle dennoch von Theoriendschungel gesprochen wird, ist der Analogie zur Organisationstheorie sowie der besseren Lesbarkeit geschuldet.

402 Vgl. Scherer, G. A. (2003), S. 311.

Aus diesen Ausführungen zum Status Quo der Controllingforschung und den Analogien zu der Organisationstheorie folgt das erste Ziel für einen controllingspezifischen Ordnungsrahmen: Auf dessen Grundlage sollte es möglich sein, den Theoriendschungel zu erklären und zu lichten.[403] Die Erklärungsleistung und die dadurch folgende Systematisierung können sich hierbei nur über die unterschiedlichen Ausprägungen bestimmter Grundannahmen der forschenden Controlling-Gemeinde konstituieren. Denn nur durch diese Divergenzen lässt sich die unterschiedliche Abstraktionsleistung des Phänomens Controlling innerhalb der Konzeptionen erklären. Die erwähnten Ausprägungen können hierbei sowohl auf den wissenschaftstheoretischen Grundannahmen der Forschungstreibenden beruhen, als auch methodologische Differenzen in der controllingspezifischen Theoriebildung projizieren.[404] Um in der Terminologie der Abb. 16 zu bleiben, steht vor dem Hintergrund des Erklärungsziels die wissenschaftstheoretische Frage im Vordergrund, wie die Controllingforschung betrieben wird. Das bedeutet, die Frage zu stellen, mit welchen Methoden das Praxisphänomen Controlling untersucht wird, welche Grundeinstellungen und Prämissen zu der wissenschaftlichen Tätigkeit von Seiten des Forschungstreibenden bestehen. Explizit ausgeklammert wird eine normative Forderung im Sinne der Frage, wie Controllingforschung betrieben werden sollte, da ein solches Werturteil für den Autor aus sich heraus nicht zu begründen ist.[405] Trotz des Verzichtes auf die normative Komponente stellt die Reflexion der Controllingtheorien jedoch ein meta-theoretisches Anliegen dar, da die Systematisierung einer Analyse der logischen und semantischen Bestandteile gleichkommt.[406] Da die meta-theoretische Analyse jedoch nur den Entdeckungszusammenhang berührt, und nicht den Begründungszusammenhang, ist eine theoretische Begründung der zu wählenden Dimensionen nicht notwendig.[407] Die Auswahl der Dimensionen kann demnach nach praktikablen Gesichtspunkten er-

403 Ähnlich wie dies Burrell / Morgan versuchen. Vgl. Burrell, G. / Morgan, G. (1992), S. X.

404 Die methodologischen Differenzen werden z. T. sogar von den Forschungstreibenden gefordert. Vgl. Hirsch, B. / Weber, J. (2003), S. V-VII; vgl. Ortelbach, B. / Hagenhoff, S. (2004), S. 21; Pietsch, G. / Scherm, E. (2004), S. 930-933.

405 Es bleibt zu erwähnen, dass Scherer (vgl. Abb. Abb. 15) diese Begründungsleistung ebenfalls schuldig bleibt.

406 Vgl. zu der Definition einer Metatheorie Lorenz, K. (1984a), S. 875 f.

407 Zum Begründungs- und Entdeckungszusammenhang in der Betriebswirtschaftslehre vgl. Schweitzer, M. (2009), S. 68 ff.; Zur allgemeinen Gebrauch in der empirischen Sozialforschung vgl. Klammer, B. (2005), S. 35 ff.

folgen. Dies ist zum einen die Systematisierungsleistung der gewählten Dimensionen, deren Auswahl auf den Überlegungen und der Kritik an der controllingspezifischen Systematisierungsleistung des Ordnungsrahmens nach *Burrell / Morgan* fußen sollte. Zum anderen sollten die gewählten Dimensionen die grundlegenden theoriebildenden Elemente der controllingspezifischen Aussagensysteme beschreiben können, d. h. sie sollten analytische Relevanz für möglichst viele Aussagensysteme besitzen. Es ist evident, dass die Systematisierungsleistung nicht independent von der analytischen Relevanz der Dimensionen sein kann, da durch diese erst eine aussagekräftige Differenzierung der Aussagensysteme möglich wird.[408]

Das zweite näher zu erläuternde Ziel, neben der Systematisierung, bezieht sich auf die Erklärungsmächtigkeit der jeweiligen Controllingkonzeptionen in den Objektbereichen, die sie untersuchen. Dieses Ziel ist eindeutig abzugrenzen zu den verschiedenen Versuchen inklusive der Standpunkte der Inkommensurabilitätsdiskussion und deren Begründbarkeit. Da das Konstrukt der Erklärungsmächtigkeit und die Verpflichtung einer wissenschaftstheoretischen Begründung jedoch von dem Charakter der Dimensionen sowie dem intellektuellen Spannungsfeld abhängen, welches sie aufspannen, wird eine nähere Beschreibung erst nach der Vorstellung der Dimensionen in Kapitel 5.2 erfolgen können. An dieser Stelle soll daher zunächst das Konstrukt der Erklärungsmächtigkeit vorgestellt werden.

5.2 Systematisierungsleistung und Anforderungen an die Dimensionen

Die Systematisierungsleistung der Dimensionen ist, wie bereits angedeutet, nicht unabhängig von der analytischen Relevanz der Dimensionen in der Controllingforschung. Eine akzeptable Dimension muss folglich in der Lage sein, die Grundelemente des Theoriebildungsprozesses und auch des Aussagensystems selbst angemessen zu beschreiben. Solche Dimensionen lassen sich aus praktikablen Gesichtspunkten vor allem aus den großen Grundlagendiskussionen der Controlling-

---

[408] Ähnlich wie dies Thomas, O. / Nüttgens, M. (2009), S. 118 f., für einen Ordnungsrahmen innerhalb der speziellen BWL des Dienstleistungsmanagements fordern.

forschung ableiten. Denn genau an den Punkten, an denen die Meinungen der Forschungstreibenden divergieren, scheint eine Differenzierung der Meinungen am aussagekräftigsten zu sein.[409] Jedoch gilt es zu beachten, dass die Dimensionen ein erhebliches Abstraktionsniveau aufweisen müssen, um ihren Zweck zu erfüllen. Es kann also nicht von Nutzen sein, sich auf grundlegende Fragestellungen zu beziehen, die zwar kontrovers diskutiert werden, aber bereits so sehr in den Details der Konzeptionen zu verorten sind, dass sie keinerlei Mehrwert für eine Systematisierung liefern.[410] Eine Grundlagendiskussion, welche sich auf den Theoriebildungsprozess bezieht, ist die Frage nach der Größe der Analyseeinheit. Ähnlich wie dies auch in der Organisationstheorie der Fall ist, gibt es auch in der Controllingforschung unterschiedlich dimensionierte Analyseeinheiten.[411] Als kleinste Analyseeinheit fungiert dabei das Individuum, welche konstituierend ist für die Institution Controlling, welche auf einer höher aggregierten Ebene als das unternehmerische Praxisphänomen Controlling angesehen werden kann. Es scheint evident, dass die Frage der Analyseebene ein grundlegendes methodologisches Problem darstellt, denn mit der Wahl der Analyseebene ist i. d. R. auch bereits die Wahl der Begründungsrichtung getroffen worden. Entscheidet sich der Forschungstreibende für das Individuum als Ausgangspunkt seiner Erklärungen, so schließt er hieraus auf die Ausgestaltung und den Status Quo der sich aus dem Individuum konstituierenden abstrakten Strukturen, wie z. B. einer Institution Controlling. Die entgegengesetzte Begründungsrichtung sieht die Strukturen als deter-

---

[409] Ähnlich scheint die Auswahl der kategorisierenden Dimensionen bei Astley / Van de Ven zu sein, da dort zunächst die sechs grundlegenden Spannungsfelder der Organisationstheorie vorgestellt werden, auf deren Grundlage dann ein Ordnungsrahmen konstruiert wird. Vgl. Astley, W. G. / Van de Ven, A. H. (1983), S. 245.

[410] Als Negativ-Beispiel für eine Wahl einer solchen grundlegenden Fragestellung sei die controllingspezifische Diskussion angeführt, welche sich mit der Frage beschäftigt, ob eine lediglich funktional geprägte Controllingkonzeption eine satisfiszierende Theorie des Controllings bereitstellen kann. Auf einem höheren Abstraktionsniveau bliebe hier die Frage zu stellen, welche Einstellung der Forschungstreibende zu seiner eigenen Wissenschaft hat. Geht es ihm lediglich um eine Verbesserung der unternehmerischen Praxis, so mag eine rein funktionale geprägte Konzeption dazu dienen. Jedem weiter reichenden Anspruch muss aber die Forderung eines in sich geschlossenen Aussagensystems immanent sein, was dann z. B. institutionelle Aussagen mit einschließt. Vgl. Lingnau, V. (2006); Scherm, E. / Pietsch, G. (2004b).

[411] In der Organisationstheorie äußert sich die angesprochene Kontroverse in der Differenzierung der Aussagensysteme in Marko-, Meso- und Mikrotheorien. Vgl. KcKinley, W. / Mone, M. A. (2003), S. 345 ff. Analog dazu sehen auch Astley / Van de Ven darin eine der Basisdebatten der Organisationstheorie: „Is organizational behavior principally concerned with individual or collective action?" Astley, W. G. / Van de Ven, A. H. (1983), S. 245.

minierend für die Handlung der Individuen an, weswegen auch nicht diese Gegenstand der Analyse ist, sondern nur Ergebnis der zu untersuchenden Strukturen. Die aufgeworfene Fragestellung ist keineswegs neu und exklusiv in der Controllingforschung existent. Vielmehr hat die Kontroverse, ob die Struktur die individuelle Handlung determiniert, oder aber die individuelle Handlung Strukturen erst entstehen lässt, eine lange philosophische Tradition.[412]

Das zweite große Spannungsfeld der Controllingforschung, welches keinesfalls vollkommen independent von der Debatte über Struktur-Handlung ist, äußert sich in der Frage, in wie weit eine rein modellhaftes bzw. ein eher realistisch geprägtes Menschenbild der Forschung zu Grunde gelegt wird.[413] Die Diskussion ist nicht nur der Controllingforschung zu eigen, sondern wird in der gesamten Betriebswirtschaftslehre geführt. Dies mag an der Tatsache liegen, dass die neoklassische Betriebswirtschaftslehre relativ unreflektiert das Menschenbild des homo oeconomicus aus der klassischen Mikroökonomie bzw. Nationalökonomie übernommen hat.[414] Das Menschenbild des homo oeconomicus mag innerhalb des deduktiv-nomologischen Aussagensystems der Mikroökonomie und den ihr zu Grunde liegenden Objektbereich adäquat sein, ob es dies für eine moderne Controllingwissenschaft ebenso ist, bleibt im weiteren zu hinterfragen. Innerhalb der Controllingforschung hat diese Diskussion vor Allem *Lingnau* angestoßen, der die Relevanz eines homo oeconomicus innerhalb eines koordinationsorientierten Controllings negiert.[415] Er ersetzt den homo oeconomicus in seinem kognitionsorientierten Ansatz durch das realistisch geprägte Bild eines Individuums, das an *Simon* und die „bounded Rationality“[416] angelehnt ist bzw. auf der „managerial cognition theory“[417] beruht.[418]

Beide Dimensionen, werden im Folgenden detaillierter vorgestellt werden.

---

412 Vgl. zur Subjekt-Objekt-Kontroverse Scherer, G. A. (2006), S. 24.
413 Vgl. Hering, T. (2008); Lingnau, V. (2000), S. 82.
414 Zur Tradition des homo oeconomicus in der BWL vgl. Kirchgässner, G. (1991).
415 Vgl. Lingnau, V. (2000), S. 76.
416 Vgl. Simon, H. A. (1982b); Simon, H. A. (1955).
417 Vgl. den Herausgeberband von Colin, E. / Spender, J.-C. (1998).
418 Vgl. Lingnau, V. (2006), S. 1 u. S. 8 ff.

5.2.1 Dimension Methodologischer Individualismus vs. Methodologischer Kollektivismus

„Das Wesen [...] der exacten Richtung der theoretischen Forschung auf dem Gebiete der ethischen Entscheidungen besteht [...] darin, dass wir die Menschheitsphänomene auf ihre ursprünglichsten und einfachsten constitutiven Faktoren zurückführen, an diesen letzteren das ihrer Natur entsprechende Maß legen und endlich die Gesetze zu erforschen suchen, nach welchen sich aus jenen einfachsten Elementen, in ihrer Isolierung gedacht, complicirtere Menschheitsphänomene gestalten."[419]

In diesen Worten beschreibt *Carl Menger* den Forschungsbereich und die Methode der Sozialwissenschaften. Die erwähnte Methode, nämlich von den einfachsten, atomaren Elementen auf das Zustandekommen größerer, zusammenhängender Phänomene zu schließen, bezeichnet man als MI. Im Rahmen der großen Gesellschaftstheorien[420] zeigt der MI eine Methodik auf, die versucht, kollektive Phänomene auf die Handlungen, Interaktionen, Intentionen und Gedanken einzelner Individuen zu reduzieren. Das Ganze ist nicht größer als die Summe seiner Teile, sondern entspricht dieser genau, und lässt sich exakt reduzieren und wieder konstruieren, wenn man nur um die einzelnen Teile und deren Bauplan weiß.[421] Für eine moderne Wirtschaftswissenschaft bedeutet diese Methodik der Analyse, dass sich z. B. ein kollektives ökonomisches Phänomen wie eine Baisse an einer Börse erklären lässt durch die Analyse der Handlungen, Interaktionen und Einstellungen der an diesem „Markt" beteiligten Akteure. Die Extremposition einer solchen Analyse würde nicht das Individuum als kleinste agierende Einheit untersuchen, sondern die Aktivität der Neuronen des Individuums, um aus der Aggregation der Zu-

---

419 Menger, C. (1969, Nachdruck), S. 43.

420 Für einen gelungenen Überblick ohne den Anspruch auf Vollständigkeit vgl. Brock, D. et al. (2007).

421 Im Gegensatz dazu die häufig mystisch gebrauchte Formulierung das das große Ganze das Geheimnisvolle etwas enthält, was nicht durch die einzelnen Teile entsteht, sondern der großen Struktur inhärent ist.

stände aller Neuronen auf die Handlung des Individuums schließen zu können.[422] [423]

Allerdings existiert nicht nur eine Ausprägung des MI. Dies liegt z. T. an der unscharfen Abgrenzung des Individualismus zum MI[424], z. T. aber auch an einer fehlenden Standortbestimmung der Autoren hinsichtlich Ontologie und Epistemologie.[425] Gerade im Hinblick auf die noch zu diskutierende Gegenposition des MK erscheint aber eine Verortung des MI innerhalb wissenschaftstheoretischer Positionen geboten. *Meran* differenziert hierzu in die drei Kategorien bedeutungstheoretischer Aspekt, ontologischer Aspekt und erklärungstheoretischer Aspekt.[426] Dieser Differenzierung soll im Weiteren gefolgt werden.

Der **bedeutungstheoretische Aspekt** betrifft die Rechtmäßigkeit und Begründung sozialwissenschaftlicher Aussagen.[427] Es stellt sich die Frage, ob Aussagen über gesellschaftliche Tatbestände[428] „nur als Sätze über das (beobachtbare) Verhalten oder die (verständlichen) Absichten von Individuen sinnvoll [sind].“[429] Oder aber es werden neben den Aussagen über die Individuen auch Aussagen über

---

422 Vgl. z. B. Versuche der experimentellen Biopsychologie, welche den Einfluss ökonomischer Anreize, wie z. B. Belohnungen, in den Neuronen von Tauben nachweisen. Vgl. Kalenscher, T. et al. (2005).

423 Es lässt sich bereits hier zeigen, dass ein Problem der Abgrenzung zwischen Individualismus und Holismus in der Analyseebene begründet liegt. Eine Organisation, die in eine Gesellschaft eingebettet ist, kann z. B. sowohl als Individuum als auch als Kollektiv von Individuen betrachtet werden. Damit verschwimmen die z. T. die Grenzen der Auseinandersetzung von Individualismus und Holismus. Vgl. Hollis, M. (1995), S. 147.

424 Und ebenso an Fehlinterpretationen des Methodologischen Individualismus, wie ihn z. B. Hayek Rousseau und dem Cartesischen Rationalismus vorwirft. Vgl. Hayek, F. A. v. (1976), S. 9.

425 So betont z. B. Schumpeter in seiner Habilitationsschrift: „Nicht darauf kommt es uns an, wie sich die Dinge verhalten, sondern wie wir sie schematisieren und stilisieren, um unsere Zwecke möglichst zu fördern, das heißt also, welche Auffassung die vom Standpunkt der Resultate der reinen Ökonomie praktischste sei.“ Schumpeter, J. A. (1970), S. 93 f. Damit wird die Frage nach dem ontologischen Status des Untersuchungsgegenstandes einem ökonomischen Pragmatismus preisgegeben.

426 Vgl. Meran, J. (1979), S. 35; ähnlich Heine, W. (1983), S. 15.

427 Vgl. Heine, W. (1983), S. 35.

428 Dabei wird ein gesellschaftlicher Tatbestand in Anlehnung an Durkheims soziologischen Tatbestand folgendermaßen verstanden: „Ein soziologischer Tatbestand ist jede mehr oder minder festgelegte Art des Handelns, die die Fähigkeit besitzt, auf den Einzelnen einen äußeren Zwang auszuüben; oder auch, die im Bereiche einer gegebenen Gesellschaft allgemein auftritt, wobei sie ein von ihren individuellen Äußerungen unabhängiges Eigenleben besitzt.“ Durkheim, E. (1895); zitiert nach Brock, D. et al. (2007), S. 109.

429 Meran, J. (1979), S. 36.

das kollektive Element[430] zugelassen, die aber logisch unabhängig von den Sätzen erster Art sein müssen.[431]

Der **ontologische Aspekt** stellt auf den Status des Seienden ab. Existieren gesellschaftliche Makrostrukturen oder sind sie lediglich die subjektive Konstruktion eines Individuums, zusammengesetzt aus seinen Eindrücken, Attitüden und kognitiven Fähigkeiten? Sind gesellschaftliche Strukturen existent, so müssen sie sich unabhängig von den Individuen begreifen und erklären lassen. Dennoch sind sie aber in ihrer Existenz nicht unabhängig von der „Existenz und der Qualität der Individuen."[432]

Der **erklärungstheoretische Aspekt** schließlich beschäftigt sich mit der Frage, wie soziale Phänomene erklärt werden können. Zum einen ist eine Erklärung aus „allgemeinen Gesetzen individuellen Verhaltens und sozialen Randbedingungen"[433] denkbar, zum anderen aus einer situativen Analyse ohne den Bezug zu allgemeinen Regeln.

Der MI lässt sich, je nach Schule und Autor, für jeden der drei Aspekte in eine strenge und eine gemäßigte Auffassung aufgliedern (vgl. Tab. 1). Geht nun der MI von der Ebene des Individuums als dominante erklärende Kraft für soziale Phänomene aus,[434] so ist die ihm konträre wissenschaftliche Position der MK. Der Gegensatz der beiden wissenschaftstheoretischen Positionen ist allerdings nicht so evident, wie es auf den ersten Blick scheinen mag.[435] Als wichtigstes und schärfstes Unterscheidungskriterium mag sicherlich weiterhin die Frage nach Richtung der Erklärung der sozialen Phänomene gelten. Diese strebt der MK über die vorhandenen Strukturen der Gesellschaft an. Nicht auf der Interaktion der Individuen beruht die Erklärung der Makrophänomene, sondern auf den als ontologisch „seiend" postulierten Strukturen, welche bestimmend für das Handeln des

[430] Im Sinne einer holistischen Auffassung.

[431] Vgl. Fricke, F.-U. (1994), S. 22 - 23. Zur logischen Unabhängigkeit vgl. Meran, J. (1979), S. 39.

[432] Fricke, F.-U. (1994), S. 23.

[433] Fricke, F.-U. (1994), S. 23.

[434] Vgl. Acham, K. (1983), S. 64.

[435] Was zum einen an der bereits erwähnten Willkür der Analyseebene liegt. Vgl. z. B. Hollis, M. (1995), S. 222 ff. Zum anderen aber auch an der Verbindung holistischer und individualistischer Elemente. Vgl. Heine, W. (1983), S. 50 -52.

Einzelnen sind.[436] *Fricke* formuliert treffend, „dass das individuelle Handeln durch gesellschaftliche Strukturen bestimmt sei und somit Phänomene sozialen Wandelns durch Veränderungen in ‚den Strukturen des gesellschaftlichen Lebens' zu erklären seien".[437]

Variante des MI / Aspekt	Strenger MI	Gemäßigter MI
Bedeutungstheoretisch	Nur individuenbezogene Sätze	Individuenbezogene und gruppenbezogene Sätze; jedoch logisch unverbunden
Ontologisch	Nur Individuen existieren	Soziale Entitäten und Individuen existieren, gesellschaftliche Tatbestände sind kausal abhängig von Individuen
Erklärungstheoretisch	Erklärung durch individuelle Verhaltensregeln und soziale Randbedingungen	Erklärung gesellschaftlicher Erscheinungen aus individuellem Verhalten abgeleitet

Tab. 1 *Strenger und gemäßigter Individualismus*[438]

Häufig wird an der strukturellen Begründung kritisiert, dass das Erklärungsprinzip der gesellschaftlichen Makrostrukturen auf Kräfte und Gesetze verweise, die ontologisch zwar als dominante Entitäten postuliert werden, aber nicht zu identifizieren sind, und somit den Charakter einer alles zu Grunde liegenden „Superkraft" bekommen.[439] Dem ist entgegenzuhalten, dass der Kern des MK in „der Bedingtheit des individuellen Verhaltens durch verschiedene Gruppen- und Sozialisationszwänge" [440] liegt. So stellen z. B. die Verwandschaftsbeziehungen eines Individuums eine objektiv vorhandene Struktur da, in die das Individuum hineingeboren wird. Eine Beeinflussung oder Erklärung dieser Strukturen durch die Interaktion

[436] Vgl. Hollis, M. (1995), S. 148.
[437] Fricke, F.-U. (1994), S. 25.
[438] Quelle: Fricke, F.-U. (1994), S. 24.
[439] Vgl. Hollis, M. (1995), S. 148.
[440] Acham, K. (1983), S. 68.

des Individuums ist wohl kaum denkbar, aber eine Sozialisation des Individuums innerhalb der familiären Strukturen ist wohl die Regel.[441]

Um eine Differenzierung des MI und MK zu ermöglichen, erscheint es geboten, diesen ebenso wie den MI in den drei Aspekten Bedeutungstheorie, Ontologie sowie Erklärungstheorie zu analysieren.[442]

Der **bedeutungstheoretische Aspekt** fokussiert den semantischen Modus, wie individuelles Verhalten zu beschreiben sein kann. In der restriktiven Version wird die Forderung gestellt, lediglich über die Funktion, die Position oder die Rolle eines Individuums Aussagen zu erlauben, um Rückschlüsse auf sein Verhalten zu ziehen.[443] Jedoch lässt sich nicht nur das Individuum funktional betrachtet. Einige Kollektivisten elaborieren die These, nach der auch Systeme bzw. Institutionen mit Bedürfnissen, Zwecken und Zielen ausgestattet sein sollen.[444] Es sei hier das Standardbeispiel der Termitenkolonie wiedergegeben[445]: In der Termitenkolonie existieren unterschiedliche Arten von Termiten, die wiederum unterschiedliche Aufgaben erfüllen. So gibt es z. B. die Arbeitstermiten, die sich im Körperbau signifikant von den Soldatentermiten unterscheiden. Für den Fortbestand der Kolonie ist es von extremer Wichtigkeit, dass ein angemessenes Verhältnis zwischen den verschiedenen funktionalen Gattungen beibehalten wird. Im Falle einer Störung des Gleichgewichts kann die lebensspendende Königin auf die schwankenden Verhältnisse eingehen und die Eiablage darauf einstellen. Woher weiß die Königin die Lage ihrer Kolonie so gut einzuschätzen, obwohl sie doch ihr ganzes Leben unterhalb der Erde verbringt, und von den Geschehnissen auf der Oberfläche (also den externen Störfaktoren) nichts wahrzunehmen scheint? Eine Erklärung für diese rätselhafte Eigenschaft der Königin ist die Interpretation der Kolonie als System mit systemischen Bedürfnissen. „Was immer diese Bedürfnisse erfüllt, ist von *funktionaler Bedeutung* für das System und geschieht deshalb, *weil* es etwas

[441] Vgl. Acham, K. (1983), S. 69. Weitet man den Familienbegriff auf eine biologische Weise aus, so gelangt man zu Gedanken über die Sozialisation der einzelnen Gattungen, wie z. B. homo sapiens, innerhalb dessen Gattung uns als Individuen wohl unzweifelhaft einer Prägung impliziert. Zu fragen ist, ob sich z. B. das Phänomen einer kooperativen Gemeinschaftsbildung über diese Strukturen im holistischen Sinne erklären lässt.

[442] Dies geschieht in Anlehnung an Meran, J. (1979), S. 46.

[443] Vgl. Meran, J. (1979), S. 25.

[444] Vgl. Hollis, M. (1995), S. 152.

[445] Vgl. Hollis, M. (1995), S. 130.

Funktionales ist."[446] In der restriktiven Variante fordert der MK also z. B. eine Erklärung der Entwicklung der Termitenkolonie über die Rollen und Funktionen der einzelnen Termiten bzw. die systemischen Funktionen und Ziele.

In der gemäßigten Variante gibt es nicht nur Sätze über funktionales Verhalten, sondern auch über die gesellschaftlichen Tatbestände. Es existieren gruppenspezifische Sätze zur Beschreibung der gesellschaftlichen Phänomene.

Der **ontologische Aspekt** beschäftigt sich mit der Frage des Seins-Status der gesellschaftlichen Tatbestände bzw. Phänomene. In der einen Variante existieren diese gesellschaftlichen Makrostrukturen „sui generis"[447], d. h. ohne eine Konstruktion oder den Einfluss individuellen Handelns. Demnach müsste es in allen Formen der Gesellschaftsbildung solche Strukturen à priori geben.[448] In der gemäßigten Variante des MK sind die Individuen mit ihren kognitiven und emotionalen Fähigkeiten die Grundlage der sozialen Tatbestände. Ohne Individuen sind diese zweifelsohne nicht existent.[449] Andererseits verweist z. B. *Meran* darauf, dass „gesellschaftliche Tatbestände zwar die Existenz und die Eigenschaften von Individuen [voraussetzen], sie sind aber mit diesen weder identisch noch enthalten sie diese als wesentliche Teile."[450]

Ein strenger MK postuliert in **erklärungstheoretischer Hinsicht** ein Erklärungsprinzip, das die Begründung immer vor dem Hintergrund der Gesellschaft als Einheit gibt. Die Gegenposition des gemäßigten MK lässt als Erklärungsprinzip einen Rekurs auf eine vermutete Wechselwirkung zwischen den Individuen einer Gesellschaft und den gesellschaftlichen Strukturen als Ganzes zu (vgl. Tab. 2).

---

[446] Hollis, M. (1995), S. 130 -131.

[447] Meran, J. (1979), S. 48.

[448] Es bleibt hinzuzufügen, dass diese restriktive Position nicht mehr ernstlich von methodologischen Holisten vertreten wird, da es wohl unstrittig ist, dass Individuen konstituierend auf die von ihnen gebildete Gesellschaft wirken, und es keine übermenschlichen, übergesellschaftlichen Kräfte gibt, die für den Zusammenhalt der Gesellschaft alleine verantwortlich seien. Vgl. Fricke, F.-U. (1994); ebenso Acham, K. (1983), S. 66.

[449] Vgl. Acham, K. (1983), S. 66.

[450] Meran, J. (1979), S. 48.

Variante des MK / Aspekt	Strenger MK	Gemäßigter MK
Bedeutungstheoretisch	Funktionale Erklärung individuellen Handelns mit Bezug zur sozialen Gruppe	Gruppenspezifische Begriffe für Sätze über soziale Phänomene vorhanden
Ontologisch	Gesellschaftliche Tatbestände als Entitäten sui generis	Gesellschaftliche Tatbestände haben Individuen zur Vorraussetzung
Erklärungstheoretisch	Erklärung nur mit Bezug auf Gesellschaft als Ganzes	Vermutung von Wechselwirkung zwischen Gesellschaft und Individuum

Tab. 2 *Strenger und gemäßigter Holismus*[451]

5.2.2 Das Menschenbild der Ökonomik als ordnende Dimension

Die in der BWL verwendeten Menschenbilder variieren in Abhängigkeit der vom Forscher zu Grunde gelegten Wissenschaftlichkeitskriterien[452] und der wissenschaftstheoretischen Ausrichtung der vom Forscher betriebenen BWL. Forschungstreibende, welche sich eher an mathematisch-logischen Modellen im Sinne einer positivistischen Wissenschaft orientieren, modellieren den Menschen, sofern er in den Modellüberlegungen eine Rolle spielt, auf andere Art und Weise, als ein Forschender, welcher die BWL als Teildisziplin der Sozialwissenschaft auffasst.[453] Eine solcherart ausgeprägte Untersuchungsdimension muss demnach multipolar ausgelegt sein, wenn mehrere unterschiedliche Menschenbilder existent sind, die in der BWL verwendet werden. Da aber einer der Bestrebungen bei der Konzeption des Ordnungsrahmens die Konstruktion bipolarer Dimensionen ist[454], wird eine andere Ausprägung bei der Konstruktion der Dimension präferiert: Die Controllingkonzeptionen sollen auf die Einbeziehung eines rein modellhaften Menschenbildes versus der eines realistisch geprägten Menschenbildes untersucht

451 Quelle: Fricke, F.-U. (1994), S. 28.

452 Vgl. Werhahn, P. H. (1980), Vorwort.

453 Vgl. z. B. die Ausführungen von Jung, H. (2006), S. 48-50 über den faktortheoretischen Ansatz nach Gutenberg und den entscheidungstheoretischen Ansatz nach Heinen.

454 Der Grund der Verwendung lediglich bipolar ausgeprägter Dimensionen wird in Kapitel 5.2.3 näher erläutert. Es sei aber an dieser Stelle bereits verraten, dass es mit den wissenschaftstheoretischen Überlegungen zu der Begründbarkeit der Erklärungsmächtigkeit zusammenhängt.

werden. Die beiden vorgestellten bipolaren Ausprägungen sollen im Weiteren vorgestellt werden.

Ein strikt modellhaftes Menschenbild kennzeichnet sich durch eine extreme Abstraktion von den psychischen, physischen, sozialen und weiteren externen Faktoren aus.[455] Anstelle dessen wird das Entscheidungsverhalten des Menschen, denn um nichts anderes geht es der BWL mit dessen Modellierung, auf mathematische Modelle zurückgeführt. Der typische Vertreter einer solchen Abstraktion ist der „berühmt berüchtigte" homo oeconomicus[456], über den z. B. *Boulding* schon sagte, dass ihn wohl kaum jemand zum Schwiegersohn haben möchte.[457] Der Grund für dieses saloppe Werturteil liegt in der modellhaften Konstruktion des Entscheidungsverhaltens des homo oeconomicus. Seine erste und einzige Priorität ist die absolute Maximierung seines eigenen Nutzens.[458] Er ist demzufolge eine Eigennutzmaximierer, ohne jegliche emphatische Empfindungen, bzw. Emotionen überhaupt. Die Messung des Nutzenniveaus variiert beim homo oeconomicus durch die verschiedenen historischen Modelle.[459] Das Entscheidungskriterium für das Ergreifen einer Handlungsalternative ist durch die, dem homo oeconomicus zu eigene, zweckorientierte Rationalität gegeben.[460] Um die Zusammenhänge zwischen Zwecken und Mitteln zu verdeutlichen, sei im Folgenden auf die zweckorientierte Rationalität nach *Max Weber* eingegangen. Sie steht in Tradition der sozialphilosophischen und ökonomischen Wurzeln nach *Quesnay*, *Ricardo*, *Smith*

---

455 Vgl. Steinborn, U. (1994), S. 2.

456 Zur Historie des homo oeconomicus führt Steinborn, U. (1994), S. 3 folgendes aus:„ Die genaue Geburtsstunde des homo oeconomicus ist nicht bekannt. Einerseits werden in der Literatur Bernard de Mandeville (1670-1733) und Adam Smith (1732-1790) als seine „Väter" betrachtet. Andererseits wird angenommen, daß seine Geburtsstunde nach dem Tod von David Ricardo (1823), aber noch zu Lebzeiten von Robert Malthus (1766-1834) war. [...]. Insbesondere John Stuart Mill (1806-1873) gilt als der „Vater" der analytischen Abstraktion des wirtschaftlich Handelnden, dem später so benannten homo oeconomicus [...]. Die Bezeichnung economic man wurde ursprünglich - so wird angenommen - von Alfred Marshall 1885 benutzt und später von Leon Walras und Vilfredo Pareto ebenfalls verwendet [...]."

457 Vgl. Boulding, K. E. (1969), S. 10.

458 Vgl. Kirchgässner, G. (1991), S. 16.

459 Durchaus gebräuchlich waren so in den Anfängen der Nationalökonomie bzw. in utilitaristischen Strömungen z. B. der Gedanke kardinaler Nutzenmessungen, vgl. Bentham, J. (1973, Nachdruck), S. 120. Vgl. zur Nutzenmessung im Allgemeinen z. B. Samuelson, P. A. (1937)

460 Der übliche Terminus ist in diesem Zusammenhang die Zweck-Mittel-Rationalität. In Anlehnung an Max Weber (vgl. Weber, M. (1976), S. 12 ff., der die Zweck-Mittel-Rationalität in seinen Überlegungen zur Rationalisierung der Gesellschaft weiterentwickelt hat, wird jedoch der Terminus zweckorientierte Rationalität im weiteren Verlauf der Untersuchung Verwendung finden.

und anderen Granden der frühen Nationalökonomie, ist jedoch in ihrer Darlegung wesentlich umfassender und integriert die Umweltbedingungen wesentlich stärker in die Überlegungen.

Im Unterschied zum z. B. wertrationalen Handeln nach *Weber*[461] liegt beim zweckrationalen Handeln der Schwerpunkt auf den Bedingungen, die es möglich machen, erfolgswirksam zu handeln. Mit den Bedingungen ist hierbei die Zweck-Mittel-Relation gemeint. Welche Mittel scheinen dem Handelenden am sinnvollsten, am effektivsten und effizientesten zu sein, um unter Berücksichtigung dieser einen gegebenen Zweck zu erreichen? Die Charakteristika eines solchen zweckrationalen Handelns sind, dass[462]

- die situativen Bedingungen, die Erwartungen über die Außenwelt und das Verhalten anderer Menschen, möglichst umfassend zur Kenntnis genommen werden

- die Mittel und situativen Bedingungen möglichst optimal dem Zweck dienlich als adäquat eingesetzt werden, unter Beachtung etwaiger Nebenfolgen, um den Handlungserfolg zu sichern.

Eine Handlung ist demnach umso rationaler, je besser und je umfassender die konstituierenden Rahmenbedingungen und latenten Mittel einer Handlungssituation aufgefasst werden, und je besser die identifizierten Mittel dem angestrebten Zweck angepasst werden. Natürlich ist auch der Grad der Erreichung des Handlungserfolges ein Maß für die Rationalität der Handlung. Je höher der Zielerreichungsgrad ist, desto besser wird der Handelnde die Zweck-Mittel-Relation eingeschätzt haben, und unterschiedliche Mittel gegeneinander abgewägt haben.[463] Die angesprochene Zweck-Mittel-Relation impliziert, dass eine eindeutige Unterscheidung zwischen Zwecken und Mitteln existent ist, um die intentionalen Mittel auf den Zweck oder das Ziel ausrichten zu können. Die spezifische Rationalität liegt

---

[461] Das zweckrationale Handeln ist, wie bereits erwähnt, in eine Handlungstheorie integriert. *Weber* strukturiert Handlungen und ihre korrespondierenden Arten von Rationalität nach aufsteigendem Evidenzgehalt in die folgenden vier Kategorien: Die affektuellen Handlungen, traditionale, wertrationale und zweckrationale Handlungen. Vgl. Weber, M. (1976), S. 12 ff.

[462] Vgl. Weiß, J. (o. J.), S. 68.

[463] Vgl. Weiß, J. (o. J.), S. 63 f.

also in dem distanzierten Abwägen der Beziehungen von Zielen und Mitteln, Mitteln untereinander und den Nebenfolgen.[464] Die Auswahl des Ziels, oder der Sinngehalt des Ziels stellen nicht die Qualität der Rationalität dar, sondern einzig und allein die Reflexion, Beurteilung und Abwägung der Struktur, die den Rahmen der Handlungssituation bildet (vgl. Abb. 18).

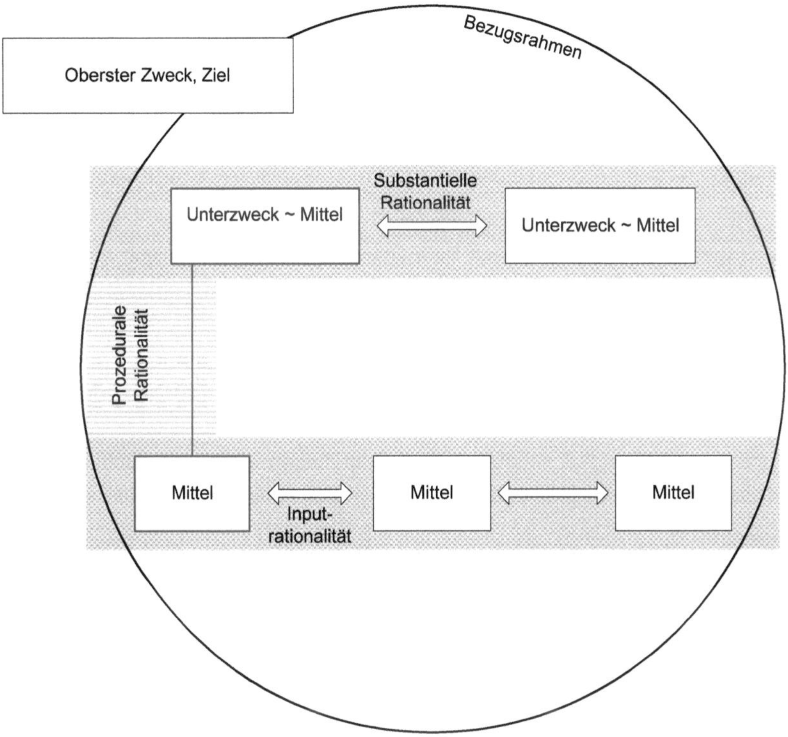

Abb. 18 Schematische Darstellung der zweckorientierten Rationalität

Zur Verdeutlichung des zweckrationalen Handelns sei auf das wertrationale Handeln zurückgegriffen: Dieses erfolgt ohne jedes Abwägen der einzelnen Elemente, also Ziele und Folgen, Mittel und Nebenfolgen. Einzig der Sinngehalt des Wertes, der ungefragt akzeptiert wird gibt den Ausschlag für die Handlung.[465] Unter bestimmten Nebenbedingungen, so *Keuth*, kann man jedoch das wertrationale Han-

[464] Vgl. Sukale, M. (1996), S. 139.
[465] Vgl. Baumgarten, E. (1964), S. 283.

deln als „degenerierte Form“[466] der Zweckorientierung des Handelns auffassen. Seien Werte Vorgaben, die nicht gegeneinander oder gegen den Zweck abgewogen werden können, dann liege eine spezielle Form der Zweck-Mittel-Orientierung vor.[467]

Eben in dem distanzierten Prozess der Abwägung liegt ein Spezifikum der Zweckorientierung. Man könnte auch sagen, dass die Abwägung einen Rückgang auf eine Ebene der Sachlichkeit darstellt. Die Kognition des Handelnden benötigt diese Sachlichkeit, um sich frei zu machen von jeglichen wertenden Präferenzen, emotionalen Einstellungen zu den Zwecken oder bereits im Bewusstsein vorhandenen Denk- und Lösungsstrukturen.[468] Um die Sachlichkeit der Kognition zu gewährleisten, benötigt der Handelnde ein möglichst gutes und umfassendes Bild der Gegebenheiten, das er auch dem zeitlichen Verlauf dynamisch anpasst. Da zweckrationales Handeln immer ein intentionales Handeln bedeutet, wird dem Handelnden aber auch eine „Sachgemäßheit“[469] des Einsatzes der Mittel abverlangt. Diese erlangt er eben durch den Prozess des Abwägens der Mittel, Zwecke, Umweltbedingungen und Konsequenzen.

In der wirtschaftswissenschaftlichen Literatur haben zusätzlich noch Merkmale und situative Nebenbedingungen ausgeprägt, welche den Prozess der Abwägung begleiten:[470]

- Vollständige Informationsversorgung über sämtliche Handlungsalternativen und Transaktionskosten jeder Handlungsalternative und deren Konsequenzen.
- Vollkommene Transparenz der Märkte, in denen der *homo oeconomicus* agiert.[471]

---

[466] Keuth, H. (1996), S. 85.
[467] Vgl. Keuth, H. (1996), S. 85.
[468] Vgl. Weiß, J. (o. J.), S. 64.
[469] Vgl. Weiß, J. (o. J.), S. 65.
[470] Vgl. Arentzen, U. / Lörcher, U. (1994), S. 1537 f.
[471] Auch wenn dies streng genommen keine Eigenschaft des Menschenbildes ist, geht sie doch zumeist mit den Annahmen zum homo oeconomicus einher.

- Zeitliche und sachliche Stabilität der Präferenzstruktur. Dies schließt z. B. die Transitivitätsbedingung mit ein.[472]

Gerade an diesen Modellannahmen hat sich die Kritik am homo oeconomicus entzündet. Infolgedessen haben sich realistisch geprägtere Menschenbilder ausgebildet, wie z. B. die bounded rationality nach *Simon*.

Simon negiert die Idee der substantiellen Rationalität und eines vor dem Hintergrund aller entscheidungsrelevanten Faktoren optimierenden Individuums.[473] In seinen Ausführungen zur bounded rationality wird vielmehr der Aspekt der prozeduralen Rationalität thematisiert.[474] Nicht das optimale Ergebnis steht im Mittelpunkt der Analyse, sondern die Methoden und Prozeduren, mit Hilfe derer das Individuum zur Entscheidung gelangt.[475] Die Unmöglichkeit einer optimalen Entscheidung unter den im Vorigen erläuterten Nebenbedingungen wird durch die begrenzte Informationsbearbeitungskapazität des Individuums begründet.[476]

Dem realen Entscheidungsträger stehen eben nicht unbegrenzte kognitive Kapazität zur Verfügung, sondern er ist durch seine geistig-intellektuelle Ausstattung auf der einen Seite, aber auch motivationelle Faktoren auf der anderen Seite begrenzt.[477] *Simon* führt dazu aus: „The capacity of the human mind for formulating and solving complex problems is very small compared with the size of the problems whose solution is required for objectively rational behavior in the real world - or even for a reasonable approximation to such objective rationality."[478]

Das Menschenbild des homo oeconomicus wird von *Simon* ersetzt durch den homo organisans[479], welcher

---

[472] Dessen logische Korrektheit üblicherweise höchst kritisch beurteilt wird. Vgl. Rolle, R. (2005), S. 286.

[473] Vgl. Simon, H. A. (1982a), S. 425.

[474] Vgl. Simon, H. A. (1982c), S. 451 f.

[475] Vgl. Eisenführ, F. / Weber, M. (1999), S. 5 f.

[476] Vgl. Gigerenzer, Gerd / Selten, Reinhard (2001), S. 7.

[477] Libby und Luft sehen unter anderem in diesen beiden Faktoren eine wichtige Grundlage zur Beurteilung bzw. Verbesserung von Entscheidungen. Vgl. Libby, R. / Luft, J. (1993), S. 433.

[478] Simon, H. A. (1997), S. 198.

[479] Zur Übersetzung des administrative man als homo organisans vgl. Simon, H. A. (1957); Lingnau, V. (2000), S. 82.

- beschränkt rational handelt, da er seinen Entscheidungen unvollständiges Wissen zu Grunde legt und damit nicht alle Entscheidungsalternativen und Nebenbedingungen berücksichtigen kann,
- den Entscheidungsprozess der Informationssuche abbricht, wenn bestimmte Abbruchschranken überschritten sind. Diese Schranken können nach Kosten- / Nutzenkalkülen bestimmt sein, oder aber durch ein satisfiszierendes Endergebnis bedingt sein.[480]
- nicht alle zukünftigen Umweltzustände antizipiert, da die Ausprägung der Umweltzustände (sofern sie überhaupt bekannt sind) von der Erwartungshaltung des Entscheidungsträgers abhängen.[481]

Simon bescheinigt dem homo organisans zudem, dass er nicht immer vollständig bewusst in Entscheidungssituationen agiert, sondern sein Verhalten häufig durch kognitive Heuristiken[482] determiniert wird.[483] Diese kognitiven Heuristiken können in den unterschiedlichen Phasen des Entscheidungsprozesses auftreten, so dass Heuristiken in der Problemrepräsentation ebenso auftreten wie in der Alternativenbewertung und -auswahl.

Da die klassische Ökonomie in ihrem Menschenbild diese Faktoren nicht in Betracht zieht, postuliert *Simon*: „Economics without psychological and sociological research to determine the givens of the decision-making situation, the focus of attention, the problem representation, and the processes used to identify alternatives, estimate consequences, and choose among possibilities -such economics is a one-bladed scissors."[484]

Auch die bounded rationality beruht auf den entscheiderspezifischen Faktoren und bezieht die Entscheidungsumwelt lediglich periphär in die Überlegungen mit ein. Deswegen kann sie wohl, dem Zitat *Simons* folgend, ebenso als eine ‚incomplete

---

480 Vgl. Simon, H. A. (1982d), S. 417.

481 Vgl. Simon, H. A. (1997), S. 95 f.

482 Häufig werden diese kognitiven Heuristiken als cognitive biases bezeichnet, was in der deutschen Literatur nicht selten als kognitive Verzerrungen übersetzt wird. Damit wird jedoch schon impliziert, dass es ein Abweichen von einem Durchschnittsverhalten geben muss. Da der Autor dieser Auffassung nicht folgt, wurde die Bezeichnung kognitive Heuristiken gewählt.

483 Zu Heuristiken, die für das Controlling von Relevanz sind, vgl. Gerling, P. G. (2007), S. 129-144.

484 Simon 1986, S. .40.

scissors' aufgefasst werden (vgl. Abb. 19). Dem entspricht auch die Aussage *Gigerenzers*, nach welcher viele Autoren die Bounded Rationality mit einer Optimierung unter Randbedingungen verwechseln.[485] „The question is not wether people actually optimize, with or without constraints, but wether they act as if they were doing so."[486]

Vollständige Rationalität		**Begrenzte Rationalität**		
	Optimierung	Optimierung unter Randbedingungen	Kognitive Anomalie	Ökologische Rationalität
Simons Schere				
Kognitive Fähigkeiten	Reine Entscheidungslogik (homo oeconomicus)	Entscheidungslogik mit Nebenbedingungen	Reale kognitive Prozesse	Reale kognitive Prozesse
Problemumwelt	Synthetisch	Synthetisch	Synthetisch	Real

Abb. 19 *Analogie zu Simons one-bladed scissors*[487]

Der Weg zu einer tatsächlichen bounded rationality führt für *Gigerenzer* über den Fit der vom Individuum in Entscheidungssituationen gebrauchten Heuristiken zu der jeweiligen Struktur der Entscheidungssituation. Diese Relation der Angemessenheit der Heuristik zur Struktur bezeichnet *Gigerenzer* als bounded rationality bzw. ecological rationality.[488] Dem von *Simon* postulierten homo organisans wird der homo heuristicus gegenübergestellt, der eine wesentliche Charaktereigenschaft aufweist: Er ist ein denkbar schlechter Statistiker, und benutzt basale Heuristiken, um Entscheidungssituationen zu vereinfachen.[489] Als Beispiel für eine solche Heuristik im ökonomischen Umfeld sei die Blue-Chip-Strategie bei Invest-

[485] Vgl. Gigerenzer, G. (2004a), S. 389 ff.
[486] Gigerenzer, G. (2004a), S. 390.
[487] Quelle: Hubig, L. / Lingnau, V. (2008), S. 395.
[488] Vgl. Gigerenzer, G. (2004a), S. 395.
[489] Vgl. .Gigerenzer, G. (2004a), S. 286 f.; Todd, P. M. (2001), S. 55 ff.

mententscheidungen aufgeführt.[490] Laut einer Untersuchung von *Gigerenzer* schlägt eine Kaufentscheidung, die sich als Entscheidungsregel der Wiedererkennung des Unternehmensnamens bedient, Strategien, welche sich Markt- und Fundamentaldatenanalysen zu Nutze machen. Zunächst mag es irrational anmuten, lediglich die Bekanntheit der Marke als Kaufkriterium zu verwenden. Genauso irrational ist es aber, die Marktdynamik und Unternehmensentwicklung realistisch einschätzen zu wollen. Folgt man den empirischen Untersuchungen von *Gigerenzer*, so lässt sich konstatieren, dass die verwendete Heuristik der Struktur der Entscheidungssituation angemessen ist, und somit der Fit zwischen Heuristik und Struktur im Sinne einer ecological rationality vorliegt. Damit ist, um das Zitat Simons noch einmal aufzugreifen, die Scherenklinge aus der vorigen Abbildung vollständig.

5.2.3 Ausprägung der Dimensionen und die Frage nach dem durch die Dimensionen aufgespannten „Systems“

Die beiden erläuterten Dimensionen stellen sich als bipolare Positionen dar, denen bis zu einem gewissen Grad das Charakteristikum des Konkurrenzverhältnisses zu Eigen ist. Demnach können Controllingkonzeptionen entweder dem MI oder dem MK als theoriebildendes Prinzip folgen, Zwischenpositionen sind lediglich in Ausnahmen möglich.[491] Dies wird vor allem bei der Dimension des Menschenbildes deutlich. Dieses lässt sich entweder als realistisch oder aber als modellhaft konstruieren, Nuancen und Tendenzen sind als Deviation möglich, aber ein Kontinuum im Sinne einer graduellen Abstufung vom einen Extrem in das andere muss abgelehnt werden. Es ist folglich herauszustellen, dass die Dimensionen nicht als Kontinuen gedacht und konstruiert sind, so dass konsequenterweise eine transparadigmatische Erkenntnis nicht im Sinne einer Multiparadigmenperspektive stattfinden kann. Damit stellen die beiden erläuterten Dimensionen tendenziell eher ein ordnendes System dar, denn einen in sich geschlossenen Ordnungsrahmen, wel-

---

490 Vgl. Gigerenzer, G. / Goldstein, D. G. (1999). Die hier untersuchte Recognition-Heuristik erinnert sehr stark an die Blue-Chip-Strategie.

491 Eine Zwischenposition zwischen MK und MI ist anscheinend in der Strukturationstheorie zu sehen. Aber vor Allem in diesen Zwischenpositionen stellt sich die Frage, wie konsistent die Umsetzung einer mediären Position im Rahmen einer Controllingkonzeption umgesetzt werden kann. Vgl. Kapitel 7.5.

cher wiederum durch die Kombination der Dimensionen Paradigmen erzeugen würde. Wenn aber (den Ausführungen in Kapitel 4.1.3 folgend), keine Multiparadigmenperspektive angestrebt wird, so stellt sich die Frage, ob dieses ordnende System relativistische Elemente beinhaltet. Diese Fragestellung korrespondiert direkt mit der Möglichkeit einer wissenschaftlichen Begründbarkeit des eigenen Standpunktes und des ordnenden Systems an sich. Es wird im folgenden Kapitel näher behandelt werden, warum die wissenschaftstheoretische Begründung zu Gunsten einer pragmatischen Betrachtungsweise aufgegeben wird. Es sei aber bereits an dieser Stelle vorweggenommen, dass dem ordnenden System als Ziel keine Begründungsleistung im Sinne eines Erkenntnisgewinns zu Grunde liegt, denn vielmehr eine Entdeckungsleistung. Der Begriff der Entdeckung bezieht sich hierbei auf die Widersprüche zwischen den Controllingkonzeptionen. Es gilt zu entdecken, wodurch die unterschiedlichen Aussagen über den gleichen Objektbereich zu Stande kommen. Dabei kommen z. B. die Partikularität der Forschungsperspektive, die Reichweite, die Vollständigkeit sowie der Prognosecharakter der unterschiedlichen Controllingkonzeptionen in Frage. Mit den genannten Punkten soll die Erklärungsmächtigkeit der Controllingkonzeptionen verglichen werden. Es ist noch einmal herauszustellen, dass es keinesfalls um eine Begründung einer „Residualerkenntnis“ aus einer multidimensionalen Vergleichsperspektive gehen kann, sondern um eine vergleichende Analyse der Unterschiede im Theorieaufbau und damit auch der Möglichkeiten von Erklärung und Prognose des Objektbereichs der spezifischen Controllingkonzeptionen.

5.3 Inkommensurabilitätsdiskussion, Münchhausen-Trilemma und eigener Standpunkt

5.3.1 Begründung letzter Sätze

Die Begründung eines Erkenntnisgewinns durch eine der in Kapitel 4.1.3.1 diskutierten Positionen stellt ein klassisches Problem der Erkenntnisphilosophie dar. Im Grunde geht es um die bereits durch *Platon* aufgeworfene Frage, dass wir als

Wissen bzw. Erkenntnis[492] nur das akzeptieren können, was eine wahre und gerechtfertigte Überzeugung darstellt.[493] Damit konstituiert sich dieser Erkenntnisbegriff durch drei Elemente:

- Die Überzeugung bzw. die Meinung des Individuums. Jemand kann nur argumentativ einen Sachverhalt vertreten, wenn er selbst von dieser Meinung überzeugt ist, also den Anspruch auf Wahrhaftigkeit geltend macht bzw. vertritt.[494]
- Es muss durch eine geeignete Argumentationsstruktur möglich sein, jemanden von der Meinung zu überzeugen. Es muss also eine gewisse Evidenz des Argumentes vorliegen, so dass man sich der Logik der Argumentation nicht entziehen kann.
- Die Logik der Argumentation wiederum muss durch gewisse Entscheidungskriterien als gerechtfertigt bzw. ungerechtfertigt eingestuft werden können. Solche Entscheidungskriterien können vor dem kulturellen und disziplinären Hintergrund variieren, so dass in einer religiös geprägten Gesellschaft die religiösen Traditionen durchaus als ein Kriterium Bestand haben können.[495]

Diese *platonische* Definition des Wissens ist schon von Platon selbst als nicht unproblematisch charakterisiert worden, und im Laufe der Philosophiegeschichte hat es unterschiedlichste Versuche gegeben, Erkenntnis und Erkenntnisgewinn als ein Absolutum zu begründen: „Das Bestreben aller Philosophie seit René Descartes ist die Entdeckung eines archimedischen Punktes, der dem Streben nach einer letzten evidenten Gewissheit ein Ende setzt."[496] Eine solche objektive und allgemein anerkannte Grundlage der Erkenntnis zu schaffen, ist weder der Philosophie,

---

[492] In einer philosophischen Betrachtung ist Wissen nicht gleich Erkenntnis, sondern kann verschiedene Bezüge zur Erkenntnis annehmen, wie z. B. das Ziel erkenntnistheoretischer Überlegungen. Im Rahmen dieser Analyse spielt der wahrnehmungsbezogene Anteil der Erkenntnis allerdings keine Rolle, so dass das Problem der Letztbegründung für Wissen (als gerechtfertigte, wahre Überzeugung) und Erkenntnis identisch ist. Vgl. Grundmann, T. (2008), S. 5-7 u. S. 71-222.

[493] Vgl. Gordon, J.-S. (2007), S. 7.

[494] Es sei auf die Analogie zu dem Habermas'schen Diskurs hingewiesen, dem dieser Geltungsanspruch ebenfalls zu Eigen ist. Vgl. Habermas, J. (1997), S. 148 ff.

[495] Vgl. z. B. zu einer religiösen Begründung eines Ethikprogramms Müller, S. (2004), S. 162.

[496] Gordon, J.-S. (2007), S. 7.

noch einer anderen wissenschaftlichen Disziplin bis dato gelungen.[497] Es scheint vielmehr ein Problem zu sein, wie die Entscheidungskriterien für das Vorliegen von Erkenntnis selbst wieder begründet werden können.

Bei der Beantwortung dieser Frage wird in der wissenschaftstheoretischen Literatur seit *Albert* vom sogenannten Münchhausen-Trilemma gesprochen._[498] Es besagt, dass jeder Versuch, letzte Sätze als wahr zu beweisen, scheitern muss. Beim Begründungsverfahren gerät man entweder in einen Zirkelschluss, einen infiniten Regress oder einen Abbruch des Begründungsverfahrens zu Gunsten eines Dogmas oder einer Autorität.[499] Dies bedeutet in letzter Konsequenz:

- Letzte Sätze können nicht a priori bewiesen werden, da dies nur für logische Wahrheiten sinnvoll ist, wie z. B. analytische Sätze. Der Beweis a posteriori jedoch benötigt einen Erfahrungssatz, der nicht logisch bestätigt werden kann. So zieht man einen Zirkelschluss von Aussagen, angefangen mit der zu beweisenden, deren Beweis eine Aussage sein soll, die noch zu beweisen ist.[500]

- Begründet man zu begründende Aussagen mit einem noch allgemeinerem Prinzip, so muss dies ebenfalls der Begründung unterliegen. Zur Begründung kann abermals ein Prinzip höherer Ordnung benutzt werden, z. B. eine Induktion auf höherer Ebene. Dann jedoch ist der Versuch der Begründung infinit. Jede Begründung n für eine Hypothese h muss durch eine Begründung n+1 gerechtfertigt werden.[501]

- Einzige Alternative zum infiniten Regress und dem Zirkelschluss ist der Abbruch des Begründungsverfahrens. Dies kann mit oder ohne Berufung auf einen dogmatischen Satz oder eine Autorität erfolgen. Das Ergebnis bleibt

---

[497] Gordon, J.-S. (2007), S. 9 spricht in diesem Zusammenhang von einem fundamentalen Problem der Philosophie.

[498] Vgl. Albert, H. (1991), S. 13-18.

[499] Vgl. Albert, H. (1991), S. 15.

[500] Vgl. Poser, H. (2001), S. 111.

[501] Vgl. Poser, H. (2001), S. 111.

ein nicht zulässiger Eingriff in das Verfahren und eine nicht zureichende Begründung.[502]

Der Versuch, letzte Sätze oder auch die Begründungsstrukturen selbst zu begründen, muss also scheitern.[503]

Die Erkenntnisleistung eines jeglichen, wie auch immer gestalteten Ordnungsrahmens, muss nach den vorigen Ausführungen zur Letztbegründungsproblematik folglich verneint werden. Daher soll im Rahmen dieser Arbeit nicht der vermessene Versuch unternommen werden, die Begründungsproblematik zu lösen. Es soll vielmehr ein pragmatisches Vorgehen geschildert werden, dass auf der Analyse der Erklärungsmächtigkeit der einzelnen Theorien abzielt.

5.3.2 Erklärungsmächtigkeit

Unter dem Konstrukt der Erklärungsmächtigkeit soll im Folgenden das Potential einer Theorie verstanden werden, ihren Objekt-bzw. Phänomenbereich zu erklären und zu prognostizieren, bzw. zu verstehen.[504] Dabei ist zuallererst zu evaluieren, ob, im Rahmen der controllingspezifischen Betrachtung, alle relevanten Controllingkonzeptionen denselben Objektbereich, nämlich das Phänomen Controlling aufweisen, oder aber, ob bereits an dieser Stelle Differenzen existieren.[505] Gesetzt den Fall, der Objektbereich aller relevanten Controllingkonzeptionen ist in dem Praxisphänomen Controlling zu finden[506], dann stellt sich die Frage, ob und warum es Unterschiede in dem Erklärungs- und Prognosepotential der Konzeptionen geben kann.

---

502 Vgl. Kern, M. (1979), S. 18.

503 Vgl. Poser, H. (2001), S. 112.

504 In Abhängigkeit des Wissenschaftszieles gilt es natürlich unterschiedliche Methoden. Es kann jedoch angenommen werden, dass alle zu analysierenden Controllingkonzepte sich nicht nur lediglich beschreibende Ziele gesetzt haben. Vgl. zu den Methoden der verschiedenen Wissenschaftsziele den Herausgeberband von Pasternack, G. (1985); ebenso Wright, G. H. v. (2008).

505 Vgl. zum Objektbereich Zima, P. V. (2004), S. 12 - 18.

506 Und alle Controllingkonzeptionen beziehen sich vornehmlich auf eine Erklärung des Phänomens in gewinnzielorientierten Unternehmungen innerhalb eines kapitalistischen Wirtschaftssystems.

In der konzeptionellen Controllingforschung wird üblicherweise die eigene Existenzberechtigung durch folgende Anforderungen an eine eigene Controllingwissenschaft abgeleitet[507]:

- Die eigenständige Problemstellung als unterscheidendes Merkmal zu anderen, benachbarten Disziplinen der Betriebswirtschaftslehre. Oder, wie *Kant* es formuliert: Es muss gelingen, „das Unterscheidende, was sie [die wissenschaftliche Disziplin, Anm. d. Autors] mit keiner anderen gemein hat und was ihr also eigentümlich ist“ [508] zu identifizieren.
- Die Relevanz und Bewährung der theoretischen Überlegungen für die Praxis. Durch die Emergenz des Phänomens Controlling aus der unternehmerischen Praxis heraus kommt diesem Punkt, als der Formulierung von Gestaltungsempfehlungen, wohl eine besondere Bedeutung zu.[509]

Von den Konzeptionen, welche die theoretische Fundierung leisten, aber auch den Bezug zur Praxis herstellen sollen, wird Konsistenz hinsichtlich des funktionalen, institutionalen und instrumentalen Aspektes gefordert.[510] Eben in diesen erwähnten Punkten lässt sich die Erklärungsmächtigkeit verorten. Zum Einen muss es den Controllingkonzeptionen möglich sein, praxisrelevante Aussagen zu formuliere, welche in sich konsistent sind hinsichtlich der Funktion, der Institution und der Instrumente. Denn gerade an diesem Punkt entzündet sich die Kritik an den klassischen Controllingkonzeptionen: „Man kommt dann zu der Aussage: Controlling (Funktion) ist nicht Aufgabe des Controllings (Institution).“[511] Eben hier kann aber eine vergleichende Analyse der Erklärungsmächtigkeit, ansetzen, indem sie versucht, Divergenzen und Inkonsistenzen auf Grundlage der beiden ordnenden Dimensionen zu erklären. Es steht zu erwarten, dass die erwähnten Inkonsistenzen, z. B. bezüglich Funktion und Institution, z. T. durch tiefer liegende Inkonsistenzen in der Theoriebildung erklärt werden können. [512]

---

507 Vgl. Küpper, H.-U. (2004), S. 25 f.
508 Kant, I. (1783), S. 13.
509 Vgl. Scherm, E. / Pietsch, G. (2004b), S. 8 f.
510 Vgl. Schweitzer, M. / Friedl, B. (1992), S. 142f., Küpper, H.-U. et al. (1990), S. 283.
511 Lingnau, V. (2002), S. 129.
512 Also z. B. durch einen nicht konsistent vertretenen MK oder MI.

Ebenso lässt sich die Erklärungsmächtigkeit für die Controllingpraxis überprüfen. Getreu *Webers* Zitat: Dagegen hat auch jahrzehntelanges Predigen [...] letztendlich nicht entscheidend geholfen",[513] lässt sich die Frage stellen, ob unzureichende Praxisrelevanz z. B. auf ein Menschenbild zurückgeführt werden kann, welches keinerlei Erklärungs- und Prognosepotential in einer realistisch ausgeprägten Umwelt besitzt. Denn trotz aller modellgestützten Hypothesen und Annahmen, welche die Controllingforschung treffen kann, muss dennoch reflektiert werden, ob sich die Forschung damit nicht verselbstständigt, und vollkommen an dem Praxisphänomen Controlling „vorbeiredet".

Es ist abschließend noch einmal darauf hinzuweisen, dass durch die vergleichende Erklärungsmächtigkeit keine wohlbegründete und wissenschaftlich gesicherte Erkenntnis erreicht werden soll. Vielmehr sollen in Art einer Falsifikation Probleme in der Erklärung und Prognose der Konzeptionen identifiziert werden, die sich wiederum auf Unterschiede und Unstimmigkeiten in den Dimensionen zurückführen lassen, welche das ordnende System bilden.

5.4 Zwischenfazit - Konstruktion eines controllingspezifischen Ordnungsrahmens

Zur Konstruktion eines Systems von Kriterien, dass die relevanten Controllingkonzeptionen zu systematisieren vermag, ist zunächst keine wissenschaftstheoretische Begründung notwendig, da die Beschreibung und Systematisierung an sich noch kein meta-theoretisches Anliegen darstellt. Daraus folgt, dass pragmatische Gesichtspunkte für die Auswahl und die Ausgestaltung der ordnenden Dimensionen ausschlaggebend sind. Ähnlich wie bei *Burrell / Morgan* für die Organisationstheorie, wurden hierzu zwei Dimensionen gewählt, welche die höchste Relevanz und damit auch die größte Differenzierungsleistung für die Controllingforschung aufweisen. Die Relevanz konnte aus den aktuellen Grundlagendiskussionen der Forschungsgemeinde abgeleitet werden, und die zu erwartende Systematisierungsleistung hinreichend prognostiziert werden. Auf wissenschaftstheoretischer

---

[513] Weber, J. (1997), S. 118. Weber bezieht sich bei diesem Zitat auf die in der Praxis nicht erfolgende institutionelle Umsetzung des koordinationsorientierten Controllings.

Ebene wurde als bipolare Dimension der MI versus MK gewählt. Die zweite Ebene, welche mit den wissenschaftlichen Grundannahmen des Forschungstreibenden korrespondiert, wurde das Menschenbild selektiert. Diese Dimension variiert von einem vollkommen realistisch geprägten Menschenbildes hin zu einer rein modellhaften Konstruktion des Individuums.

Aus den zu erwartenden Divergenzen in den Ausprägungen der relevanten Controllingkonzeptionen soll im Anschluss an die Systematisierung die Erklärungsmächtigkeit der Konzeptionen analysiert werden. Dabei kann ein Erkenntnisgewinn einer Multiperspektivenbetrachtung, gemäß des von *Albert* beschriebenen Münchhausen-Trilemmas, nicht wissenschaftlich begründet werden. Daher wird das Konzept der Erklärungsmächtigkeit eingeführt, mit Hilfe dessen die Controllingkonzeptionen vergleichend analysiert werden sollen.

6 Vorstellung der zu analysierenden Controllingkonzeptionen

Versucht man Controllingkonzeptionen auf die Methode ihrer Theoriebildung zu analysieren, stellt sich zunächst die Frage, welche Konzeptionen der Analyse dienlich sein können. Zunächst einmal bietet es sich an, nicht die Exoten der Forschungskonzeptionen zu betrachten, sondern den „Mainstream" der Konzeptionen zu fokussieren. Dies hat zwei Gründe:

- Die klassischen Konzeptionen, welche eine breite Emergenz in der universitären Lehre und Forschung gefunden haben, sind in sich meist geschlossen genug, um überhaupt erst von einer Konzeption[514] im wissenschaftlichen Sinne sprechen zu können. Sie bieten aus genau diesem Grunde erst die Möglichkeit einer wissenschaftstheoretischen Analyse.
- Die Rezeption der klassischen Konzeptionen ist innerhalb der Controllingforschenden hoch genug, so dass eine Relevanz der Ergebnisse von breitem Interesse sein dürfte.

Damit lassen sich zwei Konzeptionen identifizieren, deren Analyse von Interesse ist. Zum einen Controlling, verstanden als **Koordinationsfunktion**[515], zum anderen Controlling, verstanden als **Rationalitätssicherung von Führungsentscheidungen**[516]. Diesen beiden soll in einem ergänzenden Exkurs ein neueres Konzept der Controllingforschung zur Seite gestellt werden, dass einige integrative Elemente beinhaltet: Controlling als **reflexive Steuerung von Organisationen**.[517] Zum einen bedient es sich der Strukturationstheorie um organisationale Phänomene zu erklären, zum anderen bedient es sich explizit einer institutionalen Erklärung des Controllings, was den Zielen der vorliegenden Arbeit exakt entspricht.

---

[514] Zum Unterschied von Konzeption und Theorie vgl. Scherm, E. / Pietsch, G. (2004b).
[515] Vgl. vor allem Küpper, H.-U. (2008).
[516] Vgl. Weber, J. / Schäffer, U. (2008b).
[517] Vgl. Becker, A. (2003)

6.1 Allgemeine Vorbemerkungen zu dem Theoriebegriff der Controllingforschung und dem Begriff der Konzeption

Möchte man Aussagen über den Status und das Verhältnis von Theorie und Konzeption in der Controllingforschung treffen, so lohnt sich ein offener Blick in andere wissenschaftliche Disziplinen und ihr Theorieverständnis. Schnell wird klar, dass nicht die Disziplin, sondern das dahinter stehende Verständnis von Wissenschaft, respektive der wissenschaftstheoretische Standpunkt das Theorieverständnis determinieren.[518] Stellt man die aufkommenden Naturwissenschaften des 19. und 20. Jahrhunderts in den Fokus der Betrachtung, welche sich durch einen ausgesprochenen Bezug der Beobachtung empirischer Phänomene auszeichnen, so wird deutlich, dass sich zu dieser Zeit ein positivistischer Wissenschaftsglaube durchsetzte.[519] Das mag vordergründig an der Konstellation Beobachtung-Hypothese-Experiment-Beweis in den modernen Naturwissenschaften gelegen haben und den dadurch entstandenem Glauben, nur was empirisch erfahrbar ist, sei Erkenntnis.[520] In letzter Konsequenz führt es aber zu einem Theoriebegriff, der der sich aus dem experimentellen Beweis einer durch empirische Beobachtungen aufgestellten Hypothese konstituiert. Damit ist eine Theorie induktiv bzw. deduktiv bewährt bzw. abgeleitet, und im Sinne eines Positivismus auch durch Bestätigung bzw. Bewährung an gewissen Wahrheitskriterien zu überprüfen.[521] [522] *Lenk* formuliert den Theoriebegriff der traditionellen wissenschaftstheoretischen Auffassungen[523] folgendermaßen: „Theorien [sind] logisch verknüpfte Satzsysteme bzw. Aussagensysteme […], die aus universellen Gesetzeshypothesen bestehen und in axiomatisierter Form als vollendete Theorien dargestellt werden können. Die Be-

518 Vgl. Scherm, E. / Pietsch, G. (2004b), S. 6 f.

519 Vgl. Zu einem kleinen historischen Abriss des Positivismus vgl. Stadler, F. (1997) u. Stadler, F. (1982).

520 Vgl. Kambartel, F. (1995), S. 303 f.

521 Vgl. zum Prinzip der Induktion Haas, G. (1984a), S. 232 ff.

522 Zumeist ist dient hierbei als Wahrheitsbegriff die Korrespondenztheorie der Wahrheit. Dabei wird das als wahr bestätigt, was sich durch Vergleich mit der empirisch erfahrbaren Realität als korrespondierend zu dieser herausstellt. Vgl. zur Korrespondenztheorie der Wahrheit Davidson, D. (2008), S. 28 f.

523 Darunter subsumiert Lenk namentlich die Positivisten des Wiener Kreises, aber auch die Vertreter des Kritischen Rationalismus. Vgl. Lenk, H. (1999/2000), S. 3.

ziehung zur Realität bzw. Empirie wird dadurch hergestellt, daß die Begriffe der Theorien Beobachtungssätzen zugeordnet werden - und zwar durch Korrespondenzregeln oder Zuordnungsregeln, welche die theoretischen Begriffe mit Beobachtungsprädikaten niederer Stufe verbinden, die ihrerseits durch Beobachtung bzw. Messung eingelöst werden können."[524]

Einige bedeutende Theorien, welche sich mit dem im Vorigen skizzierten Wissenschaftsverständnis vereinbaren lassen, würden Vertreter des Methodischen Konstruktivismus nicht als Theorie im engen Sinne zulassen. Nach konstruktivistischer Auffassung muss vor jeder Theoriebildung eine „vortheoretische Entscheidungs- und Orientierungspraxis"[525] erfolgen, da ein „methodischer Aufbau des Gegenstandsbereiches einer erfahrungswissenschaftlichen Theorie nur Thema der wissenschaftstheoretischen Untersuchung werden kann, wenn man ein hypothetisches Konstrukt aus Erfahrung und Gegenstandsbereich als Konstruktionsbasis des letzteren voraussetzt."[526] Damit erfolgt eine Rekonstruktion der Argumentation und wissenschaftlichen Begründung auf Basis der vortheoretischen bzw. lebensweltlichen Praxis, welche also bereits apriori vorhanden ist.[527] Der Konstruktivismus zieht damit den Erfahrungsbegriff noch wesentlich enger, als z. B. der logische Empirismus, was dazu führt, dass einige Theorien aus konstruktivistischer Sicht nicht als wissenschaftliche Theorien Geltung erlangen können, da ihnen die Möglichkeit der vortheoretischen Praxis schlicht fehlt. „Der Konstruktivismus tendiert daher seit seinen Anfängen bei Hugo Dingler dazu, wissenschaftlichen Theorien den Status der Wissenschaftlichkeit abzusprechen, wenn sie den konstruktivistischen Kriterien der operativen (Re)konstruierbarkeit und argumentationslogisch begründeten Verständlichkeit nicht genügen. So haben maßgebliche Vertreter des Methodischen Konstruktivismus wiederholt die Wissenschaftlichkeit der relativistischen Physik, der nicht-euklidischen Geometrie, sowie verschiedener mathematischer und sozialwissenschaftlicher Theorien bestritten."[528]

---

[524] Lenk, H. (1999/2000), S. 3.
[525] Mittelstraß, J. (1976), S. 62.
[526] Zeidler, K. W. (2006), S. 84.
[527] Vgl. Janich, P. et al. (1974), S. 98 f.
[528] Zeidler, K. W. (2006), S. 86.

Es bleibt also festzuhalten, dass kein einheitlicher, unabhängiger Theoriebegriff in der Wissenschaft existiert, sondern dieser vielmehr abhängig ist von dem Forschungstreibenden und seinem wissenschaftstheoretischen Standpunkt, und damit häufig von seiner wissenschaftlichen Sozialisation bzw. seiner Peer-Group. [529] Die Betriebswirtschaftslehre ist zumeist dem Kritischen Rationalismus verpflichtet,[530] was sich an zahlreichen Aussagen zu Beginn von Dissertations- und Habilitationsschriften zeigt, aber auch an den einschlägigen Veröffentlichungen und Vorträgen auf Konferenzen und Tagungen.[531] In dieser Tradition steht auch die Controllingforschung, zumindest, wenn man den Ausführungen namhafter Autoren zu ihren Theoriebegriffen glauben schenken mag. So gibt *Küpper* seinen wissenschaftstheoretischen Standpunkt hinsichtlich realtheoretischer Modelle folgendermaßen wieder: „Die Analyse von Zusammenhängen basiert auf **Annahmen** oder **Hypothesen** über Beziehungen zwischen den als wichtig erfassten Größen. Diese bilden den Kern realtheoretischer Aussagensysteme. Als generelle Aussagen über die Realität müssen sie empirisch gehaltvoll und an der Wirklichkeit überprüfbar sein. Sie müssen so für in der Wirklichkeit vorfindbaren Anwendungsbedingungen formuliert sein, dass sie sich bei einem Vergleich mit Beobachtungssätzen als falsch erweisen können."[532]

Die Controllingforschung stellt jedoch zum jetzigen Zeitpunkt noch keine gefestigte wissenschaftliche Disziplin dar.[533] Im *Popperianischen* Sinne bliebe zu sagen, dass sie sich in einem vorwissenschaftlichen Stadium befindet, in dem es ihr noch nicht möglich ist, intertemporale Kausalzusammenhänge zu formulieren.[534] Neben

---

[529] Ähnlich der traditionellen Sozialisation jüngerer Generationen in die sozialen Schichten. Vgl. Grundmann, M. (2006), S. 17 ff. u. S. 136 ff in Bezug auf die Peer-Groups.

[530] Wobei durchaus auch andere wissenschaftstheoretische Ansätze innerhalb der Betriebswirtschaftslehre existieren, wie z. B. konstruktivistische Ansätze der Begründung. Vgl. z. B. Scherer, G. A. (2003); Scherer, G. A. / Steinmann, H. (1999); Steinmann, H. / Scherer, G. A. (2004). Wobei darauf hingewiesen sei, dass diese Position auf den Konstruktivismus Erlanger Schule zurückgeht.

[531] Vgl. z. B. Schanz, G. (1979), S. 121; Haase, M. (2006), S. 53 ff.; Steinmann, H. / Scherer, G. A. (2004), S. 263; Lingnau, V. (2000), S. 130 ff.; Abel, B. (1979), S. 215.; Küpper, H.-U. (2008), S. 66.

[532] Küpper, H.-U. (2008), S. 50.

[533] Was von zahlreichen Autoren betont wird. Vgl. z. B. Müller, A. (2002), S. 17.

[534] Vgl. zum vorwissenschaftlichen Stadium in Bezug auf den Holismus Popper, K. R. (1974), S. 70 u. 78. Aussagen über das vorparadimatische Stadium der Controllingforschung liefern Scherm, E. / Pietsch, G. (2004b), S. 7.

diesem Faktum, und der Tatsache, dass die Controllingforschung Impulse aus den verschiedensten Disziplinen erhält, steht die Tatsache, dass auch in der Controllingforschung kein einheitliches Theorieverständnis existiert.[535] Stellt man dem oben zitierten Theorieverständnis von *Küpper* z. B. das Theorieverständnis von *Scherm / Pietsch* gegenüber, werden die Differenzen deutlich. In Anlehnung an *Seiffert*[536] legen *Pietsch / Scherm* ihren Ausführungen einen äußerst unscharf umrissenen Theoriebegriff zu Grunde, der sich an zwei Aspekten konturiert:"

- Theorie als Gegensatz zur Praxis
- Theorie als wissenschaftliches Lehrgebäude".[537]

Der Gegensatz der Theorie zur Praxis deutet an, dass es im Sinne einer Theorie nicht um die praktische Ausführung einer Handlung in einer konkreten Situation geht, sondern um ein eher unabhängiges gedankliches Konstrukt, das nicht zwingendermaßen in Handlungsempfehlungen für die Praxis münden muss, dieses aber im Sinne einer normativen Theorie durchaus kann.

Die Theorie als wissenschaftliches Lehrgebäude knüpft an die Aussagen von *Kuhn* an, dass es eine wissenschaftliche Sozialisation der Forschungstreibenden gibt, und dass sie damit gewisse Grundannahmen und Objektbereiche, aber eben auch ein zu Grunde liegendes Theorieverständnis der wissenschaftlichen Gemeinschaft implizit übernehmen. „Theorien stellen damit auch soziale Regelsysteme dar, die das Handeln von Forschern beeinflussen, Orientierung stiften und gegebenenfalls einer umfassenden Theoriedynamik [...] unterliegen."[538]

Überträgt man die vorangegangenen Überlegungen auf den Status quo der Controllingforschung, so bemerkt man, dass es sich bei den controllingspezifischen Aussagensystemen nicht um Theorien im engen Sinne handelt (wie es in den Sozialwissenschaften allgemein nicht unüblich ist). Es ist zumeist nicht ein Prognoseziel, welches verfolgt wird, und allgemeingültige Gesetze lassen sich zumeist ebenso wenig finden. Dies liegt u. U. an der speziellen Geschichte des Control-

---

535 Vgl. Scherm, E. / Pietsch, G. (2004b), S. 6 f.
536 Vgl. Seiffert, H. (1989), S. 369.
537 Scherm, E. / Pietsch, G. (2004b), S. 6.
538 Scherm, E. / Pietsch, G. (2004b), S. 7.

lings, dass eben aus der Praxis heraus entstanden ist. So verwundert es auch nicht, dass unter dem Begriff Controllingforschung häufig die Optimierung und Anwendung von Instrumenten genannt wird.[539] Die Basis einer solchen anwendungsgetriebenen Forschung kann allerdings nicht in einer Theorie liegen[540], sondern, folgt man *Scherm / Pietsch*, in praktisch-normativen Aussagensystemen, welche als Konzeption bezeichnet werden.[541]

Nach *Harbert* umfasst eine Konzeption ein Aussagensystem, das „die Grundlinien einer Sachverhaltsgestaltung als Mittel zur Erreichung einer bestimmten Zielsetzung formuliert. Sie basiert auf der Annahme von Mittel-Zweck-Beziehungen im Rahmen bestimmter Kontexte. Sie beinhaltet keine Beschreibung der Realität, sondern stellt [...] ein Denkmodell dar."[542] Dieses Denkmodell dient in der Controllingforschung dazu, praktische Handlungs- und Gestaltungsempfehlungen für die Controllingpraxis ableiten zu können (vgl. Abb. 20).

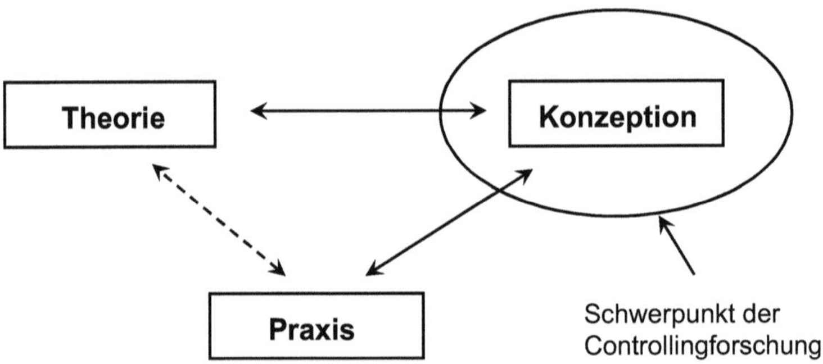

Abb. 20 *Verhältnis von Theorie, Praxis und Konzeption in der Controllingforschung*[543]

Es wird offensichtlich, dass zwischen Theorie und Praxis des Controllings eine relativ große Lücke zu identifizieren ist, die nicht von der Theorie durch Gestaltungsempfehlungen gefüllt werden kann. Vielmehr dient der Bereich der Control-

---

539 Wie dies z. B. Hirsch, B. (2003), S. 246 ff. für die Lehre zeigt. Geht man von einer engen Verknüpfung mit der universitären Forschung aus, so dürften die Erkenntnisse in Teilbereichen aber auch für die Forschung relevant sein.

540 Auch wenn häufig von einer theoretischen Fundierung des Controllings gesprochen wird. Vgl. Küpper, H.-U. (2004), S. 23.

541 Vgl. Scherm, E. / Pietsch, G. (2004b), S. 8.

542 Harbert, L. (1982), S. 140.

543 Quelle: Scherm, E. / Pietsch, G. (2004b), S. 9.

lingkonzeptionen als Mediator zwischen Theorie und Praxis, indem die Konzeptionen die empirischen Phänomene aus der Praxis in ihre Aussagensysteme mit aufnehmen, gleichzeitig aber auch die Prämissen theoretischer Basisannahmen einbeziehen. Dies geschieht häufig, wenn Controllingkonzeptionen auf Theorien rekurrieren, denen eine allgemeingültigere Reichweite zu eigen ist, wie z. B. *Albrecht Becker* mit seinem Bezug zur Strukturationstheorie.[544]

Der Schwerpunkt der controllingspezifischen Forschung liegt jedoch im konzeptionellen Bereich, wie Abb. 20 zeigt. Dies bedeutet für die vorzunehmende wissenschaftstheoretische Analyse, dass die zu betrachtenden Konzeptionen nicht mit der Stringenz und der Geschlossenheit eines bewährten Theoriensystems argumentieren. Der Analyse stehen die Controllingkonzeptionen aber offen, denn sie

- sind als wissenschaftliche Aussagensysteme im weiteren Sinne anzusehen,
- rekurrieren z. T. auf bewährte wissenschaftliche Theorien,
- sind in engem Bezug zu Grundlagenforschung der verschiedenen Disziplinen, wie den Sozial- und Wirtschaftswissenschaften oder der Psychologie, so dass sich in ihnen auch Basisannahmen, Prämissen und wissenschaftstheoretische Positionen manifestieren.[545]

Greift man den Gedanken noch einmal auf, dass sich die Controllingforschung, dem Kritischen Rationalismus folgend, noch in ihrem vorwissenschaftlichen Stadium befindet, so wäre zu postulieren, dass die Konzeptionen ein Hilfsmittel sind, das in Bezug auf seine wissenschaftliche Güte unterhalb der Theorie angesiedelt ist, aber zur Erreichung controllingspezifischer theoretischer Systeme im engeren Sinne dienlich bzw. unabdingbar ist. In wie weit Konzeptionen eher praktisch-normativ angesiedelt sind, oder aber eher theorieorientiert, hängt von der jeweiligen Konzeption und dem Wissenschaftsverständnis (und damit auch dem Forschungsziel, vgl. Abb. 8 ff) des Forschungstreibenden ab. Eine gängige Beschreibung des Gegenstandsbereichs von Controllingkonzeptionen mit praktischem Anspruch liefert z. B. *Müller* (vgl. Abb. 21). Es wird deutlich, dass *Müller* den Problembereich des Controllings vor allem aus der Unsicherheit der Entscheidungsfin-

---

[544] Vgl. Becker, A. (2003).

[545] Vgl. Scherm, E. / Pietsch, G. (2004b), S. 5 ff.

dung herleitet, was sich mit der häufig vertretenen Meinung deckt, Controlling sei funktional grundlegend vor allem durch eine Art der Führungsunterstützung charakterisiert.[546]

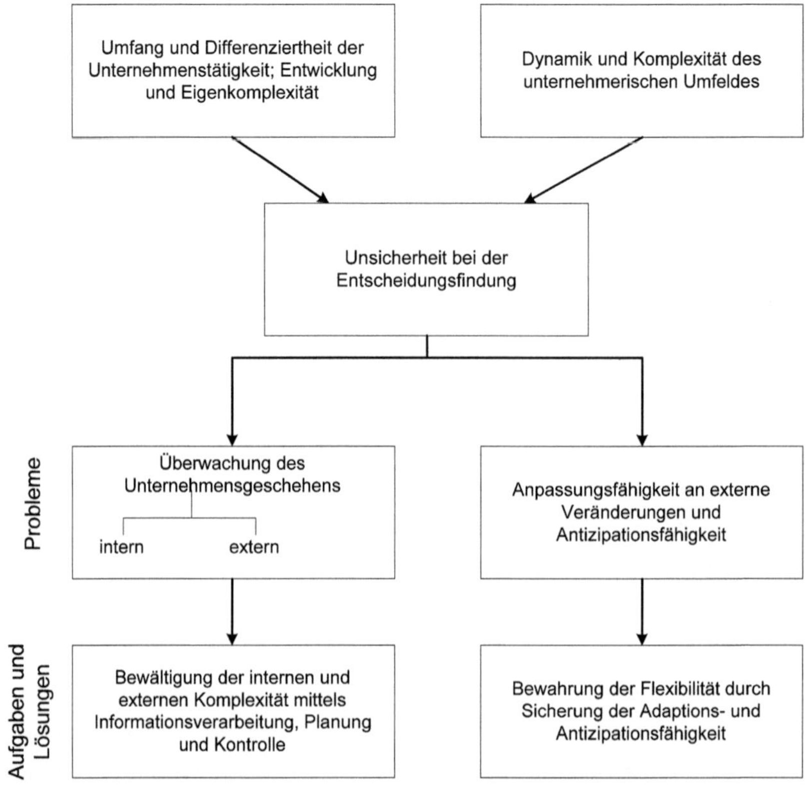

Abb. 21 *Gegenstandsbereich von Controllingkonzeptionen*[547]

Daraus ergibt sich in instrumenteller Hinsicht ein Aufgabenbündel, das stark an das koordinationsorientierte Controlling angelehnt ist. So liegt der Schwerpunkt der Controlleraufgaben auf der Informationsverarbeitung, der Planung und der

---

546 Vgl. zu dieser groben Charakterisierung z. B. Friedl, B. (2003), S. 3-8; ähnlich Grob, H. L. / Austrup, S. (2008), S. 1.

547 Quelle: Müller, A. (2002), S. 20.

Kontrolle.[548]

Die am Anfang dieses Kapitels erwähnten Konzeptionen sollen an dieser Stelle kritisch reflektierend vorgestellt werden, um den Übergang zur Analyse in Kapitel 7 zu schaffen.

6.2 Koordinationsorientiertes Controlling

Die koordinationsorientierten Konzeptionen basieren auf den Überlegungen von *Horváth*, welcher der akademischen Disziplin im deutschsprachigen Raum zum ersten Mal eine Gestalt verlieh.[549] Daneben und danach hat es Weiterentwicklungen und Variationen des koordinationsorientierten Controllingbegriffes gegeben (vgl. Abb. 22).

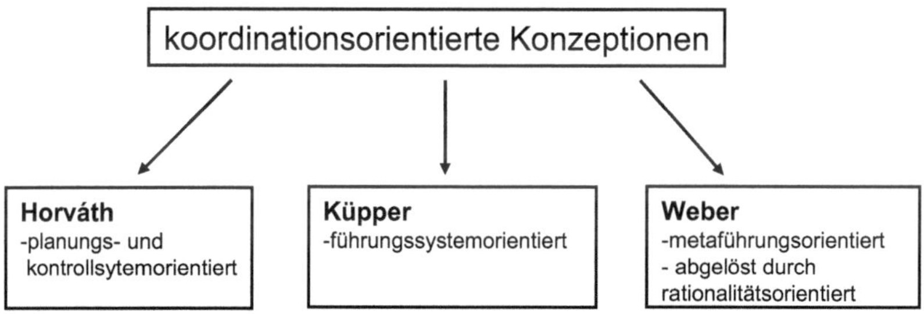

Abb. 22 *Wichtige Vertreter koordinationsorientierter Controllingkonzeptionen*[550]

Den meisten koordinationsorientierten Konzepten ist gemeinsam, dass sie keinen wissenschaftstheoretischen Anspruch haben, sondern vielmehr eine reine Beschreibung der Praxis darstellen. Diese Darstellung ist zumeist rein funktionell geprägt, so dass keinesfalls von geschlossenen Aussagensystemen im wissenschaftlichen Sinne gesprochen werden.[551] Das in sich geschlossenste Aussagen-

---

[548] Ähnlich wie dies bei den frühen koordinationsorientierten Konzeptionen der Fall ist. Vgl. Horváth, P. (1978). Starke Analogien existieren auch zum eher instrumentell ausgeprägten Ansatz nach Reichmann, T. (2000).

[549] Horváth bezeichnet noch im Jahr 2009 das auf ihn zurückzuführende koordinationsorientierte Controlling als „herrschende Auffassung". Vgl. Horváth, P. (2009), S. 56 ähnlich S. 94.

[550] Vgl. Friedl, B. (2003), S. 159-172.

[551] So sagt z. B. schon Horváth selbst: „Bei unseren Überlegungen wollen wir zunächst davon ausgehen, dass Controlling in erster Linie - so stellt sich auch die Praxis dar - einen organisatorischen Sachverhalt darstellt [...]. Hiermit ist die Frage nach der Funktion des Controllings gestellt." Horváth, P. (2009), S. 75.

system, das zusätzlich noch von wissenschaftstheoretischen Aussagen zur Modellbildung flankiert wird, ist bei *Küpper* zu finden.[552]

6.2.1 Theoriebildung und Grundlagen nach *Küpper*

Küpper definiert die Controllingfunktion als Sekundärkoordination innerhalb und zwischen den Führungsteilsystemen (vgl. Abb. 23).[553] Dabei ist hervorzuheben, dass diese Aufspaltung keine reale organisatorische Tatsache wiedergibt, sondern lediglich eine gedankliche Aufspaltung des Führungssystems darstellt. Diese Differenzierung gewinnt *Küpper* aus grundlegenden Überlegungen diverser Autoren zu einer Gliederung des Führungssystems.[554]

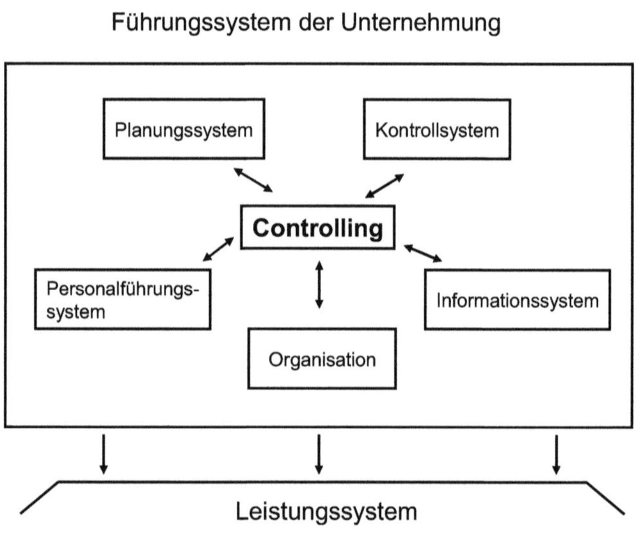

Abb. 23 *Gliederung des Führungssystems der Unternehmung*[555]

„Durch den Ausbau und die Verselbstständigung der Führungsteilsysteme werden die Notwendigkeit und die Bedeutung der Koordination im Führungssystem immer offensichtlicher. [...] Insofern erscheint es [...] gerechtfertigt, für diese Funktion

552 Vgl. Küpper, H.-U. (2008).

553 Vgl. Küpper, H.-U. (2008), S. 36.

554 Küpper bezieht sich dabei auf Bleicher, K. / Meyer, E. (1976), S: 92 ff.; Wunderer, R. / Grunwald, W. (1980), S. 106 ff. und Wild, J. (1974), S. 32 ff.

555 Quelle: Küpper, H.-U. (2008), S. 30.

einen speziellen und neuen Begriff einzuführen. Wenn Controlling mehr als eine neue Bezeichnung für bekannte Aspekte oder Bereiche der Führung sein soll, liegt diese Problemstellung in der Koordination des Führungssystems [...]."[556]

Ausgehend von der Differenzierung der Führung in die verschiedenen Teilsysteme, welche aus der Notwendigkeit entstanden ist, die steigende Komplexität und Vernetztheit beherrschbar zu machen[557], postuliert *Küpper* demnach den Koordinationsbedarf, da die Interdependenzen zwischen den Teilsystemen durch die Spezialisierung zerschnitten sind. Bei dieser Konzeption ist die Koordination, welche sich um das Leistungserstellungssystem zu sorgen hat (**Primärkoordination**), zu unterscheiden von der führungsinternen Koordination (**Sekundärkoordination**), welche die Controllingfunktion charakterisiert.[558] Allerdings wird hervorgehoben, dass auch die Koordination des Leistungssystems durch das Führungssystem nicht vollkommen losgelöst von der Sekundärkoordination innerhalb des Führungssystems betrachtet werden kann. Denn die Fokussierung der Führung auf die Probleme und Schnittstellen zum Leistungssystem schafft eine indirekte Maßgeblichkeit für die Aufgaben und Probleme des Controllings.[559] „Besonders offensichtlich wird dieser Zusammenhang im bereichsbezogenen Controlling, weil es unmittelbar einen bestimmten Leistungsbereich betrifft."[560] Dieser Zusammenhang dürfte vor allem im Planungssystem besonders ausgeprägt sein, da die Planung der leistungserstellenden Bereiche (z. B. durch Budgets) wesentlichen Einfluss auf systembildende Funktionen des Controllings innerhalb des Führungsteilsystems Planung haben. So sind auf strategischer Ebene der Planungssysteme die Interdependenzen von „Investitions- und Finanzplanung, Investitions- und Produktionsplanung, Produktions- und Absatzplanung [...]"[561] zu koordinieren, was eine originäre Koordination **innerhalb des Subsystems** Planung darstellt. Dagegen

---

[556] Küpper, H.-U. (2008), S. 30.
[557] Vgl. Horváth, P. (2009), S. 3; Lingnau, V. (2006), S. 17.
[558] Vgl. Küpper, H.-U. (2008), S. 36.
[559] Vgl. Küpper, H.-U. (2008), S. 37.
[560] Küpper, H.-U. (2008), S. 37.
[561] Küpper, H.-U. (2008), S. 37.

bestehen die Probleme der Koordination des leistungserstellenden Systems in der Verknüpfung der strategischen und operativen Planung.[562]

Bei der Koordination **zwischen den Führungsteilsystemen** steht vor allem das Teilsystem Informationsversorgung im Vordergrund. Zum einen gilt es, das Informationssystem auf die Planung, Steuerung und Kontrolle auszurichten, zum anderen auf das Teilsystem Organisation, um dessen spezifischen Informationsbedarf zu satisfiszieren.[563] Die verschiedenen Ebenen der strategischen, taktischen und operativen Planung und Kontrolle bedingen schließlich, nicht nur wie bereits angedeutet eine besondere Koordination innerhalb der Systeme, sondern auch zwischen den Systemen. In diesem Zusammenhang hebt *Küpper* die Abweichungsanalyse als ein klassisches Controllinginstrument hervor, dessen Ausgestaltung den Grad der Koordination bestimmen könne.[564]

Sieht man als eine Aufgabe des Personalführungssystems die verhaltensorientierte Steuerung der Mitarbeiter über Anreizsysteme, so ist auch an dieser Stelle eine Koordination mit dem Planungs- und Kontrollsystem notwendig, um die Zielausrichtung des Anreizsystems mit den geplanten Mengen und Volumengrößen abzustimmen.[565]

Mit dieser beschriebenen Koordination der einzelnen Teilsysteme auf die Pläne wird bereits eine wichtige „abgeleitete“ Zwecksetzung des Controllings deutlich: Die Zielausrichtung durch das Controllingsystem.[566] „Die Koordination der Unternehmensführung soll dazu dienen, die Unternehmensziele besser zu erreichen, als dies ohne Koordination möglich wäre. Daher liefert das Zielsystem die Kriterien, an denen sich die Koordination orientieren muss. Die Zielausrichtung spezifiziert wie bei anderen Funktionen (z. B. der Planung), zu welchem Zweck und auf welche Ziele hin die Koordination vorzunehmen ist. Sie kommt nicht nur, sondern auch dem Controlling zu.“[567]

---

562 Vgl. Weber, J. / Schäffer, U. (2008b), S. 359.
563 Vgl. Küpper, H.-U. (2008), S. 38.
564 Vgl. Küpper, H.-U. (2008), S. 38.
565 Vgl. Küpper, H.-U. (2008), S. 39.
566 Vgl. Küpper, H.-U. (2008), S. 33.
567 Küpper, H.-U. (2008), S. 33.

Eine weitere Funktion, originär aus der Koordinationsfunktion abgeleitet, ist die Anpassungs- und Innovationsfunktion, welche das Verhältnis von Unternehmensführung und Umwelt koordiniert. Die laufenden Veränderungen der Umwelt, welche sich durch eine immer höhere Dynamik und Vernetztheit auszeichnen, bedingen eine Anpassung der internen Begebenheiten an die externen Märkte.[568] Allerdings wird die Früherkennung der Marktentwicklungen üblicherweise durch die direkt involvierten Funktionsbereiche bedient, wie z. B. den Einkauf. Daher kommt dem Controlling nicht die direkte Erkennung dieser Marktentwicklungen zu[569], sondern eher die Anpassung der Koordinationsinstrumente an die neuen Umweltstrukturen.[570]

Schließlich gilt es noch die Servicefunktion des Controllings zu erwähnen, gerade weil die managementorientierten Ansätze diese zumeist in den Fokus ihrer Betrachtungen stellen. Demnach hat das Controlling eine entscheidungsvorbereitende und -unterstützende Funktion, wie dies charakteristisch für Stabsstellen ist. „Das Controlling übernimmt in den sozialen Systemen nicht selbst Steuerungs- und Lenkungsaufgaben; sonst wäre es von der Leitung nicht mehr unterscheidbar. *Controlling ist Führungshilfe.*“[571] Allerdings führt *Küpper* an, dass, folgt man der funktionalen Koordinationsorientierung, die Unterstützungsfunktion Probleme mit sich bringt. Denn institutionell betrachtet ist die Unternehmensführung für die Controllingfunktion verantwortlich. Damit ist eigentlich eine Wahrnehmung von Entlastungsaufgaben im Sinne einer Entscheidungsunterstützung ausgeschlossen, da dies zu einer Mehrbelastung der Führung führen würde.[572] Allerdings lässt sich die für das Controlling charakteristische Methodenkenntnis durchaus mit der Unterstützungsfunktion, zumindest in instrumenteller Hinsicht, verbinden. Denn gerade Methodenkompetenz ist eine der klassischen Kernkompetenzen von entscheidungsunterstützenden (Stabs)Stellen.[573] Allerdings betont *Küpper* abschlie-

---

568 Vgl. Küpper, H.-U. (2008), S. 33.

569 Diese Aussage Küppers bleibt zu hinterfragen, da ja gerade Früherkennungssysteme ebenso bereichsübergreifendes wie originäres Controllinginstrument sind. Vgl. Jonen, A. / Lingnau, V. (2007), S. 13.

570 Vgl. Küpper, H.-U. (2008), S. 33.

571 Küpper, H.-U. et al. (1990), S. 283.

572 Vgl. Küpper, H.-U. (2008), S. 34.

573 Vgl. Küpper, H.-U. (2008), S. 34.

ßend: „Folgt man der strikten Trennung zwischen Funktion und Organisation [Institution, Anm. d. Autors], so stellt sich also die Frage, ob und inwieweit die Servicefunktion ein wesentliches charakteristisches Merkmal des Controlling darstellt. In oben [den drei beschriebenen Funktionen, Anm. d. Autors] hergeleiteten Interpretationen liefert sie eine zweckmäßige Spezifikation der Koordinationsfunktion. Jedoch erscheint ihr Gewicht wesentlich geringer, als dies ansonsten vielfach in der Literatur betont wird. Dies ist darauf zurückzuführen, dass Controlling nach der koordinationsorientierten Konzeption als eigenständige Führungsaufgabe verstanden wird."[574]

6.2.2 Kritische Reflexion der koordinationsorientierten Controllingkonzeption

Das Konzept der Sekundärkoordination ist keineswegs neu, sondern lässt sich z. B. schon bei *Fayol* nachweisen.[575] Dieser wies auf die Sekundärkoordination als Managementfunktion hin, die jedoch nicht nur vom Management ausgefüllt werden muss. Vielmehr forderte er zur institutionalen Umsetzung „eine wöchentliche Konferenz der Abteilungsleiter zum Zwecke der Koordination."[576] Auch *Simon* ist sich der Wichtigkeit einer solchen Koordinationsaufgabe bewusst, wenn er feststellt: „ The executive himself [...] exercises the function of coordinating [...]."[577] Die zitierten Autoren zeigen, dass die Aufgabe der Sekundärkoordination bereits in den Anfängen der wissenschaftlichen Betriebswirtschafts- und Managementlehre identifiziert wurde. Sie wurde aber vor allem dem Management zugeordnet.[578] Sollte in der koordinationsorientierten Controllingfunktion eine eigenständige Aufgabe in Unterscheidung zur Managementfunktion zu finden sein, so müsste die Sekundärkoordination in den Händen der Institution Management versagt haben. Erst dann legitimiert sich ein das Management koordinierender Controller. Diese Aussage deckt zwei grundlegende Probleme des koordinationsorientierten Ansatzes auf:

---

[574] Küpper, H.-U. et al. (1990), S. 35.
[575] Vgl. Fayol, H. (1916), S. 128 ff.
[576] Lingnau, V. (2002), S. 127.
[577] Simon, H. A. (1997), S, 128.
[578] So berichtet Lingnau, V. (2002), S. 127, von empirischen Untersuchungen, die bestätigen, dass ein erheblicher Teil der täglichen Arbeitszeit eines Managers aus der Koordination bzw. Abstimmung mit anderen Managern besteht.

- Es ist bis dato nicht gelungen, ein Versagen der Managementfunktion Sekundärkoordination nachzuweisen.[579] Es gibt also keinen Grund für eine Fokussierung des Controllings auf die Managementfunktion.
- Selbst bei einem hypothetischen Versagen der Managementfunktion kann die Übernahme nicht die Aufgabe eines institutionell definierten Controllings sein, da die Sekundärkoordination eine Querschnittsfunktion ist, die „funktionsübergreifend von einer Vielzahl von Aktivitäten bewirkt wird."[580]

Ironischerweise trifft gerade die Kritik des Begründers der koordinationsorientierten Controllingkonzeption, *Peter Horváth*, an den derivativen koordinationsorientierten Konzeptionen vollkommen zu: „Die Abstimmung der Führungsaufgaben untereinander ist doch Aufgabe der Unternehmensleitung!"[581]

Horváths Zitat stellt auf die Frage der institutionalen Umsetzbarkeit der Koordinationsfunktion ab. Unabhängig von der Institution, welche die Sekundärkoordination wahrnimmt, stellt sich die Frage, ob die Koordinationsfunktion sinnvoll ausgestaltet werden kann, wenn der, die Funktion wahrnehmenden Institution keine Weisungsbefugnis gegenüber den zu koordinierenden Stellen gegeben ist.[582] „Bei Selbstkoordination hat das Individuum bzw. die Gruppe die Entscheidungs- und Weisungsbefugnis [...]. Bei Fremdkoordination hat eine entsprechende Koordinationsinstanz im hierarchischen System die Entscheidungs- und Weisungsbefugnis."[583] Jegliche Form der Koordination erfordert folglich Weisungsbefugnis.[584] Dies bedeutet aber für eine institutionalisierte Controllingabteilung, die sich als Koordinationsinstanz versteht, dass sie dem Management bzw. der Unternehmensleitung gegenüber Weisungsbefugnis besitzen müsste. Damit wäre sie aber auch in der Aufbauorganisation dem Management übergeordnet, was in der Praxis schwerlich der Fall sein dürfte. Zudem deckt sich eine solche Meta-Führung nicht mit der vom koordinationsorientierten Controlling geforderten Entlastungsfunktion des Controllings,

---

[579] Vgl. Schildbach, T. (1992), S. 24.
[580] Lingnau, V. (2002), S. 127.
[581] Horváth, P. (2009), S. 128.
[582] Was Weber / Schäffer als „Metaführung" titulieren. Vgl. Weber, J. / Schäffer, U. (2008b), S. 26.
[583] Lingnau, V. (2002), S. 128.
[584] Am Beispiel der Primärkoordination des Leistungserstellungssystems lässt sich dies auch anschaulich darstellen. Die Festlegung von Sach- und Formalzielen stellt schon eine Art der Weisung dar.

bei der die Hierarchien entgegengesetzt verlaufen. Diese Überlegungen führen dazu, dass die Institution Controlling die ihr gestellte Aufgabe, die Sekundärkoordination, nicht vollständig wahrnehmen kann, oder wie *Lingnau* treffend formuliert: „Controlling (Funktion) ist nicht Aufgabe des Controllings (Institution).“[585] Damit muss dem koordinationsorientierten Controlling eine Divergenz von Funktion und Institution bescheinigt werden, die größte Probleme auf der Ebene der Instrumente mit sich bringt. Denn entweder spricht man von den Instrumenten der Funktion Controlling, d. h. allen Instrumenten, die sich zu einer Sekundärkoordination eignen, oder aber man bezieht sich auf die Instrumente der Institution Controlling. Originäre Instrumente der Institution können aber nicht identifiziert werden,[586] so dass in instrumenteller Hinsicht gelten mag: Alles oder nichts.

Die vorigen Ausführungen spiegeln sich auch in der Analyse des Aufgabengebietes bzw. der Funktionstiefe des Controllings wider. Diese beschreibt das Ausmaß, „in dem das Controlling Einfluss auf Entscheidungs- und Führungsprozesse der Unternehmung nimmt.“[587] Das Führungssystem wird von *Küpper* durch einen Systemansatz beschrieben, welcher stark an die Systemtheorie erinnert, auch wenn diese nicht explizit erwähnt wird (dieser Aspekt wird im Rahmen der Analyse in Kapitel 7 noch näher zu untersuchen sein). Innerhalb systemtheoretischer Ansätze werden üblicherweise die Elemente eines Systems, sowie deren Interdependenzen untereinander identifiziert, um die Auswirkungen auf das System zu beschreiben.[588] Die Unterlassung einer solchen systemtheoretischen Beschreibung der Elemente der verschiedenen Subsysteme führt beim koordinationsorientierten Controlling zu einer Unmöglichkeit der Beschreibung der Funktionstiefe.[589] Damit lassen sich keine konsistenten Aussagen über die Übernahme von Aufgaben in den verschiedenen Führungsteilsystemen treffen. So lassen sich selbst für die ureigenste Domäne des Controllers, der Planung, keine konsistenten Aussagen bei *Küpper* finden, inwieweit die Controllingabteilung in den Planungsprozess in-

---

585 Lingnau, V. (2002), S. 129.
586 So auch schon Küpper, H.-U. (2008), S. 40.
587 Harbert, L. (1982), S. 248.
588 Vgl. Horváth, P. (2009), S. 77 ff.
589 Vgl. Harbert, L. (1982), S. 289.

volviert ist.[590] „ Der koordinationsorientierte Ansatz kann die dem Controlling zugeordnete Funktionstiefe und damit ein wesentliches Aufgabengebiet des Controllings nicht erfassen."[591]

6.3 Rationalitätssicherungsorientiertes Controlling

6.3.1 Theoriebildung und Grundlagen

Weber / Schäffer gründen ihre Controllingkonzeption auf dem Konstrukt der Rationalität. Demnach stellen Controller den kritischen Counterpart zu Managern dar, und die Controllingfunktion besteht in der Sicherstellung der Rationalität von Führungsentscheidungen in dominant plankoordinierten Unternehmungen.[592] „Basis dieser Sicht ist eine spezifische Führungsperspektive. Führung wird durch eigenständige Ziele verfolgende ökonomische Akteure (insbesondere Manager) vollzogen, die hierfür kognitive Fähigkeiten besitzen. Diese sind individuell begrenzt. Rationalitätsdefizite können somit durch Wollens- und Könnensbeschränkungen der Manager entstehen. Ausgehend von diesen Defiziten der Akteure konstituiert sich Rationalitätssicherung aus Handlungen zur Erhöhung der Wahrscheinlichkeit, dass die Realisierung der Führungshandlungen den antizipierten Zweck-Mittel-Beziehungen trotz der genannten Defizite entspricht."[593] [594]

Zentrales Konstrukt dieser Konzeption ist demnach die Definition von Rationalität, denn sie stellt das Fundament des Aussagensystems dar. *Weber / Schäffer* weisen darauf hin, dass ihr Ziel nicht eine erschöpfende Diskussion von Rationalitätsprinzipien sei. Vielmehr werde die „Rationalitätsdiskussion aus einer ökonomischen Perspektive"[595] untersucht, um „ein Verständnis von Rationalität abzuleiten, das rationalem Management und einem Controlling, das dieses engpassorientiert und subsidiär sichern soll, zu Grunde gelegt werden kann."[596] Um diesem Ziel nä-

[590] Vgl. Lingnau, V. (2002), S. 131.
[591] Lingnau, V. (2002), S. 131.
[592] Vgl. Weber, J. / Schäffer, U. (2008b), S. 44.
[593] Weber, J. / Schäffer, U. (2008a).
[594] Vgl. zu begrenzten kognitiven Fähigkeiten Simon, H. A. (1982b).
[595] Weber, J. et al. (2001), S. 47.
[596] Weber, J. et al. (2001), S. 47.

her zu kommen, differenzieren *Weber / Schäffer* Rationalität, ausgehend von einer Ergebnisrationalität, auf drei Ebenen: Substantielle Rationalität (Ergebnisrationalität), prozedurale Rationalität und Inputrationalität. Da die Controllingfunktion in der Sicherstellung, und damit auch in der Prüfung von Rationalität besteht, ist zu hinterfragen, inwieweit dies unter unvollständigen Informationen vollzogen werden kann. Denn die substantielle Rationalität (als Prototyp des ökonomischen Rationalprinzips) lässt sich nur unter vollständigen Informationen (und damit unter Sicherheit) prüfen, und bedingt somit die Sicherstellung der prozeduralen Rationalität und der Inputrationalität.

Das Konstrukt der Inputrationalität wird von *Weber / Schäffer* aus der Rationalität als Zweck-Mittel-Zusammenhang abgeleitet.[597] Die relativ schlichte Herleitung setzt an der Definition der Produktion als Kombination von Produktionsfaktoren an, die sich in Inputfaktoren, den Through-Out-Prozess und die Outputfaktoren differenzieren lässt.[598] Die Ergebnisebene des Faktorenkombinationsprozesses wird übertragen auf den Zweck-Mittel-Zusammenhang, und dort als der Zweck identifiziert. Die Mittel zur Erreichung des Ergebnisses werden in den Input, und den Prozess der Umwandlung des Inputs in den Output aufgespaltet (siehe Abb. 24).

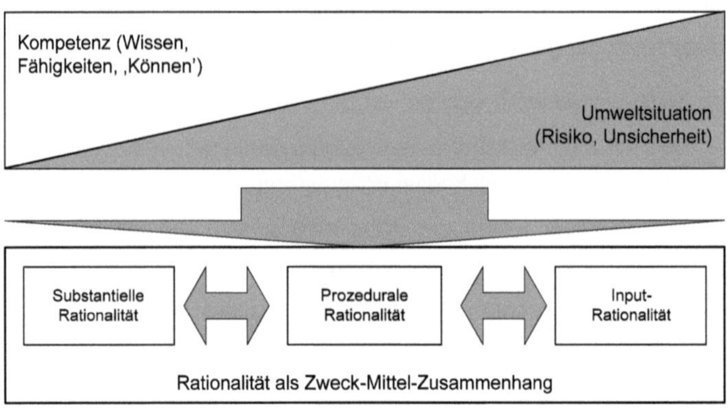

Abb. 24 Kontextabhängigkeit der Ebenen des Rationalitätskomplexes[599]

[597] Vgl. Weber, J. / Schäffer, U. (2008b), S. 46.
[598] Vgl. zum Throughput Corsten, H. / Gössinger, R. (2009), S. 8 ff.
[599] In Anlehnung an Weber, J. et al. (2001): S. 55.

Damit ergeben sich die erwähnten Rationalitätsebenen, denen verschiedene Rationalitätseigenschaften und -maße zugeschrieben werden, sowie unterschiedliche Zeitpunkte, in denen das Vorliegen von Rationalität überprüft werden kann[600]. Zudem ist eine Kontextabhängigkeit der Rationalitätsüberprüfung in Abhängigkeit der vorhandenen Kompetenz des Akteurs sowie der Ungewissheit der Entscheidungssituation gegeben. Die Prüfung der Inputrationalität beschreiben *Weber / Schäffer* beispielhaft an einer Investitionsentscheidung des Managements, in der mit der Kapitalwertmethode die Vorteilhaftigkeit der Investition bestimmt werden soll.[601] Es werden drei Situationen identifiziert, in denen die Inputrationalität überprüft und gesichert werden kann. Dazu zählen:

- Die Überprüfung des verwendeten Modells auf seine grundsätzliche Eignung die Entscheidungssituation adäquat abzubilden, sowie die Überprüfung der verwendeten Modellprämissen,
- die Vermeidung von Könnensdefiziten der Akteure,
- und die Vermeidung von Wollensdefiziten der beteiligten Akteure.[602]

Beim Versuch diese drei globalen Situationen, in denen Rationalitätsdefizite auftreten können, in einem weiteren Schritt zu klassifizieren, lassen sich zwei Kategorien aufstellen:

- verhaltensinduzierte Rationalitätsdefizite und
- Rationalitätsdefizite, die durch Prämissen des verwendeten Zweckes entstehen.[603] Diese sind also grundsätzlich nicht an das Verhalten oder das Handeln der Akteure gebunden.

Um die Grundlagen des Verhaltens der beteiligten Akteure ausreichend darzulegen, bedienen sich *Weber / Schäffer* eines internen Modells der individuellen Eigenschaften der Akteure.[604] Demnach besitzt jeder Akteur zwei mentale Eigenschaften, das Können und das Wollen, die durch interne Modelle miteinander de-

---

[600] Vgl. Weber, J. / Schäffer, U. (2008b), S. 44 f.

[601] Vgl. Weber, J. / Schäffer, U. (2008b), S: 48.

[602] Vgl. Weber, J. / Schäffer, U. (2008b): S. 48 f.

[603] In einer betriebswirtschaftlichen Terminologie stellt der Zweck ein Instrument oder ein betriebswirtschaftliches Modell dar, dessen Eignung zur Lösung der Entscheidungssituation an Hand einer Prämissenprüfung vorgenommen wird.

[604] Vgl. Weber, J. / Schäffer, U. (2008b), S. 35 f.

pendieren. Die internen Modelle setzen sich aus dem Welt- und Selbstbild zusammen, in denen Annahmen über eigene Eigenschaftsausprägungen und Hypothesen über Bezugsgrößen und deren Weiterentwicklung miteinander verknüpft werden. Das Können wird in dieser Sichtweise bestimmt durch die Fähigkeiten des Akteurs, und kognitive Defizite, die darauf einwirken.[605] Dem Wollen liegt als Antriebsursache die Motivation des Akteurs zu Grunde.[606] Wollen und Können werden im Konzept des rationalitätsorientierten Controllings als Inputfaktoren und damit als Bestandteil des verwendeten Modells einer Rationalität als Zweck-Mittel-Zusammenhang verwendet. „Das Wollen erschließt die individuelle Zwecksetzung, während die Fähigkeiten Mittel zur Zweckerreichung bereiten.“[607] Die Modellierung von Managern und Controllern wird weiterhin noch durch eine Attributszuordnung betrieben. So werden dem Controller die Stereotypen eines „Zahlenhengstes“ zugeschrieben, wenn er mit den Adjektiven „analytisch, nüchtern, klar begründend“[608] belegt wird, während „Manager dagegen als intuitiv, emotional, eher oberflächlich“[609] zu beschreiben sind.

Diese Zuordnung von Attributen zu dem jeweiligen Individuum, schließt sich eine Ableitung von Aufgabentypen des Controllers an, die aus den Eigenschaften des korrespondierenden Managers abgeleitet sind. Im Rahmen von Entlastungsaufgaben erfüllt der Controller typische Aufgaben einer entscheidungsvorbereitenden Instanz, wie dies z. B. Stabsstellen vermögen. Der Manager delegiert Aufgaben an den Controller, die er im Hinblick auf seine Fähigkeiten und seine Motivation ebenso gut übernehmen könnte. Er wird jedoch zeitlich durch den Controller entlastet, der für die Unternehmung zur Aufgabenerfüllung die monetär günstigere Variante darstellt. Den Ergänzungsaufgaben liegt ein Defizit in der Kompetenz des Managers vor, so dass der Controller als Spezialist für betriebswirtschaftliche Sachverhalte besser geeignet ist, die Problemlösung herbeizuführen (vgl. Abb. 25).

---

605 Vgl. Simon, H. A. (1993), S. 27.
606 Vgl. Hill, W. et al. (1989): S. 67 f.
607 Weber, J. / Schäffer, U. (2008b), S. 36.
608 Weber, J. / Schäffer, U. (2008b), S. 37.
609 Weber, J. / Schäffer, U. (2008b), S. 37.

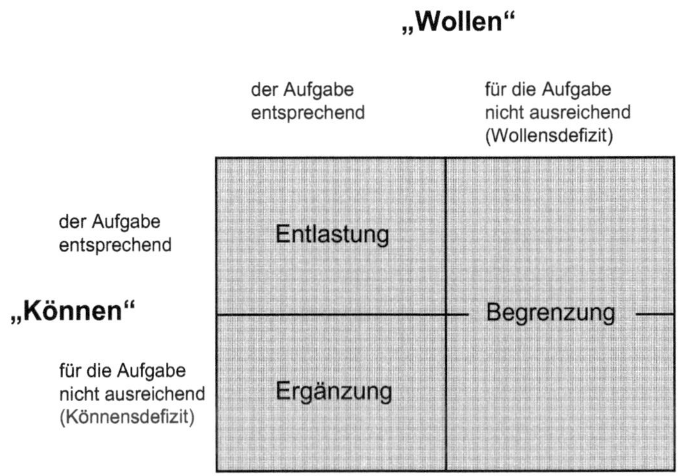

Abb. 25 *Controller-Aufgaben in Abhängigkeit von Eigenschaften der Manager*[610]

Diese Controllingaufgabe erinnert stark an die kognitionsorientierte Controllingkonzeption von *Lingnau*. Demnach kann als Aufgabe des Controllings „die Verfügbarmachung desjenigen Wissens gesehen werden, das dem Manager bzw. der Unternehmensführung [...] nicht zur Verfügung steht, aber für die Lösung betrieblicher Probleme benötigt wird (sekundäres Fakten- und Methodenwissen).“[611] Dem letzten Aufgabentyp, den Begrenzungsaufgaben, entspricht weitestgehend das Bild des Controllers als Kontrolleur. Motivationale Defizite des Managers bzw. Divergenzen in der Zielvorstellung des Managers und der Unternehmensleitung, führen dazu, dass der Controller zum „Hüter der ökonomischen Moral“[612] wird. Als dieser ist er verantwortlich für die Eingrenzung des Opportunismus, was jedoch streng genommen disziplinarische Befugnis über den Manager voraussetzt.[613]

---

610 In Anlehnung an: Weber, J. / Schäffer, U. (2008b), S. 39.
611 Hoogen, M. / Lingnau, V. (2009a), S. 380.
612 Weber, J. / Schäffer, U. (2008b), S. 40.
613 Dieser Kritikpunkt ist bereits bei in Kapitel 6.2.2, im Rahmen der Kritik an der koordinationsorientierten Konzeption erläutert worden.

6.3.2 Kritische Reflexion der rationalitätssicherungsorientierten Controllingkonzeption

Das Konstrukt der Rationalität wird nicht exklusiv in der Ökonomik benutzt, sondern hat seine wissenschaftlichen Wurzeln bereits in der antiken Philosophie. Auch der Philosophie ist es bis zum heutigen Tage nicht gelungen, ein überzeugendes, in sich geschlossenes Konzept der Rationalität hervorzubringen.[614] Dies bedeutet für das rationalitätssicherungsorientierte Controlling, dass es zunächst auf einer relativ fragilen Grundlage aufgebaut ist,[615] denn ohne eine konsistente Definition von Rationalität kann auch das Konstrukt Rationalitätssicherung bzw. eine Sollrationalität (als Messpunkt für das Vorliegen eines Rationalitätsdefizites) nicht eindeutig definiert sein.[616] Zudem ist in der globalen Ausgestaltung der Rationalität das Problem verankert, dass „die rationalitätsorientierte Controllingkonzeption alle übrigen Konzeptionen als Spezialfall"[617] umfasst. Denn je nach Art des vorliegenden Rationalitätsdefizites lässt sich dessen Behebung als funktionelle Ausprägung einer z. B. koordinationsorientierten Konzeption auffassen.[618] Das entspricht zwar auf der einen Seite einer der Forderungen von *Weber / Schäffer*, bestehende Konzeptionen zu integrieren,[619] auf der anderen Seite geht die Integration aber so weit, dass Controlling und Betriebswirtschaftslehre ineinander übergehen.[620] Gerade das Rationalprinzip stellt die Grundlage einer Betriebswirtschaftslehre,[621] verstanden als Wirtschaftlichkeitslehre, dar.[622] *Müller* spricht in diesem Zusammenhang von „konzeptioneller Beliebigkeit"[623] durch den Bezug auf

---

[614] Vgl. die verschiedenen Auffassungen von Rationalität in Moser, P. K. (2006), S. 253 ff.; Gethmann, C. F. (1995c), S. 468 ff.

[615] Bis zu der 9. Auflage des Lehrbuches von Weber / Schäffer äußerte sich diese Fragilität noch deutlicher in der Parallelität von zweckorientierter und diskursiver Rationalität, was zu unterschiedlichen Problemen mit dem Wahrheits- und Wirklichkeitsbegriff führt. Vgl. z. B. Irrek, W. (2002), S. 50.

[616] Vgl. Irrek, W. (2002), S. 46.

[617] Friedl, B. (2003), S. 176.

[618] Vgl. Weber, J. / Schäffer, U. (1999), S. 740 ff.

[619] Wie dies bis in die 9. Auflage des Lehrbuches explizit gefordert wurde. Vgl. Weber, J. (2002), S. 48.

[620] Vgl. Pietsch, G. / Scherm, E. (2001), S. 81 ff.

[621] So wie das Konstrukt der Rationalität lange Zeit den Orientierungspunkt wissenschaftlichen Strebens im Allgemeinen darstellte. Vgl. Sandkükler, H. J. (1988), S. 23-45.

[622] Vgl. Koch, H. (1951), S. 161 ff.

[623] Müller, A. (2003), S. 483.

Rationalität als zentrales Element. *Schönbohm* formuliert pointiert: „Dieser Ansatz des Controllings zu Ende gedacht, geht im Prinzip so weit, das akademische Controlling zur neuen Leitdisziplin der Betriebswirtschaftslehre, zur neuen allgemeinen Betriebswirtschaftslehre zu machen."[624] Vollzieht man die gedankliche Gleichsetzung der Funktion Controlling und allgemeiner Betriebswirtschaftslehre, so ergibt sich für die Instrumente der Funktion Controlling die komplette Fülle allgemeiner betriebswirtschaftlicher Instrumente, so dass keine instrumentelle Abgrenzung mehr gezogen werden kann.[625] Nach Instrumenten der Institution Controlling sucht man in diesem Falle allerdings vergebens, da die Aufgaben der Funktion nicht die Aufgaben der Institution Controlling sind, und damit auch keine Instrumente einer Institution identifiziert werden können. Denn der Aufgabenträger der Controllingaufgaben kann nach *Weber / Schäffer* z. B. situativ verteilt sein, so dass „ in jeder Entscheidungsrunde ein anderer Manager die Rolle des Rationalitätssicherers"[626] übernimmt. Damit wird deutlich, dass eine eindeutige Zuordnung von Aufgaben und damit auch von Instrumenten zu Funktion und Institution nicht möglich ist, da die institutionelle Abgrenzung zwischen Management und Controlling nicht trennscharf erfolgt.

Ein weiterer Kritikpunkt an der rationalitätssicherungsorientierten Konzeption ist in dem Postulat der Führungsunterstützung bzw. der Sicherstellung von rationalen Führungsentscheidungen zu sehen: „Gegenstand der Controllingforschung ist weder die Antizipation, noch die Realisierung von Führungsrationalität durch entsprechende Handlungen, sondern (ausschließlich) deren Sicherstellung."[627] Ohne die Möglichkeit der Antizipation an den Führungsentscheidungen zu haben, muss eine Sicherstellung inhaltsleer bleiben, denn letztlich stellt nur die Realisation auch die Sicherstellung dar.[628] Mit dem Einbezug der Realisation würde das rationalitätssicherungsorientierte Controlling Züge einer Metakonzeption der Führung gewinnen,

---

[624] Schönbohm, A. (2005), S. 94.
[625] Vgl. Schönbohm, A. (2005), S. 95.
[626] Weber, J. / Schäffer, U. (2008b), S. 42.
[627] Schäffer, U. / Weber, J. (2004), S. 464.
[628] Vgl. Schneider, D. (2005), S. 67.

die wiederum nicht mit einer Abgrenzung von Führung und Controlling vereinbar wäre, bzw. den Controller als der Führung weisungsbefugt definieren.[629]

Die von *Weber / Schäffer* vorgenommene Abgrenzung von Controller und Manager ist aber auch auf einer anderen Ebene nicht unproblematisch. So wird, gemäß der Controlleraufgabe des kritischen Counterparts, dem Controller eine reflexive Rolle zu Teil, während dem Manager ein tendenziell intuitiver Part zugeschrieben wird. Dies äußere sich, nach *Weber / Schäffer*, vor allem im Prozess der Planung, in dem die Reflexion den Willensbildungsmechanismus repräsentiert.[630] Bereits *Gutenberg* hat das Spannungsfeld Reflexion-Intuition unterschieden,[631] bezieht sich aber vor Allem auf den Prozess der Kontrolle. „Auf die Entstehung von Neuem gerichtete Aktivitäten - wie beispielsweise das Entwerfen unternehmerischer Visionen und Strategien, das schöpferische Tun des Schumpeterschen Unternehmertyps - sind jedoch durch ein großes Maß an Freiheit und Kreativität und damit Unvorhersagbarkeit bestimmt."[632] Ob aber gerade dieser schöpferische Prozess rein intuitiv, also als irrational oder u. U. als arational zu kennzeichnen ist, bleibt zu bezweifeln.[633]

---

[629] Ähnlich wie dieses z. T. für gewisse Ausprägungen der koordinationsorientierten Ansätze postuliert wurde. Vgl. Lingnau, V. (2002), S. 129.

[630] Vgl. Weber, J. / Schäffer, U. (2008b), S. 262 f.

[631] Wenn dies auch in einer etwas anderen Form erfolgt ist. So unterscheidet Gutenberg zwischen einer rationalen, einer irrationalen und einer gestaltend-vollziehenden Art von Tätigkeit in der Unternehmensführung. Vgl. Gutenberg, E. (1983), S. 131 f.

[632] Irrek, W. (2002), S. 47.

[633] Vgl. Kirsch, W. (1991), S. 464.

7 Analyse der Controllingkonzeptionen

7.1 Vorbereitende Bemerkungen

Jede wissenschaftstheoretische Analyse muss dem wissenschaftlichen Anspruch folgen, den sie selbst an die zu analysierenden Aussagensysteme anlegt. Damit steht und fällt die Güte der Analyse mit der Abgeschlossenheit der zu analysierenden Konzeptionen. Wie bereits bei *Schönbohm* und seinem Versuch, verschiedene Controllingansätze in einem modifizierten Analyseschema nach *Burrell / Morgan* einzuordnen, zu sehen ist, ist die Begründungsleistung für die Kategorisierung z. T. eher beschreibend-argumentativ. Dies liegt vor allem an dem Charakteristikum der Controllingforschung, welches in Kapitel 6.1 einleitend beschrieben wurde. Die Controllingforschung beschränkt sich überwiegend auf Konzeptionen zur Erklärung ihres Phänomenbereiches, von abgeschlossenen Theorien im wissenschaftstheoretischen Sinn kann nicht gesprochen werden. Die in Kapitel 6.1 angesprochene Definition einer Konzeption traf vor allem Aussagen über den Bezug bzw. die Rekursion zu Basistheorien, auf denen das Aussagensystem der Konzeption aufbaut. Damit scheint es fruchtbar für eine wissenschaftstheoretische Analyse zu sein, nicht nur die Konzeptionen für sich allein gestellt zu untersuchen, sondern auch die ihnen zu Grunde liegenden Basistheorien. Im Falle des koordinationsorientierten Controllings nach Küpper kann dies z. B. die Prinzipal-Agenten-Theorie (PAT) sein, auf welcher fundamentale Erkenntnisse zur Koordinationsfunktion aufbauen. In den einzelnen Konzeptionen sind vor allem Aussagen institutioneller Art von Interesse, da in Ihnen potentielle Hinweise auf die Art des Theorieaufbaus zu finden sein werden. Die Analyse kann aber nicht nur auf Aussagen institutioneller Art beschränkt werden, da es Konzeptionen gibt, wie z. B. das koordinationsorientierte Controlling, welche sich explizit auf den funktionalen Aspekt konzentrieren.[634] Jedoch sind auch hier implizit Aussagen über die Interdependenzen zwischen den Institutionen vorhanden, und damit auch über die Institutionen selbst. Damit sind eben diese Aussagen einer Analyse dienlich. Ein

---

[634] Vgl. Küpper, H.-U. (2008), S. 6 f.

weiterer Grund für die nicht-exklusive Betrachtung institutioneller Aussagen liegt in der unterschiedlichen Interpretation des Begriffes Institution. Während man in der deutschsprachigen Literatur zu Controlling und Organisationstheorie üblicherweise einen sehr engen Begriff von institutionellen Aussagen anwendet, versteht man gerade im angelsächsischen Sprachraum eine wesentliche weitere Begriffsfassung darunter. Der enge Begriff sieht in institutionellen Aussagen meist nichts weiter als die organisationsinterne Stellenaggregation im Sinne einer Aufbauorganisation.[635] Damit sind das Zustandekommen von Verantwortlichkeiten, Hierarchien und Veränderungen in denselben Gegenstand der Betrachtung. Institutionelle Aussagen im weiteren Sinne umfassen auch sinnzuschreibende Vorgänge[636] im Sinne z. B. der Strukturationstheorie[637].

Eine zweite wichtige Vorbemerkung betrifft die zwei Dimensionen der Analyse. Es wird im Verlauf der weiteren Ausführungen auffallen, dass die beiden Dimensionen MI-MK und Menschenbild nicht trennscharf voneinander zu analysieren sind. Dies mag auf der einen Seite an der partiellen Abhängigkeit des z. B. voluntaristisch ausgeprägten Menschenbildes und des MI liegen. Bei dieser Variante bleibt es zu betonen, dass in der Dimension des Menschenbildes lediglich die Ausprägung realistisch vs. modellhaft evaluiert werden soll, so dass alle Möglichkeitskombinationen zwischen MI, MK, realistischem und modellhaften Menschenbild möglich sind.

Auf der anderen Seite lassen sich viele Aussagen über Individuen bzw. Institutionen sowohl zu einer Untersuchung des Menschenbildes, als auch einer Untersuchung der wissenschaftlichen Methodik[638] heranziehen. Dies führt dazu, dass Aussagen, die wichtig für den Aufbau der Konzeption sind, in beiden Analysedimensionen untersucht werden.

---

[635] Vgl. Küpper, H.-U. (2008), S. 8 u. 38.
[636] Vgl. Deephouse, D. L. / Suchman, M. (2008); Meyer, J. W. (2008), S. 785.
[637] Vgl. Walgenbach, P. (2006), S. 411; Becker, A. (2004), S. 755 ff.
[638] Im Sinne einer eher Methodologisch individualistischen bzw. kollektivistischen Ausprägung.

7.2 Analyse des rationalitätssicherungsorientierten Controllings

7.2.1 Untersuchung der Dimension Methodologischer Individualismus vs. Methodologischer Kollektivismus

Ein wichtiges Aussagensystem zur Begründung des rationalitätssichernden Controllings ist das zu Grunde liegende Menschenbild, respektive die Modellierung von Managern und Controllern.[639] Aus diesem Menschenbild und den von Controllern wahrgenommenen Aufgabenbündeln wird die Funktion des Controllings konstruiert.[640] Institutionelle Aussagen werden getroffen, wenn nach den potentiellen Trägern der Rationalitätssicherung gesucht wird. Die identifizierten Aufgabenträger variieren in Abhängigkeit der organisatorischen Umweltbedingungen.[641] Auch die Aussagen zur institutionellen Ausgestaltung der strategischen Planung und Kontrolle und die spezifischen Aufgaben des Controllers innerhalb derer lassen eine Analyse des rationalitätssichernden Controllings zu, wie sie im folgenden Abschnitt vollzogen wird. Die beschriebene Theoriebildung legt die Vermutung nahe, dass es sich um eine individualistisch geprägte Konzeption handelt, da Ausgangspunkt der Konzeption das Menschenbild und die Eigenschaften des Controllers und des Managers sind.[642]

7.2.1.1 Bedeutungstheoretischer Aspekt

Bei der Analyse des bedeutungstheoretischen Aspektes geht es, wie in Kapitel 5.2.1 dargestellt, um die Rechtmäßigkeit von Aussagen. Anders ausgedrückt stellt sich die Frage, über welche ontologischen Entitäten Aussagen getroffen werden können, und was überhaupt für den Forschungstreibenden erfahrbar ist, und somit

---

[639] Vgl. Weber, J. / Schäffer, U. (2008b), S. 35 ff.

[640] Wobei die Aufgabenbündel nicht rein deskriptiv erwähnt werden und in Übereinstimmung gebracht werden mit bereits Controllerattributen. Vielmehr wird aus den Attributen von Controllern und Managern das potentielle Aufgabenbündel abgeleitet. Vgl. Weber, J. / Schäffer, U. (2008b), S. 38-39. Dies mutet ein wenig merkwürdig an, müsste doch streng kausal-logisch daraus folgern, dass die Funktion des Controllers von den individuellen Controllerattributen abhängen.

[641] Vgl. Weber, J. / Schäffer, U. (2008b), S. 41 u. 42.

[642] Abgesehen davon schreibt *Jürgen Weber* im Vorwort zu 10. Auflage seines Lehrbuchs, dass er der Methode des MI verpflichtet ist. Vgl. Weber, J. / Schäffer, U. (2008b), S. VII.

auch zum Ausdruck gebracht werden kann. Vor der Festlegung über die Rechtmäßigkeit von Aussagen muss der Forschungstreibende sich aber bereits implizit auf ontologische Annahmen festgelegt haben. Existieren nämlich lediglich Individuen, und keine organisatorischen Strukturen, so können auch keine empirisch abgeleiteten Aussagen über Strukturen auf bedeutungstheoretischer Ebene getroffen werden.[643] Anhänger des MI postulieren, dass lediglich die Absichten und das Verhalten von Individuen empirisch zu erfahren sind, und dass deswegen auch die Beschreibung gruppenspezifischer Merkmale im Rahmen einer Reduktion auf individuelle Merkmale erfolgen muss.[644]

Sucht man nach einer solchen Reduktion im Ansatz von *Weber/Schäffer*, so findet man sie am deutlichsten bei der Modellierung des ökonomischen Akteurs. Ausgehend von einer klassischen ökonomischen Modellierung, welche den Akteur als Produktionsfaktor innerhalb der Produktionsfunktion ansieht, wird das Modell um Annahmen der Kognitions- und Attributionspsychologie[645] erweitert. Zum einen wird deutlich, dass eine strukturelle Tatsache erklärt werden soll, nämlich die Eignung der Akteure zur Erfüllung der Aufgaben, welche sich aus der Produktionsfunktion ergeben. Zum anderen wird deutlich, dass es durch die individuellen Eigenschaften der Akteure erklärt wird, nämlich deren intellektueller und motivationeller Ausstattung, dem *Können* und *Wollen*.[646] Die Aussagen enthalten damit zunächst nur individuenbezogene Bestandteile, so genannte absolute Eigenschaften, relationale Eigenschaften, komparative Eigenschaften und kontextuelle Eigenschaften:[647]

---

[643] Diese Hierarchisierung hat zur Konsequenz, dass dem strengen Methodologischen Individualismus zumindest auf der ontologischen und der bedeutungstheoretischen Ebene keine Beachtung zukommt, da er keine schlüssige Argumentation für die Nur-Existenz von Individuen liefern kann. Somit ist auch auf bedeutungstheoretischer Ebene die Exklusivität von individuenbezogenen Sätzen zu verneinen. Vgl. Meran, J. (1979), S. 41-43.

[644] Zum Reduktionsprogramm des Methodologischen Individualismus vgl. Meran, J. (1979) S. 30-41.

[645] Zur Attributionspsychologie vgl. Weiner, B. (1986); zur Psychologie der Kognition vgl. Anderson, J. R. (2001).

[646] Vgl. Weber, J. / Schäffer, U. (2008b), S. 35.

[647] Vgl. Meran, J. (1979), S. 37.

Absolute Eigenschaften werden z. B. verwendet, wenn der Controller als „analytisch, nüchtern, klar begründend“[648] beschrieben werden,

Relationale und komparative Eigenschaften hingegen, wenn unterscheidend zum Controller der „Manager dagegen als intuitiv, emotional, eher oberflächlich“[649] charakterisiert wird.

Kontextuell sind schließlich alle diese Eigenschaften, da sie immer schon ein gesellschaftliches Vorwissen über die Gruppe der Controller und Manager implizieren.[650] Die oben genannten Eigenschaften würden schließlich zu keiner weiteren Erkenntnis führen, besäße nicht jeder bereits geprägte Schemata aus seinem individuellen sozialen Kontext.

Die kontextuellen Eigenschaften werden durch gruppenspezifische Sätze ausgedrückt. Damit liegen sowohl individuenbezogene, als auch gruppenbezogene Aussagen vor, die auf ihre logische Unverbundenheit zu prüfen sind, um der Bedingung des gemäßigten Methodologischen Individualismus zu genügen.

Nach *Lazersfeld / Menzel* deutet der MI die gruppenspezifischen Sätze u. a. als eine mathematische Operation über die Eigenschaften eines jeden Mitglieds. Die Verwendung von Durchschnitten und Prozentsätzen zeigt aber, dass die gruppenspezifischen Eigenschaften nicht notwendigerweise für das einzelne Individuum relevant sind.[651] Diese Erläuterung scheint genau der Modellierung der Beziehung zwischen Managern und Controllern zu entsprechen, die *Weber/Schäffer* vornehmen. Wenn nämlich die gruppenspezifischen Eigenschaften über eine empirische Erhebung[652] ermittelt werden, dann ist dies genau die Zuschreibung kollektiver Eigenschaften[653] über die individuelle Meinung. Jene individuellen Eigenschaften lassen sich gemäß der These des MI durch die Psyche der Individuen erklären, und sind allgemeiner als die Soziologie der gruppenspezifischen Eigenschaften, welche damit auf die psychologische Theorie über die individuellen Eigenschaften

---

648 Weber, J. / Schäffer, U. (2008b), S. 37.
649 Weber, J. / Schäffer, U. (2008b), S. 37.
650 Vgl. Meran, J. (1979) S. 38.
651 Vgl. Lazersfeld, P. F. / Menzel, R. (1969), S. 505 f.
652 Wie dies beispielsweise bei Weber, J. et al. (2000) geschieht.
653 Vermutlich gebildet aus dem statistischen Mittelwert.

reduziert werden kann.[654] Anders ausgedrückt bedeutet es, dass der MI „globale Eigenschaften von Kollektiven auf die absoluten und relationalen Eigenschaften von Individuen reduzieren“[655] möchte. Ohne eine Bewertung der Sinnhaftigkeit dieser individualistischen Annahmen vornehmen zu wollen, kann an dieser Stelle festgehalten werden, dass vom bedeutungstheoretischen Standpunkt *Weber/Schäffer* eindeutig dem gemäßigtem MI verpflichtet sind. Es finden sich Attribute von Individuen und von Kollektiven, letztere aber werden zurückgeführt auf die individuelle Psyche.

7.2.1.2 Ontologischer Aspekt

Nachdem innerhalb der Analyse des bedeutungstheoretischen Aspektes ein gemäßigter Individualismus identifizieren werden konnte, ist auf der ontologischen Ebene die Vermutung eines gemäßigten MI obsolet. Wenn Aussagen über organisatorische Tatbestände innerhalb der rationalitätssichernden Controllingkonzeption existieren, so ist dies fast gleichbedeutend mit der Anerkennung der ontologischen Existenz ebendieser. Organisatorische Tatbestände sind folglich nicht lediglich Konstruktionen der Individuen, wie es die strenge Variante des MI fordern würde, sondern als Entität vorhanden. Einschränkend muss erwähnt werden, dass sie nicht unabhängig vom Individuum sind, sondern in einer Kausalbeziehung zu diesem stehen.

Innerhalb des rationalitätsorientierten Controllings treten vor allem zwei organisatorische Tatbestände bzw. Strukturen hervor:

- Die Unternehmenskultur, von welcher die institutionelle Ausgestaltung des Controllings neben anderen Faktoren abhängig ist[656], und
- die Ausprägung der Planungs-, Steuerungs- und Kontrollsysteme, welche ebenfalls als situativer Kontextfaktor für die Institution Controlling gedeutet werden kann.[657] Ohne eine Ausrichtung des unternehmerischen Handelns an einem strukturierten Planungsprozess kann es, laut *Weber/Schäffer,*

---

[654] Vgl. Meran, J. (1979), S. 40.
[655] Meran, J. (1979), S. 39.
[656] Vgl. Weber, J. / Schäffer, U. (2008b), S. 41.
[657] Vgl. Weber, J. / Schäffer, U. (2008b), S. 53.

auch keine Notwendigkeit zur Rationalitätssicherung geben, da Rationalitätsdefizite hauptsächlich im Rahmen des Planungsprozesses erst entstehen können.[658]

Beide Strukturen beeinflussen folglich die Ausprägung und Ausgestaltung des Controllerbereiches, also einer weiteren Struktur innerhalb der Organisation.[659] Es ist also an dieser Stelle der Fall gegeben, dass die Existenz und Ausprägung einer organisationalen Struktur die einer weiteren (des Controllings) beeinflusst und diese somit eine kausale Abhängigkeit besteht. Die Strukturen sind jedoch in ihrer Existenz abhängig von den Individuen, die ihre Ausprägung primär bestimmen. Dies sei am Beispiel der Unternehmenskultur erläutert: *Weber/Schäffer* führen aus, dass bei einer entsprechenden Unternehmenskultur die Funktion der Rationalitätssicherung von wechselnden Institutionen übernommen werden kann, auch vom Management demselben gegenüber.[660] Diese Form der Rationalitätssicherung setzt vermutlich eine Unternehmenskultur voraus, die sich durch die Schlagworte Transparenz und Diskussionsfreude kennzeichnen lässt, in welcher der einzelne Manager auch eigene Fehler einräumen kann, ohne dadurch an Einfluss zu verlieren. Die Qualität der Unternehmenskultur wird von den Individuen gestaltet, im vorliegenden Fall von allen am Entscheidungsprozess beteiligten. Folglich ist die Art der Unternehmenskultur kausal abhängig vom Individuum.

Damit lässt sich auch für den ontologischen Aspekt festhalten, dass *Weber/Schäffer* dem gemäßigten MI verpflichtet sind.

7.2.1.3 Erklärungstheoretischer Aspekt

Wie bereits in Kapitel 5.2.1 erwähnt wird auf der erklärungstheoretischen Ebene das Erklärungsprinzip der Methode analysiert. Das Erklärungsprinzip sollte aus materiellen Vorgaben bestehen, wie ein organisatorisches Ereignis oder ein organisatorischer Prozess zu begründen ist.[661] Dabei lässt sich das Erklärungsprinzip

---

[658] Vgl. Weber, J. / Schäffer, U. (2008b), S. 55-73.

[659] Wozu es bei Weber/Schäffer leider nur sehr vereinzelt Aussagen gibt. In den Ausführungen zur Organisation des Controllerbereiches gibt es einige Empfehlungen zum Verhalten der Controller bzw. Manager zur Ausgestaltung des Controllings (vgl. Weber, J. / Schäffer, U. (2008b), S. 399-434). Diese werden unter dem erklärungstheoretischen Aspekt diskutiert werden.

[660] Vgl. Weber, J. / Schäffer, U. (2008b), S. 41f.

[661] Vgl. Meran, J. (1979), S. 35.

des gemäßigten MI in einer Begründungsstruktur verorten, die auf allgemeinen Gesetzen individuellen Verhaltens fußt und die sozialen Randbedingungen berücksichtigt.[662] Das individuelle Verhalten bestimmt sich also hierbei über allgemein gültige verhaltenspsychologische Hypothesen, während variierende soziologische Randbedingungen (die unter anderem auch von Struktureigenschaften beeinflusst werden können[663]) Einfluss auf die Intentionen des Individuums und die Konsequenzen der Handlung haben.[664] Demgegenüber steht die Erklärung gesellschaftlicher Tatbestände durch „ungewollte Konsequenzen von Zweckhandlungen“[665] der Individuen. Diese unvorhergesehenen Ergebnisse individuellen Handelns lassen sich in der Theorie der Nationalökonomie u. a. auf *Adam Smith* zurückführen.[666] Darin ist die Grundlage des Konzeptes der unsichtbaren Hand zu sehen, bei welchem der individuelle Nutzen zu einer Vergrößerung des Kollektivnutzens führt.[667] Ebenso entspringt diesem Denken das als klassisch zu bezeichnende Rationalitätsprinzip der Wirtschaftswissenschaften, die Optimierung der Zweck-Mittel-Relation. Genau auf dieser zweckorientierten Rationalität[668] beruht die Rationalitätssicherung des Controllings nach *Weber/Schäffer*. Um nämlich überhaupt eine Rationalitätssicherung als Funktion untersuchen zu können, muss eine Definition des Konstruktes Rationalität existieren. So wird Rationalität mit dem Verweis auf *Max Weber* definiert: „Danach bemisst sich Rationalität an einer effizienten Mittelverwendung bei gegeben Zwecken. Diese Zwecke sind in aller Regel wiederum nur Mittel zur Erreichung eines übergeordneten Zwecks, so dass

---

662 Vgl. Meran, J. (1979), S. 44.

663 Somit hat die Struktur in diesem Erklärungsprinzip einen kausalen Einfluss. Meran nennt es ein Kunststück, diese Kausalität zu behaupten und trotzdem dem Erklärungsprinzip des MI treu zu bleiben. Vgl. Meran, J. (1979), S. 45.

664 Vgl. Meran, J. (1979), S. 44-45.

665 Meran, J. (1979), S. 45.

666 Vgl. Hayek, F. A. v. (1976), S. 17.

667 Vgl. Smith, A. (1996, Nachdruck), S. 369 f.

668 Im Weiteren wird der Terminus zweckorientierte Rationalität verwand, obgleich es viele Synonyme gibt wie z. B. Zweck-Mittel-Rationalität, Rationalitätsprinzip der Ökonomie etc. Der Terminus zeckorientierte Rationalität verweist auf den deutschen Soziologen *Max Weber*, der innerhalb seiner Handlungstheorie das zweckorientierte Handeln und die ihm implizite Zweck-Mittel-Rationalität sehr detailliert ausgeführt hat. Vgl. Weber, M. (1976), S. 1-30.

Zweckrationalität auf die Effizienz und die Effektivität des Handelns der Akteure zielt".[669]

Die theoretischen Grundlagen der Controllingkonzeption sind also identisch mit einem der grundlegenden Prinzipien des Individualismus und scheinen analog zu sein mit dem Erklärungsprinzip des gemäßigten Individualismus. Denn durch die Fokussierung des Individuums auf seinen Eigennutz entstehen nach *Smith*[670] gesellschaftliche Strukturen als ungewollte Konsequenzen des Handelns.[671]

Es stellt sich also die Frage, in wie weit das rationalitätsorientierte Controlling sich dieser ungewollten Konsequenzen individueller Handlungen als Erklärungsprinzip von organisatorischen Prozessen, Ereignissen und auch Institutionen bedient. Die Antwort muss in der Interpretation der zweckorientierten Rationalität innerhalb der Controllingkonzeption gesucht werden. Rationalität wird in einem Analogieschluss verglichen mit der Faktorkombination der Produktionswirtschaftslehre. Der Output der Faktorkombination wird verglichen mit dem Zweck der Handlung, der Mitteleinsatz innerhalb des Kombinationsprozesses mit dem Mitteleinsatz zur Zweckerreichung. Darauf aufbauend lassen sich nach *Weber/Schäffer* drei Rationalitätsebenen unterscheiden, mit denen sie überhaupt die Notwendigkeit einer Rationalitätssicherungsfunktion begründen. Es lassen sich folgende Ebenen differenzieren :[672]

- Die Ebene der Ergebnisrationalität, auf der sich durch die Nachvollziehbarkeit der umgesetzten Zweck-Mittel-Relation das Vorliegen von Rationalität am besten beurteilen lässt.
- Die Prozessrationalität, in der die Zweck-Mittel-Relation bereits mit starken Unsicherheiten behaftet ist, so dass der prozessuale Charakter zur Rationalitätssicherung betont wird,
- und die Inputrationalität, als am stärksten mit Unsicherheiten behaftete Ebene. Wenn z. B. der Prozess zur Zweckerreichung nicht bekannt ist, soll-

---

669 Weber, J. / Schäffer, U. (2008b), S. 44.

670 Und anderen schottischen Moralphilosophen und Vordenkern der modernen Nationalökonomie, wie z. B. *Adam Ferguson*, *Edmund Burke* oder *Josiah Tucker*.

671 Vgl. Smith, A. (1996, Nachdruck), S. 16 f.

672 Vgl. Weber, J. / Schäffer, U. (2008b), S. 46-47.

ten zumindest die richtigen Inputfaktoren (z. B. Expertenwissen) eingebracht werden.

In keiner der drei Ebenen werden Konsequenzen bzw. Nebenfolgen von Handlungen erwähnt.[673] Diese scheinen schlichtweg nicht existent zu sein. Im Gegenteil legt der Analogieschluss zum Faktorkombinationsprozess nahe, dass nur gewollte Zwecke und Folgen existieren, wie dies im Rahmen der Produktionsplanung zu erwarten und auch gewollt ist.

Die Nichteinbeziehung der unintendierten Konsequenzen scheint ein Charakteristikum zu sein, welches die Verwendung der zweckorientierten Rationalität in den Wirtschaftswissenschaften generell zu den Ursprüngen bei den schottischen Moralphilosophen unterscheidet.[674] Zusammenfassend lässt sich sagen, dass das Erklärungsprinzip innerhalb der rationalitätssichernden Controllingkonzeption nicht in den unintendierten Handlungsfolgen liegt. Es bleibt zu analysieren, in wie weit die Erklärungsprinzipien des strengen MI Anwendung finden.

Die Existenz von Rationalitätsdefiziten werden vor allem durch individuelle Attribute der Entscheidungsträger begründet: „Führung wird durch eigenständige Ziele verfolgende ökonomische Akteure (insbesondere Manager) vollzogen, die hierfür kognitive Fähigkeiten besitzen. Diese sind individuell begrenzt. Rationalitätsdefizite können somit durch Wollens- und Könnensbeschränkungen der Manager entstehen. Ausgehend von diesen Defiziten der Akteure konstituiert sich Rationalitätssicherung aus Handlungen zur Erhöhung der Wahrscheinlichkeit, dass die Realisierung der Führungshandlungen den antizipierten Zweck-Mittel-Beziehungen

---

673 Dieser Umstand verwundert umso mehr, da die zweckorientierte Rationalität auf Max Weber zurückgeführt wurde und dieser die Nebenfolgen explizit in den Entscheidungsprozess mit einbindet. Vgl. Sukale, M. (1996), S. 139.

674 Hayek bezeichnet die Vermutung, dass der homo oeconomicus von *Adam Smith* erfunden worden ist als Irrglaube und führt aus: „Dieser Gegensatz zwischen dem echten, antirationalistischen, und dem falschen, rationalistischen, Individualismus durchzieht das ganze soziale Denken. Da aber beide Theorien unter demselben Namen bekannt geworden sind und zum Teil auch, weil die klassischen Nationalökonomen des 19. Jahrhunderts [...] fast ebenso sehr unter dem Einfluss der französischen wie der englischen Tradition gestanden sind, wurden sämtliche dem echten Individualismus völlig fremde Begriffe und Annahmen als wesentliche Teile seiner Lehre übernommen". Hayek, F. A. v. (1976), S. 21.

trotz der genannten Defizite entspricht."[675] Rationalitätsdefizite entstehen also durch

- die kognitive Ausstattung der Akteure. Diese lässt sich beschreiben durch allgemeine kognitionspsychologische Grundgesetze.[676] Dabei steht die Psychologie des einzelnen Individuums im Fokus der Analyse, denn aus den individuellen psychologischen Faktoren lässt sich im idealisierten Fall erschließen wie das Verhalten des Individuums in der Entscheidungssituation sein wird.[677]
- die sozialen Kontextfaktoren. Explizit erwähnt wird dabei lediglich die Motivation. Ein Exkurs in die Motivationstheorien würde an dieser Stelle zu weit führen, aber es kann wohl vorausgesetzt werden, dass das Konstrukt Motivation von mehreren Faktoren abhängig ist, unter denen vor allem die soziale Integration und Anerkennung in und von einer Gruppe als wichtig zu erachten sind.[678] Neben den sozialen Randbedingungen ist die Motivation ebenso von psychologischen und strukturellen Faktoren abhängig, z. B. von dem Fit zwischen der zu bewältigenden Aufgabe und den zur Verfügung stehenden intellektuellen Ressourcen.[679]

Damit lässt sich festhalten, dass zur Begründung der Existenz eines Rationalitätsdefizites, und damit zur Begründung der Notwendigkeit einer Rationalitätssicherung den Vorgaben eines strengen MI gefolgt wird.[680] Die Begründung erfolgt über psychologische Gesetzmäßigkeiten, die unter Beachtung des sozialen Kontextes auf das Verhalten von Individuen schließen lassen.

---

675 Weber, J. / Schäffer, U. (2008a).

676 Vgl. z. B. die Ausführungen bei Lingnau, V. (2006), S. 6 f, über die Informationsverarbeitungskapazitäten von Individuen.

677 Vgl. Weber, J. / Schäffer, U. (2008b), S. 35-36.

678 Wie dies die traditionellen Motivationstheorien postulieren, vgl. z B. Maslow, A. H. (1943).

679 Vgl. Heckhausen, J. / Heckhausen, H. (2006); vgl. Nerdinger, F. W. (2001)S. 351 f.

680 Was durchaus der Feststellung Merans folgt, dass sich in bedeutungstheoretischer und ontologischer Hinsicht ein gemäßigter MI; in erklärungstheoretischer Hinsicht aber ein strenger MI verfolgen lässt. Vgl. Meran, J. (1979), S. 35.

7.2.2 Untersuchung der Dimension des zu Grunde gelegten Menschenbildes

Bei der Untersuchung des verwendeten Menschenbildes innerhalb des rationalitätssichernden Ansatzes sei zunächst, wie bereits am Anfang der Kapitel 7.2.1 und 7.2.1.1[681], auf die Ausführungen von *Weber / Schäffer* zur allgemeinen ökonomischen Modellierung von Menschen eingegangen.[682] Am Anfang ihrer Ausführungen beziehen sich *Weber / Schäffer* auf das klassische, betriebswirtschaftliche Menschenbild, das die menschliche Arbeitsleistung als Produktionsfaktor neben anderen auffasst. Diese faktortheoretische Sichtweise ist vor allem von *Gutenberg* in der „modernen" BWL geprägt worden.[683] Die betriebswirtschaftliche Theorie nach *Gutenberg* wird der Betrieb als Gesamtheit aller betrieblichen Funktionen gesehen, wobei der Produktivitätsbeziehung zwischen Input und Output besondere Aufmerksamkeit zukommt.[684] Der Fokus auf den Throughput[685] bedingt eine ausführliche Beschäftigung mit den Faktoren, welche notwendig sind, um die Transformation zu leisten. Neben Verbrauchs- und Potentialfaktoren ist dies eben auch der Mensch als dispositiver Faktor, bzw. innerhalb der Elementarfaktoren die objektbezogene Arbeitsleistung (vgl. Abb. 26).[686]

Produktionsfaktoren						
Elementarfaktoren			Dispositive und derivative Faktoren			
Objektbezogene menschliche Arbeitsleistung	Werkstoffe	Betriebsmittel	Leitung	Planung	Organisation	Kontrolle

Abb. 26 *Produktionsfaktoren nach Erich Gutenberg*[687]

[681] An jener Stelle stand jedoch nicht der Aspekt des Menschenbildes als solcher im Fokus des Interesses, sondern lediglich die Frage nach der Methodik der Konstruktion, also die Frage nach einem MI oder MK bei der Modellierung des Menschen.

[682] Vgl. Weber, J. / Schäffer, U. (2008b), S. 35 f.

[683] Vgl. Sabel, H. (1999), S. 17.

[684] Vgl. Hansmann, K.-W. (2008), S. 3 f; Koch, H. (1997), S. 113.

[685] Vgl. Corsten, H. / Gössinger, R. (2009), S. 8 f.

[686] Vgl. Gutenberg, E. (1983), S. 2 ff.

[687] Vgl. Gutenberg, E. (1983), S. 2 ff; Abbildung in Anlehnung an Corsten, H. / Gössinger, R. (2009), S. 7.

Gutenberg blendet Irrationalität aus seinen Überlegungen aus, indem er die (Elementar)Faktoren durch mathematische Zusammenhänge beschreibt, den Produktions- und Verbrauchsfunktionen.[688] Der Mensch kommt in seiner realen, irrationalen Ausprägung überhaupt nicht vor, lediglich die ausführenden Tätigkeiten, die dieser leistet (vgl. Abb. 26), bzw. im Rahmen des dispositiven Faktors die planende, leitende und organisierende Tätigkeit. Diese sind natürlich nicht in mathematische Größen in die Produktionsfunktionen fassbar, so dass *Gutenberg* strenggenommen kein Menschenbild hat, sondern den Menschen mit deduktiv-mathematischer Logik aus dem System des Betriebes eliminiert.[689] „Wir betrachten also nunmehr unter Verwendung einer regulären Als-ob-Konstruktion die Dinge so, als ob [...] ein psycho-physisches Objekt gar nicht vorhanden wäre."[690] Zudem liegen diesem technisierten Weltbild die Annahmen zu Grunde, dass die Aufgaben des Individuums in der jeweiligen Position trennscharf einzugrenzen sind, und es ein Individuum gibt, welches diese Aufgaben optimal erfüllen kann.[691] „Diese klassische Sichtweise geht somit von einer vollständigen Bestimmbarkeit der Aufgaben und der zu ihrer Erfüllung gegebenen Anforderungen an die Aufgabenträger aus. Diese Annahme erweist sich in der Praxis heutzutage jedoch selten als tragfähig."[692] Zudem rekurrieren die genannten Grundannahmen auf das klassische Rationalitätsprinzip aus der Mikroökonomik, auf deren Grundannahmen das *Gutenberg`sche* Theoriegebäude ruht.[693] Die Grundannahmen der vollständigen Informationsaufnahme und -verarbeitungskapazität unter der Annahme zeitlich stabiler Präferenzen wurde bereits in Kapitel 5.2.2 ausführlich erläutert. *Weber / Schäffer* lösen sich von dem rein modellhaften und realitätsfremden Menschenbild

---

688 Bekannt ist vor allem die limitationale Produktionsfunktion vom Typ B, welche sich in einem System von Verbrauchsfunktionen darstellt. Vgl. Gutenberg, E. (1964), S. S. 149 f; Gutenberg, E. (1983), S. 326-347.

689 Vgl. Gutenberg, E. (1929), S. 41.

690 Gutenberg, E. (1929), S. 41-42.

691 Wobei zu erwähnen bleibt, dass Gutenberg von der Methode des Theorieentwurfes ein überzeugter Anhänger des MK war, wie folgendes Zitat zeigen mag: „Erst wenn das Einzelne aus einem Ganzen heraus sinnvoll verständlich zu machen gelingt, bildet sich Wissenschaft. Das aber ist der Weg der Betriebswirtschaftslehre." Gutenberg, E. (1957), S. 612. Damit wird zumindest zum Teil das mechanistisch-objektiv geprägte Welt- und Menschenbild erklärbar.

692 Weber, J. / Schäffer, U. (2008b), S. 35.

693 Da als normative Forderung das Rationalprinzip Gültigkeit haben solle, was durch das psychosoziale Subjekt allerdings gestört wird. Vgl. Reese, J. (1999), S. 587.

der betriebswirtschaftlichen Klassik und wenden sich den Arbeiten von *Simon* und *Tversky* und *Kahneman* zu.[694]

Vor allem *Simon*, dessen akademische Ursprünge in der Sozialwissenschaft bzw. Psychologie liegen,[695] ist es zu verdanken, dass den realen Prozessen, denen Entscheidungsträger unterliegen, in den Fokus der Betrachtung gerückt wurden. Menschen verhalten sich nicht rational wie das Menschenbild des homo oeconomicus weismachen möchte, sondern sie sind mit diversen Irrationalitäten behaftet, die eine „Verzerrung" der Entscheidung mit sich bringen. In Bezug auf die Eignung der traditionellen Rationalität der Ökonomie zur Beschreibung realer Entscheider fordert *Simon* folgerichtig: „Let us replace it with an instrument, which is capable of cutting through our ignorance about rational human behaviour."[696] Simon stellt anstelle der modellhaften Zweck-Mittel-Rationalität die begrenzte Rationalität bzw. „bounded rationality", welche in Kapitel 5.2.2 bereits vorgestellt wurde. *Weber / Schäffer* beziehen die Eigenschaften der begrenzten Rationalität auf das Können der Akteure, also vor allem deren Fähigkeiten, die sie in Entscheidungssituationen einbringen. Sie beziehen die kognitiven Begrenzungen „auf die Wahrnehmung eines Problems […], auf die Prognose künftiger Entwicklungen […] oder auf die Bewertung von Entscheidungsalternativen."[697] Dies bedeutet, dass im Vergleich zur unbegrenzten Rationalität des homo oeconomicus allen Begrenzungen, d. h. denen der Perzeption des Problems und denen der Informationsverarbeitung und der damit verbundenen Optimierung, Rechnung getragen wird, und das Modell sich dem realen Entscheider annähert. Vor allem die Forschung von *Kahneman* und *Tversky* hat eindrucksvoll gezeigt, dass der Mensch sogenannten cognitive biases unterliegt,[698] welche ihm eine optimale Entscheidung unmöglich machen. Vielmehr bedienen sich reale Entscheider gewisser Heuristiken, nach deren An-

---

[694] Für die frühen Arbeiten von Simon vgl. Simon, H. A. (1955); Simon, H. A. (1957); Simon, H. A. (1959); Ebenso Simon, H. A. (1980); Simon, H. A. (1982a); Simon, H. A. (1982c). Zu den Arbeiten von Kahneman und Tversky in Bezug auf menschliches Endscheidungsverhalten vgl. Kahneman, D. / Tversky, A. (2000); Kahneman, D. et al. (1982); Gilovich, T. et al. (2002).

[695] Vgl. Klahr, D. / Kotovski, K. (2001).

[696] Simon, H. A. (1986), S. 40.

[697] Weber, J. / Schäffer, U. (2008b), S. 35.

[698] Zu der Relevanz dieser biases im Rechungswesen vgl. Gerling, P. G. (2007).

wendung satisfiszierende Lösungen zur Verfügung stehen.[699] In Bezug auf die Informationsverarbeitung von Individuen wird von *Weber / Schäffer* z. B. folgendes ausgeführt: „ Menschen besitzen nur begrenzte kognitive Fähigkeiten, ihre geistige Kapazität ist qualitativ wie quantitativ beschränkt. Dies führt zur Verwendung einer Reihe von unterschiedlichen Heuristiken, die die kognitive Kapazität schonen, aber durch ihre Vereinfachung auch zu Fehlern [eben die erwähnten biases, Anm. d. Autors] führen können."[700]

Damit bleibt als erstes Ergebnis festzuhalten, dass innerhalb der rationalitätssicherungsorientierten Controllingkonzeption von dem traditionellen Modell des vollkommen optimierenden, mechanistisch anmutenden Menschen abgewichen wird. Nicht die substantielle, sondern die begrenzte Rationalität wird dem Menschenbild zugeschrieben, was zugegebenermaßen auch zu suboptimalen Lösungen führen kann. Damit nähert sich dieses Menschenbild aber wesentlich den tatsächlichen Eigenschaften realer Entscheider an, und bekommt eine zentrale Bedeutung für die Beschreibung bzw. Prognose von Entscheidungen. Herauszustellen ist aber, dass jene realitätsnahen Annahmen sich auf die Fähigkeiten, bzw., wie *Weber / Schäffer* formulieren, das „Können" der Individuen beziehen.[701] Dem Wollen bzw. der Motivation der Akteure wird von *Weber / Schäffer* u. a. mit der Prinzipal-Agenten-Theorie erläutert, worauf im Folgenden einzugehen sein wird, um die Synthese von Wollen und Können zu analysieren. Diese wird im Rahmen des rationalitätssicherungsorientierten Controllings über die Verbindung durch „handlungsleitende Schemata, so genannte interne Modelle" [702] vollzogen.

Obwohl der Mensch also nach den obigen Ausführungen mit individuell unterschiedlichen (kognitiven) Fähigkeiten ausgestattet ist, kann nicht zwingend davon ausgegangen werden, dass er diese in jeder Situation und kontinuierlich im Sinne des Unternehmenszweckes einsetzt. Im Gegenteil ist vermutlich eher häufig davon auszugehen, dass individuelle und kollektive bzw. organisationale Präferen-

---

699 Zu der Erforschung genau dieser Heuristiken vgl. z. B. Gigerenzer, G. (2004a); Gigerenzer, G. (2004b); Gigerenzer, G. / Todd, P. M. (2000). Neue Erkenntnisse, gerade zur ökologischen Rationalität, liefert der Herausgeberband Gigerenzer, G. / Selten, R. (2001).

700 Weber, J. / Schäffer, U. (2008b), S. 89.

701 Vgl. Weber, J. / Schäffer, U. (2008b), S. 34 f.

702 Weber, J. / Schäffer, U. (2008b), S. 36.

zen und Ziele nicht kongruent sind.[703] In diesem Moment lässt sich dem Menschen Opportunismus unterstellen, den er zum Zwecke seiner individuellen Zielerreichung einsetzt.[704] Die Divergenzen der Präferenzen und Empfehlungen zur Eindämmung des individuellen Opportunismus sind Grundlagen der Prinzipal-Agenten-Theorie, wie sie in der Betriebswirtschaftslehre und vor allem der Organisationstheorie seit drei Jahrzehnten Einzug gehalten hat.[705] „Die formale Organisationsstruktur tritt in diesem Modell stark zurück, man geht generell davon aus, dass es ihr nicht gelingt, das Verhalten der Organisationsmitglieder mit ihren Regeln zu steuern."[706] Grundannahme der PAT ist also ein kontinuierlicher Interessenskonflikt, der modellhaft durch die vertragliche Beziehung zwischen dem Auftraggeber, dem Prinzipal, und dem Ausführenden, dem Agenten, konstruiert wird.[707] Der Prinzipal wünscht dabei die Ausführung einer Leistung, die er selbst aus Gründen wie z. B. Zeitmangel oder Spezialisierungskompetenz des Agenten, nicht erbringen kann bzw. möchte.[708] Die Erbringung der Leistung wird durch ein Vertragsverhältnis von Prinzipal und Agent konzeptualisiert. Die Grundannahme der PAT ist ein Zustand asymmetrischer Informationsverteilung zu Gunsten des Agenten, den dieser nach Lage seiner eigenen Interessen opportunistisch und unmoralisch ausnutzt (vgl. Abb. 27).

---

[703] Dieses Faktum ist bereits kurz bei der grundlegenden Erläuterung zur Organisationstheorie angesprochen worden. Vgl. Kapitel 5.

[704] Es soll nicht unerwähnt bleiben, dass es Analog zur begrenzten Rationalität auch Überlegungen zu einer begrenzten Opportunität gibt. Vgl. Douma, S. / Schreuder, H. (2002), S. 165 ff. Abhängig vom Umfeld und internen Zuständen kann es z. B. durch Fairness, Gerechtigkeitsempfinden und ähnlichen Emotionen zu einer Eindämmung des Opportunismus führen. Vgl. Ockenfels, A. (1999); Regan, D. T. (1971); Franzen, A. / Pointner, S. (2008).

[705] Im Rahmen der PAT existiert eine positive Ausprägung, vgl. z. B. die grundlegende Arbeit von Jensen, M. / Meckling, W. (1976), sowie die in der Controllingforschung vorherrschende normative PAT. Vgl. Holmström, B. (1979). Den weiteren Ausführungen liegt der normative Zweig der PAT zu Grunde.

[706] Schreyögg, G. (2008), S. 360.

[707] Wobei die Beziehung zwischen Prinzipal und Agent durchaus auch genereller definiert werden kann, so dass die PAT in diversen Bereichen angewandt werden kann: „Whenever one individual depends on the action of another, an agency relationship arises. The individual taking the action is called the agent. The affected party ist he principal." Pratt, J. W. / Zeckhauser, R. J. (1985), S. 98.

[708] Vgl. Meyer, M. (2002), S. 55; Göbel, E. (2002), S. 99.

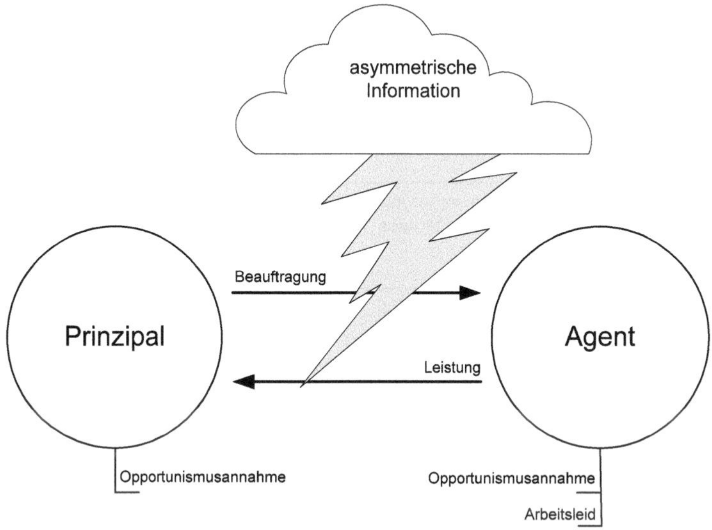

Abb. 27 *Die Grundannahmen der PAT*

Der Prinzipal kann den Informationsvorsprung des Agenten entweder nicht beseitigen, oder scheut die Kosten-/Nutzenrelation der Beseitigung der Unsicherheit, so dass der Handlungsspielraum des Agenten zu Stande kommt.[709] Die Präferenzen beider Akteure werden beeinflusst durch ihre Risikoeinstellung. Im Falle des Prinzipals ist es das Delegationsrisiko, also die Wahrscheinlichkeit, dass der Auftrag durch die Delegation an den Agenten nicht satisfiszierend durchgeführt wird.[710] Auf Seiten des Agenten ist vor allem das Risiko gegeben, dass sein opportunistisches Verhalten auffällt und zu negativen Konsequenzen führt (z. B. Vertragsauflösung).[711] „Im Grundmodell der Principal-Agent-Theorie nimmt man an, dass der Agent **Arbeitsleid** empfindet und deshalb nur insoweit im Sinne des Principal tätig wird, wie dies unvermeidlich ist, und seinem eigenen Nutzen entspricht."[712] Aus der Opportunitätsannahme ergeben sich unterschiedliche Konsequenzen der Informationsasymmetrien, je nach Phase der Vertragsgestaltung (vgl. Tab. 3).

---

709 Vgl. Homburg, C. (2001), S. 68.
710 Vgl. Schreyögg, G. (2008), S. 360 f.
711 Vgl. zu einer formalen Modellierung der Konsequenzen Rechtien, C. (2002), S. 41 f.
712 Küpper, H.-U. (2008), S. 83.

Typ	hidden characteristics	hidden information	hidden action
Entstehungszeitpunkt	vor Vertragsabschluss	nach Vertragsabschluss, vor Entscheidung	nach Vertragsabschluss, nach Entscheidung
Entstehungsursache	ex-ante verborgene Eigenschaften des Agents	nicht beobachtbarer Informationsstand des Agents	nicht beobachtbare Aktivitäten des Agents
Problem	Eingehen der Vertragsbeziehung	Ergebnis-beurteilung	Verhaltens-(Leistungs-)beurteilung
resultierende Gefahr	adverse selection	moral hazard	moral hazard, shirking
Lösungsansätze	signalling, screening, self selection	Anreizsysteme, Kontrollsysteme, self selection	Anreizsysteme, Kontrollsysteme

Tab. 3 *Formen der Informationsasymmetrie*[713]

Es sei an dieser Stelle exemplarisch die Situation der hidden information diskutiert: Der Prinzipal hat mit dem Agenten bereits die Leistungserbringung vertraglich vereinbart. Zu diesem Zeitpunkt stehen beide vor einem konkreten Entscheidungsproblem auf demselben Informationsstand. Als Beispiel sei dem Agenten seitens des Prinzipals ein Arbeitsvertrag angeboten worden. Inhalt des durchzuführenden Projektes sei die Prüfung der Frage, ob eine potentielle Übernahme eines Konkurrenten erfolgversprechend und auch finanzierbar sei. Zum Vertragsabschluss sind beide auf demselben Informationsstand, bedingt durch die intensive Einarbeitung in die Problematik ist der Agent aber vor der Entscheidung auf einem höheren Informationsniveau. Nun ist es denkbar, dass die Übernahme aus betriebswirtschaftlicher Sicht (und auch nach Kenntnisstand des Agenten) unsinnig erscheint, seine Bonuszahlungen am Ende des Geschäftsjahres jedoch durch die Übernahme auf ein Vielfaches ansteigen. Er wird, opportunistisches Verhalten unterstellt, dem Prinzipal wider besseren Wissens zur Übernahme raten, um sei-

---

[713] Quelle: Küpper, H.-U. (2008), S. 83.

nen eigenen Nutzen zu maximieren. Dem Prinzipal fehlen die Informationen, so dass er vor der Entscheidung auf den Agenten vertrauen muss. Dem Prinzipal bleibt als Ausweg nur die Installation eines Kontrollsystems bzw. Anreizsystems, welches aber

- Zum einen die Anreize vernünftig, d. h. in diesem Beispiel langfristig setzen muss, um kurzfristige Pay-Offs des Agenten zu vermeiden,
- zum anderen die Kosten-/Nutzen-Relation dem Kontrollbedarf vernünftig anpasst.[714]

Bezug nehmend auf die Verwendung der PAT zur Beschreibung des Menschenbildes in der rationalitätssicherungsorientierten Controllingkonzeption lässt sich folgendes festhalten: Die PAT ist in ihren Grundzügen ein formaltheoretisches Modell.[715] Sie arbeitet mit Prämissen und Grundannahmen, welche nicht individuell geprägt sind, sondern den Individuen ein fixiertes Rollenbild zuschreiben, nach welchen dann die Reaktionen der anderen Akteure konstruiert werden.[716] So sagt z. B. *Küpper* über das empfundene Arbeitsleid des Agenten: „Mit dieser Prämisse wird eine eher einseitige Verhaltensorientierung unterstellt, wie sie in der Realität öfter zu finden ist, aber nicht allgemeingültig sein muss."[717] Reale Verhaltensweisen, die von wesentlich mehr Emotionen geprägt sind, als nur „Arbeitsscheu" bzw. auf externer Seite durch mehr Faktoren als Informationsasymmetrien und Risikobewußtsein, kann die PAT somit kaum beschreiben.[718] Sie bleibt eine formaltypische Modellannahme, mit der sich Stereotypen von Vertragsbeziehungen in einer Hierarchie beschreiben lassen, nicht jedoch das reale Verhalten von Individuen. Hierzu wäre ein Einbezug modernen Motivationstheorien aus der Psychologie

[714] Zu einem detaillierteren Überblick über Lösungsmöglichkeiten bei den verschiedenen Phasen und verschiedenen Asymmetrien vgl. Alparslan, A. (2006), S. 29 ff.

[715] Vgl. Küpper, H.-U. (2008), S. 82 und 66.

[716] Vgl. die Ausführungen zum Menschenbild des koordinationsorientierten Ansatzes, in dem die PAT und damit die Analyse der Rollenbilder mehr Gewicht einnimmt.

[717] Küpper, H.-U. (2008), S. 83.

[718] Vgl. Göbel, E. (2002), S. 109, welche auf das Problem der begrenzten Rationalität und die Modellrationalität der normativen Agencytheorie eingeht.

notwenig, der im Rahmen des rationalitätssicherungsorientierten Controllings jedoch allenfalls periphär angerissen wird.[719]

Die Verbindung von Wollen und Können, also individueller Motivation und Fähigkeit, vollziehen *Weber / Schäffer* schließlich über die internen Modelle. „Diese umfassen als „Selbstbild“ Annahmen über die eigenen Eigenschaftsausprägungen und deren Nebenbedingungen, zum anderen als „Weltbild“ Hypothesen über Bezugsgrößen und Folgen unterschiedlicher Handlungssequenzen.“[720] An anderer Stelle wird über das Selbst- und Weltbild ausgeführt: „Menschen prägen mit der Zeit ein fest gefügtes *Selbstbild* einerseits und *Weltbild* andererseits aus. Ersteres umfasst die Annahmen über seine eigenen Eigenschaftsausprägungen und deren Nebenbedingungen, letzteres Erwartungen über die Konsequenzen seiner Handlungen im Kontext seiner Umwelt. Wesentliche Triebfedern sind die gemachten Erfahrungen. Da im Selbst- und Weltbild eine Vielzahl von Erfahrungen zusammengeflossen ist, sind Menschen wenig geneigt, diese grundsätzlichen Einschätzungen bei abweichenden Erkenntnissen schnell zu verändern.“[721]

Nach den obigen Ausführungen kann folgende Aussage über das Menschenbild des rationalitätssicherungsorientierten Controllings und seine Ausprägung in der zu analysierenden Dimension festgehalten werden:

- Das Menschenbild von *Weber / Schäffer* setzt sich aus drei theoretischen Bausteinen zusammen: Zum einen werden Erkenntnisse der modernen Kognitionspsychologie verwendet. Dies umschließt vor allem die Aussagen zur begrenzten Rationalität, und den damit einhergehenden Informations- und Verarbeitungsdefiziten, die der reale Entscheidungsträger aufweist. Sie beschreiben die Komponente des „Könnens“. Zum anderen werden Erkenntnisse der PAT zur Beschreibung der „Wollenskomponente“ genutzt. Die PAT modelliert die Akteure formal-modellhaft, indem sie ihnen Grundattribute zuweist, mit denen Handlungsentscheidungen in jeder Situation getroffen und beschrieben werden können. Das Attribut des Opportunismus

[719] Vgl. Weber, J. / Schäffer, U. (2006), S. 36. An jener Stelle wird kurz auf die psychologischen Erkenntnisse der Personalwirtschaft verwiesen, ohne diese jedoch im Detail zu erläutern, oder die Integration in das skizzierte Menschenbild zu leisten.

[720] Weber, J. / Schäffer, U. (2008b), S. 36.

[721] Weber, J. / Schäffer, U. (2008b), S. 89.

und die damit verbundene Eigennutzmaximierung führt in der PAT zu den gleichen Konsequenzen wie in der traditionellen zweckorientierten Rationalität der Ökonomie: Aus der Entscheidungssituation des Individuums werden sämtliche Emotionen, wie z. B. Fairness, Vertrauen oder Loyalität, eliminiert. Üblicherweise wird die PAT folglich auch unter die Rational-Choice-Theory subsumiert, da auf den Grundannahmen der homo oeconomicus-Rationalität aufgebaut wird.[722] Damit scheint die PAT kaum in der Lage, reale Individuen nach ihrer Wollenskomponente zu beschreiben. Vielmehr stellt sie ein überaus theoretisches Konstrukt dar, das nach einer funktionalistischen Wenn-dann-Logik Rollen und Erwartungen des theoretischen Akteurs modelliert.

- Die Wollens- und Könnenskomponente werden durch die internen Modelle verbunden, die Annahmen über das Selbstbild des Individuums und sein Weltbild enthalten. Dies stellt die Synthese der Wollens- und Könnenskomponente, und damit das erwähnte dritte theoretische Element dar. Die Annahme der Synthese scheint durchaus realistisch geprägt zu sein, da sie auf Überlegungen der modernen Persönlichkeitspsychologie aufbaut. Wünschenswert wäre die Detaillierung der Funktionsweise der handlungsleitenden Schemata gewesen.

Ausgangsfrage der Analyse des Menschbildes war die Ausprägung desselben in einer Dimension, die auf der einen Seite ein rein modellhaftes, (normatives) Menschenbild beinhaltet, und auf der anderen Seite ein Menschenbild, das den tatsächlichen handlungsleitenden Faktoren realer Akteure Rechnung trägt. Bei zwei der drei erwähnten Theoriekomponenten kann das rationalitätssicherungsorientierte Controlling auf der Seite eines realistisch geprägten Menschenbildes verortet werden. Lediglich die Verwendung der PAT zur Beschreibung motivationaler Einstellungen passt sich nicht in das Bild eines realen Entscheiders ein. Konsequenzen dieser Vermischung von Konstrukt und Annäherung an die Realität bei der Beschreibung individuellen Verhaltens werden in Kapitel 8 bei der Analyse der Erklärungsmächtigkeit diskutiert werden. Im Folgenden werden die zwei Analyse-

---

[722] Vgl. Klinkert, M. (1999), S. 112. Diese Annahme wird ausführlich in Kapitel 7.3.2.2 analysiert werden.

dimensionen an das koordinationsorientierte Controlling nach *Küpper* angelegt werden.

7.3 Analyse des koordinationsorientierten Controllings

7.3.1 Untersuchung der Dimension Methodologischer Individualismus vs. Methodologischer Kollektivismus

Die Analyse des koordinationsorientierten Controllings nach *Küpper* gestaltet sich ungleich schwieriger, da explizit institutionale Aspekte von funktionalen getrennt werden, bzw. die Institution Controlling nur minimal erörtert wird. „Bei der Konzeption des Controlling geht es aber um die Frage, worin dessen Gegenstand liegt. Man fragt also nach den Merkmalen, welche die **Funktion des Controllings** charakterisieren."[723] Damit scheinen Aussagen zur Institution Controlling weitgehend von der Theoriebildung ausgeschlossen zu sein. Wissenschaftstheoretisch lässt sich das koordinationsorientierte Controlling trotz alledem im Spannungsfeld kollektivistischer und individualistischer Theoriebildung verorten, da

- alle Aussagen, welche die Funktion betreffen, in einen organisatorischen Rahmen eingebettet sind, da sie in der Unternehmung als Organisation stattfinden. Somit werden immer auch implizit Annahmen über institutionelle Aspekte getroffen. Der Theorieaufbau *Küppers* differenziert das Führungssystem der Unternehmung in Subsysteme, die nicht immer durchgehend funktionale beschrieben werden. Vielmehr scheint eine große Nähe zur Systemtheorie zu bestehen, die noch erörtert werden muss.
- auch funktionale Aussagen Schlüsse über die Methode zulassen, da auch in ihnen Aussagen über Individuen und organisatorische Strukturen enthalten sein können. Vor allem die Richtung der Begründung ist wissenschaftstheoretisch von Interesse.

Sowohl der Verweis auf die Systemtheorie, als auch die vollständige Absenz von Erläuterungen zu einem Menschenbild legen die Hypothese nah, es handelt sich um kollektivistische Theoriebildung.

---

[723] Küpper, H.-U. (2001), S. 6.

7.3.1.1 Bedeutungstheoretischer Aspekt

Die Theoriebildung *Küppers* vollzieht sich im Wesentlichen über die Definition der Elemente des Führungssystems und dessen durch Spezialisierung und Arbeitsteilung entstandenen Subsysteme.[724] Bedingt durch die zerschnittenen Interdependenzen der Subsysteme identifiziert *Küpper* die Koordinationsfunktion des Controllings. In den weiteren Ausführungen werden sodann aus der Koordination abgeleitete Zwecksetzungen des Controllings definiert[725], um daran anschließend eine instrumentelle Analyse zu vollziehen. Innerhalb des bis hierhin skizzierten Aussagensystems gibt es keinerlei Aussagen über Individuen, sondern lediglich über Systeme. Die erwähnten Systeme scheinen eine gewisse Nähe zur Systemtheorie aufzuweisen, da

- eine klar abgrenzbare Systemgrenze existiert, die sich definiert durch die Funktion des jeweiligen Systems. Aufgaben können also (relativ) eindeutig einem zuständigen System zugeordnet werden.
- innerhalb der Systeme ein sinnvolles, zweckgerichtetes Zusammenwirken besteht, wie dies z. B. an Hand des Gesamtsystems der Führung von *Küpper* erläutert wird.[726]
- eine funktionale Spezialisierung der Systeme vorliegt, die sich durch die Differenzierung in die Subsysteme der Führung äußert.[727]

Zur geschlossenen Ausgestaltung einer systemtheoretischen Sichtweise fehlen den Subsystemen der Führung jedoch Elemente, nach denen es aus systemtheoretischer Sichtweise eine strukturelle Betrachtung möglich wäre.[728] Zudem weist die *Küpper'sche* systemische Betrachtung des Führungssystems unzweifelhaft nicht nur funktionalen, sondern auch institutionalen Charakter auf. „Den institutionalisierten Trägern von Führungsaufgaben stehen von der obersten Geschäftsleitung bis zur untersten Ebene der Meister und Gruppenleiter verschiedenartige

---

[724] Zu nennen sind hier im Einzelnen das Planungs-, das Kontroll-, das Informations- und das Personalführungssystem, sowie die Organisation. Vgl. Küpper, H.-U. (2008), S. 30.
[725] Vgl. Küpper, H.-U. (2008), S. 35 ff.
[726] Vgl. Küpper, H.-U. (2008), S. 28.
[727] Zur allgemeinen und soziologischen Systemtheorie vgl. Luhmann, N. (2002); Gloy, K. / Schild, W. (1998).
[728] Vgl. Lingnau, V. (2002), S. 131.

Führungsinstrumente zur Verfügung. Diese bilden zusammen mit allen Handlungen der sozialen Einflussnahme und allen Personen, welche diese ausführen, ein **Führungs-** oder **Managementsystem**".[729] Im Unterschied zu den Subsystemen definiert *Küpper* an dieser Stelle Elemente und damit auch Strukturen des Führungsgesamtsystems. Zugleich findet damit eine institutionelle Festlegung der Führungsaufgabe statt, so dass keine rein funktionelle Betrachtung mehr vorliegt. Bezogen auf die Ausgangsfrage lässt sich eindeutig festhalten, dass innerhalb des Theoriekomplexes ausschließlich Aussagen über Strukturen getroffen werden, um das Phänomen Controlling zu beschreiben. Es existieren keine Aussagen oder Elemente individueller Natur, auf deren Grundlage Aussagen über Controlling gemacht werden. Damit ist die koordinationsorientierte Controllingkonzeption aus der bedeutungstheoretischen Perspektive eindeutig kollektivistisch geprägt. Zu beantworten bleibt die Frage, ob die kollektivistische Methode in ihrer strengen oder gemäßigten Variante verwandt wird. Dazu sind Aussagen über Individuen bzw. Gruppen zu analysieren, in wie weit diese funktional beschrieben werden bzw. gruppenspezifisch sind.[730] Aussagen dieser Art lassen sich bei der Vorstellung von Ansätzen zur Erfassung von Verhaltensinterdependenzen finden, welche die Notwendigkeit der Koordinationsfunktion verdeutlichen sollen.[731]

Hierbei stellt Küpper vor allem auf die Prinzipal-Agenten-Theorie (PAT) ab, welche die Vertragssituation zwischen Agenten und Prinzipal modelliert. Dem Agenten und dem Prinzipal wird die Eigennutzmaximierung als Eigenschaft unterstellt, dem Agenten zusätzlich noch ein empfundenes Arbeitsleid.[732] Über die unterschiedlich modellierten Nutzenfunktionen in unterschiedlichen Informationsasymmetrien werden Lösungsansätze gesucht, in dem es zu einer Übereinstimmung der bilateralen Interessen kommt. Die Modellierung der beiden Individuen erfolgt aber innerhalb

[729] Küpper, H.-U. (2008), S. 28 u. 29.

[730] Vgl. Tab. 2.

[731] Vgl. Küpper, H.-U. (2005), S. 78-80; vgl. Küpper, H.-U. (2001), S. 45-61. Küpper hat zwar den Anspruch verhaltenswissenschaftliche Ansätze zur Erfassung von Verhaltensinterdependenzen und ihrer Bedeutung für das Controlling darzustellen, kann diese Ansprüche aber in keinster Weise einlösen, da lediglich eine sehr oberflächliche Vorstellung allgemeiner Verhaltenswissenschaften vorgenommen wird, der keine zwingende Bedeutung für das koordinationsorientierte Controlling beigemessen wird. Aus diesem Grund sind die Aussagen zu den verhaltenswissenschaftlichen Ansätzen auch nicht Gegenstandsbereich der vorliegenden Abhandlung.

[732] Ein wenig schlichter formuliert könnte man wohl durchaus von Arbeitsscheu auf Seiten des Agenten sprechen.

der PAT in Form einer Rollenerwartung.[733] Der PAT liegt also eine Rollenerwartung an das Individuum zu Grunde, die stark an eine soziologische Rollentheorie erinnert. Eben diese versucht die bilateralen Interaktionen mit Rückgriff auf die eingenommenen Rollen, und den damit einhergehenden Erwartungen zu beschreiben.[734] Die Individuen werden dabei nicht wie es im Rahmen individualistischer Theoriebildung erfolgen würde mit individuellen psychologischen Attributen modelliert, sondern rein funktionell betrachtet. Der Agent hat die Funktion der Leistungserbringung für den Prinzipal, welcher die Dispositions- und Kontrollfunktion innehält.[735] Dies zeigt sich besonders deutlich an der eingenommenen Hierarchie der beiden modellhaften Individuen, und den Eigenschaften, die lediglich von der Position in der Hierarchie abhängen.[736] In der Sprache der Rollentheorie gäbe es die Position Prinzipal, die in der Hierarchie über der des Agenten anzusiedeln ist. Durch die Eigenschaften, welche sich nicht über das Individuum bestimmen, sondern über die Erwartungen an die Rolle, entsteht eine Klasse von Positionen, welche sich durch ähnliche Merkmale auszeichnet.[737] Die erwähnte Hierarchie im PAT-Modell zeichnet sich durch die Möglichkeit sanktionierender Maßnahmen seitens des Prinzipals aus. Hierin kann eine weitere Gemeinsamkeit mit der soziologischen Rollentheorie erkannt werden, welche für den Grad der Bedeutung einer Rolle für die Gesellschaft (Hierarchie), „das Maß der Institutionalisierung sozialer Rollen, d. h. der Grad, zu dem ihre Vorschriften rechtlich sanktioniert sind [...]“[738] ansieht. Ähnlich wie die PAT auch, ist die soziologische Rollentheorie äußerst modellhaft geprägt, was mit folgendem Zitat über *Dahrendorfs* Rollenverständnis belegt werden kann: „Aber dem Rollenkonstrukt kann nicht bescheinigt werden, dass die von ihm erfaßten Aspekte den von den handelnden Subjekten erfahrenen entsprechen. [...] So versteht sich das Rollenkonzept primär als Instrument des Soziologen, dazu geeignet, die gesellschaftlichen Erscheinungen zu ordnen. Mit

---

733 Vom Agent erwartet man die Eigenschaft des empfundenen Arbeitsleides, und Möglichkeiten zu Lasten des Prinzipals dieses Leid zu mindern.

734 Vgl. zur soziologischen Rollentheorie Griese, H. M. et al. (1977).

735 Interessant auch die Ausführungen zu MI/MK und PAT von Roiger, M. B. (2007), S. 29 u. 63 f.

736 Vgl. Gerhardt, U. (1971), S. 176 f. u. 237 ff.

737 Vgl. Gerhardt, U. (1971), S. 239.

738 Dahrendorf, R. (1958), S. 32.

anderen Worten: Rolle ist für *Dahrendorf* nicht eine *Sozial*form, sie verkörpert vielmehr eine Weise des Denkens über Soziales - eine *Denk*form."[739]

Damit ließe sich die bedeutungstheoretische Position des *Küpper'schen* Controllingansatzes als strenger MK charakterisieren. Denn diesem liegt die Forderung zugrunde, dass „eine soziologisch akzeptable Beschreibung der Absichten und Verhaltensweisen von Individuen [...] nur mittels Ausdrücken der Funktion, Position oder Rolle dieser in einem sozialen Ganzen erfolgen"[740] kann. Dies gilt im Besonderen für die Grundlegung des koordinationsorientierten Controllings durch die **systemtheoretischen Gedanken**. Allerdings muss auch im Hinblick auf die Analyse des erklärungstheoretischen Aspektes ein Gedankengang in die Ausführungen mit einbezogen werden: Die **PAT** steht in der Tradition des **klassischen Neoliberalismus,** dem üblicherweise bescheinigt wird, sich methodologisch individualistisch zu orientieren.[741] Dies liegt nicht zuletzt an dem Menschenbild des Neoliberalismus, dem homo oeconomicus. Denn durch dieses Modell des Menschen analysieren Wirtschaftswissenschaftler die gesellschaftlichen Interdependenzen von der Ebene des Individuums. Teile der Charakteristika des homo oeconomicus sind aber auch den Individuen zu eigen, so dass keine klare Aussage mehr getroffen werden kann, ob es sich nach obenstehenden Aussagen um eine kollektivistische Bedeutung[742], oder aber eine individualistische Bedeutung handelt. Eindeutig zu identifizieren ist der **strenge MK auf bedeutungstheoretischer Ebene** lediglich im Rahmen der Ausführungen zur **systemtheoretischen Grundlegung**. Im Rahmen der PAT mangelt es z. Z. noch an grundlegenden Forschungsergebnissen, welche sich des äußerst komplexen Themas annehmen würden.[743]

---

[739] Gerhardt, U. (1971), S. 43.

[740] Meran, J. (1979), S. 46.

[741] Vgl. Ptak, R. (2008), S. 58 ff.

[742] Im Sinne des bedeutungstheoretischen Aspektes.

[743] So postuliert z. B. Roiger, M. B. (2007), S. 63, dass die entscheidungs- und agencytheoretische Forschung dem Methodologischen Individualismus verpflichtet ist. „Im Rahmen agencytheoretischer Forschung und Modellbildung wird diesem Vorgehen insofern nicht konsequent Rechnung getragen als es z. B. Modelle gibt, in welchem Prinzipal und / oder Agent zwar jeweils als einzeln entscheidende Akteure gedacht werden, letztlich jedoch eine Gruppe von Entscheidungs- und Handlungsträgern repräsentieren."

7.3.1.2 Ontologischer Aspekt

Fokussierend auf den ontologischen Aspekt lässt sich ein gemäßigter MK für die Theoriebildung des koordinationsorientierten Controllings identifizieren. Zwar scheinen die organisatorischen Strukturen, wie z. B. das System Controlling aus sich heraus existent zu sein, nämlich durch die systemischen Bedürfnisse anderer Führungssubsysteme nach Koordination. Auf der anderen Seite wird zumindest im Rahmen der bereits erläuterten verhaltensinduzierten Interdependenzen die Koordinationsnotwendigkeit durch das Individuum begründet. Damit liegt ein ontologisches Anerkenntnis des Individuums als kausaler Auslöser für organisatorische Strukturen vor, was also exakt der These des gemäßigten MK entspricht.[744]

7.3.1.3 Erklärungstheoretischer Aspekt

Im Gegensatz zu dem Erklärungsprinzip des MI bedient sich der MK einer Erklärung organisatorischer Tatbestände über die Organisation als Ganzes bzw. über die Strukturen der Organisation. Das Individuum ist eingebettet in den organisatorischen Kontext, welcher die Makrobedingung zur Analyse organisatorischer Phänomene darstellt.[745] Unzweifelhaft ist darin das grundlegende Erklärungsprinzip innerhalb der koordinationsorientierten Controllingkonzeption zu sehen, denn die Begründung der Koordinationsfunktion vollzieht sich aus einer strukturellen Betrachtung. Durch die Zerschneidung der Interdependenzen der Führungsstruktur wird eine weitere Funktion nötig, welche sich explizit der Koordination innerhalb der Führungsstruktur annimmt.[746] Auch im Rahmen des Erklärungsprinzips offenbart sich das systemische Denken, welches der *Küpper'schen* Konzeption zu Grunde liegt. Dem Unternehmen wird ein systemisches Bedürfnis zugesprochen, das Bedürfnis nach Koordination. Die Funktion der Koordination existiert folglich nur aus dem Grunde, dass die Unternehmung dadurch ihr zielgerichtetes Handeln effizienter und effektiver ausrichten kann. Diese Begründung vollzieht sich getreu dem Erklärungsprinzip des **strengen MK**: „Die bestimmende Ursache eines gesellschaftlichen Tatbestandes muß in den sozialen Phänomenen, die ihm zeitlich

---

[744] Vgl. Tab. 2.

[745] Vgl. Reihlen, M. / Klaas, T. (1999), S. 6-9.

[746] Wobei Führungsstruktur an dieser Stelle gleichzusetzen ist mit dem Führungssystem. Die Verwendung des Terminus Struktur soll die Nähe zum Holismus eindringlicher herausstellen. Zur Begründung der Koordination vgl. Küpper, H.-U. (2008), S. 28-32.

vorangehen, und nicht in den Zuständen des individuellen Bewusstseins gesucht werden".[747] Als den gesellschaftlichen Tatbestand lässt sich hierbei der „organisatorische Tatbestand"der Existenz des Controllings interpretieren. Laut der These *Durkheims* muss folglich die Erklärung für die Existenz nicht in den begrenzten kognitiven Fähigkeiten gesucht werden[748], sondern in zeitlich vorgelagerten (sozialen) Tatbeständen. Zeitlich vorgelagert ist dem Controlling der Tatbestand der Spezialisierung und damit einhergehend der Verselbstständigung der Subsysteme der Unternehmensführung. Damit sind in diesem also die kausalen Auslöser der Notwendigkeit und der Existenz einer Funktion Controlling zu sehen. *Durkheim* führt weiter aus, dass „die Funktion eines sozialen Phänomens [...] immer in Beziehung auf einen sozialen Zweck untersucht werden"[749] muss. Eben diese erwähnte Beziehung des Phänomens zu seinem sozialen Zweck spiegelt die Beziehung des Controllings zu den Subsystemen der Unternehmensführung und auch die Beziehung zu diesem als Gesamtsystem wieder. Controlling wird folglich bei *Küpper* durch den Bezug zum Gesamtsystem analysiert, in den es aber gleichzeitig als Subsystem auch sozial eingebettet ist. Aber wie bereits in Kapitel 7.3.1.1 diskutiert wurde, enthält das koordinationsorientierte Controllingkonzept auch Aussagen über Individuen, v. a. in Aussagen über verhaltensinduzierte Interdependenzen, welche eine Koordination nötig werden lassen.[750] Diese auf den ersten Blick vom Individuum ausgehenden Aussagensysteme müssen untersucht werden um zu identifizieren, ob die *Küpper'sche* Theoriebildung in diesem Punkt von einem gemäßigten MK geleitet wird.

Auf der bedeutungstheoretischen Ebene sind die Aussagen zur PAT bereits analysiert worden, und es resultierte eine funktionale Sichtweise in Art einer Rollentheorie, die jedoch nicht endgültig als streng kollektivistisch eingeordnet werden konnte. Im Rahmen des erklärungstheoretischen Aspektes gilt es zu klären, ob

---

[747] Durkheim, E. (1976), S. 193.

[748] Wie dies als Erklärungsprinzip eines strengen MI bei Weber verfolgt wird. Ähnlich, aber detaillierter und anschaulicher folgert Lingnau die Notwendigkeit eines institutionalisierten Controllings aus den kognitiven Defiziten von Entscheidungsträger. Vgl. Lingnau, V. (2006).

[749] Durkheim, E. (1976), S. 193.

[750] Vgl. Küpper, H.-U. (2001), S. 45-61; Küpper, H.-U. (2005), S. 78-80.

und wie Zustände individuellen Bewusstseins bestimmend sind[751] für kollektive Strukturen bzw. organisatorische Tatbestände. Dies gilt auch an dieser Stelle vor allem für die PAT. Den kausalen Zusammenhang bzw. die Wechselwirkung von Individuum und organisatorischem Tatbestand kann positiv identifiziert werden, da ausgehend von dem Verhalten des Agenten überhaupt erst die Koordination durch eine Controllinginstanz begründet wird. Damit ist die Kausalität zumindest einseitig gegeben. Verhaltens- und Ergebniskontrollen der Leistungserbringung des Agenten haben das Ziel einer Verhaltensbeeinflussung des Agenten im Sinne des Prinzipals, weswegen nicht nur von einer einseitigen Kausalität, sondern von einer Wechselwirkung des organisatorischen Tatbestandes und des Individuums gesprochen werden kann. Allerdings ist kritisch zu reflektieren, in wie weit die Rolle des Agenten in der PAT tatsächlich der Bedingung des gemäßigten MK genügt, dass der Zustand eines **individuellen Bewusstseins** bestimmend sei. Das individuelle Bewusstsein scheint gekennzeichnet zu sein durch Attribute, welche ihm zugeordnet werden können. Diese Attribute sind für jedes Individuum andersartig, aber deren Auswirkungen auf das Verhalten eines Individuums können im Idealfall durch eine allgemeine Theorie der Psychologie erschlossen werden.[752] Gerade hier liegt der Unterschied zu den Annahmen der PAT und damit auch des koordinationsorientierten Controllings: Wie mehrfach erwähnt modelliert die PAT das Individuum nicht über seine individuelle psychologische Andersartigkeit, sondern über eine größtenteils vereinheitlichte funktionale Rolle. Es kann also keineswegs von einem individuellen Bewusstsein gesprochen werden, sondern lediglich von einer zweckfunktional modellierten Rolle eines Individuums. Damit ließe sich auch auf erklärungstheoretischer Ebene die *Küpper'sche* Theoriebildung als dem strengen MK folgend identifizieren. Denn dieser fordert, dass die Erklärung des organisatorischen Phänomens durch den Bezug auf das organisatorische Ganze folgt.[753] In Bezug auf die zur Erklärung des Verhaltens analysierten Rollen sei auf ein Zitat

---

[751] Oder als Minimalforderung des gemäßigten MK formuliert, die Zustände individuellen Bewusstseins und die organisatorischen Tatbestände zumindest eine Wechselwirkung aufweisen. Vgl. Meran, J. (1979), S. 50.

[752] Ähnlich dazu die Ausführungen in Kapitel 7.2.1.1, in dem die Auswirkungen individueller Bewusstseinszustände auf das Kollektiv bzw. die Struktur aus individualistischer Perspektive beleuchtet wird.

[753] Vgl. Meran, J. (1979), S. 49.

von *Mayntz* verwiesen, dass sich auf *Parsons*[754] bezieht: „Parsons ist fest davon überzeugt, daß konkrete Systeme vollständig beschrieben werden können in den Termini struktureller Elemente. Definitionsgemäß bezieht sich Struktur nur auf einander zugeordnete (patterned) Beziehungen zwischen Aktoren in Rollen, d. h. auf normativ orientiertes Verhalten."[755] Es zeigt sich, ähnlich wie bei den Ausführungen zum bedeutungstheoretischen Aspekt, dass die Verbindung von System, Rolle und Position auf einen strengen MK hinweist. Aber gerade auf erklärungstheoretischer Ebene muss wiederum gesagt werden, dass traditionellerweise die Erklärungsrichtung vom Individuum hin zum organisatorischen Ganzen als typisch individualistische Theoriebildung angenommen wird. So schreibt z. B. *Alparslan*: „Innerhalb der Prinzipal-Agent-Theorie wird dem methodologischen Individualismus insofern Rechnung getragen, als ein Unternehmen als ein Netzwerk aus impliziten und expliziten Verträgen betrachtet wird. Mit dieser vertragsbasierten Konzeptualisierung ist die Vorstellung verbunden, dass sich das gesamte Unternehmen und seine Umweltbeziehungen in einzelne Vertragsbeziehungen zwischen den Akteuren ausdifferenzieren lassen."[756] Auch *Alparslan* trägt dem Konzept der Rolle keine Rechnung, so dass die rein funktionalistische Ausprägung der individuellen Eigenschaften außer Acht gelassen wird. Ebenso wie bei dem bedeutungstheoretischen Aspekt kann an dieser Stelle hinsichtlich der Ausprägung der PAT in ihrer Methodologie keine Aussage getroffen werden. Die **systemtheoretischen Erklärungen** für die Existenz eines Controllings, welche *Küpper* in seinem koordinationsorientierten Ansatz gut, lassen sich jedoch unzweideutig einer **strengen Variante** des **MK** zuordnen.

---

754 Parsons gilt als ein früher Denker der soziologischen Systemtheorie, der aber ebenfalls die soziologische Rolle in seine Gedanken mit einbezog. Vgl. Gerhardt, U. (1971), S. 47.

755 Mayntz, R. (1963), S. 143.

756 Alparslan, A. (2006), S. 12.

7.3.2 Untersuchung der Dimension des zu Grunde gelegten Menschenbildes

7.3.2.1 Vorbemerkungen

Wie bereits im vorigen Kapitel angedeutet wurde, finden sich innerhalb der koordinationsorientierten Controllingkonzeption von *Küpper* keinerlei expliziten Ausführungen zu einem Menschenbild, welches dem Aussagesystem zu Grunde liegen würde. Lediglich sehr vereinzelt sind isolierte Aussagen zum Verhalten von Individuen vorzufinden, die aber keineswegs fundierenden Charakter für ein Menschenbild haben, sondern lediglich zu partiellen Erläuterungen und Begründungen von *Küpper* herangezogen werden. So wird z. B. bei den Erläuterungen zum Verhältnis von Unternehmensethik und Controlling folgendes über die individuellen Präferenzen postuliert: „Relevante Gruppen von Personen orientieren sich an **sozialen**, d. h. auf andere bezogene **Präferenzen** in Form von *Reziprozität, Altruismus, Ungleichheitsaversion* oder *Neid* sowie *Schadenfreude u. a.* Die in der Personalführung anzuwendenden Anreizsysteme, mit denen man ihr Verhalten beispielsweise bei der Umsetzung der Planung und durch Kontrolle beeinflussen will, müssen diese Präferenzen berücksichtigen."[757] Der Verweis auf diese emotionalen Triebfedern menschlichen Handelns findet jedoch auch nur in Bezug auf die PAT statt, welche zum Teil versucht, jene Emotionen in ihre Modelle einzubauen.[758]

Zu einer tieferen Analyse des Menschenbildes in dem *Küpper'schen* Ansatz werden die Aussagen analysiert werden, welche Verhaltensinterdependenzen zu koordinieren versuchen, da dort am ehesten Ansätze zu einer Modellierung des Individuums zu vermuten sind. Diese dürften, wie bereits die Ausführungen im vorigen Kapitel gezeigt haben, zumeist auf die PAT als Begründungsstruktur verweisen. Aus diesem Grunde wird das Menschenbild der PAT in Erweiterung an die Ausführungen in Kapitel 7.2.2 detaillierter untersucht werden.

---

[757] Küpper, H.-U. (2008), S. 60.
[758] Vgl. Sandner, K. (2008).

7.3.2.2 Analyse der verhaltensinduzierten Interdependenzen

Da sich die Ansätze zur Erfassung der Sachinterdependenzen zwischen und innerhalb der Führungsteilsysteme nicht auf den Menschen beziehen, sondern lediglich auf formal-mathematische Modelle gestützt ist,[759] die den Menschen aus ihren Überlegungen ausklammert, scheinen Ansätze wie Optimierungs- und Simulationsmodelle, ebenso wie die Kontrolltheorie,[760] zu einer Analyse des Menschenbildes ungeeignet.

Im Rahmen der Verhaltensinterdependenzen werden zwei theoretische Ansätze unterschieden, mit denen sie sich erfassen lassen. Zum einen **verhaltenswissenschaftliche Ansätze**, zum anderen die bereits erläuterte **Agencytheorie**[761].[762] „Mit ihnen [verhaltenswissenschaftliche Ansätze und agencytheoretische Ansätze, Anm. d. Autors] kann man einerseits formal-analytische Modelle und andererseits empirische Erkenntnisse zur Fundierung des Controlling nutzen."[763] Unter den verhaltenswissenschaftlichen Ansätzen werden beim koordinationsorientierten Controlling vor allem kognitive Motivationstheorien, psychologische Feldtheorien und Theorien zur Arbeitszufriedenheit erläutert.[764] All diesen Theoriekomplexen ist gemein, dass ihnen keine normative Forderung zueigen ist, sondern eine deskriptive Vorgehensweise, die eng an die Empirie angelehnt ist. Dies geht einher mit einer Beschreibung der tatsächlichen, d. h. realen Umweltbedingungen, denen das Individuum unterliegt. Für die Motivationstheorien erklärt Küpper z. B.: „Die **psychologische Feldtheorie** leitet das individuelle Verhalten aus der Interaktion zwischen der betreffenden Person und ihrer subjektiven Umwelt ab. Maßgebend ist die Bewertung der tatsächlichen Ausprägung der Umwelt durch das Subjekt in der jeweiligen Handlungssituation."[765] Damit wird deutlich, dass den verhaltenswissenschaftlichen Ansätzen ein äußerst realistisch ausgeprägtes Menschenbild zu Grunde liegt. Dies liegt vor allem an dem durchweg beschreibenden theoreti-

---

[759] Vgl. Küpper, H.-U. (2008), S. 73 ff.

[760] Ebenjene Modelle verwendet Küpper exemplarisch zu einer Erfassung der Sachinterdependenzen. Vgl. Küpper, H.-U. (2008), S. 73-80.

[761] Bzw. Prinzipal-Agenten-Theorie.

[762] Vgl. Küpper, H.-U. (2008), S. 80.

[763] Küpper, H.-U. (2008), S. 81.

[764] Vgl. Küpper, H.-U. (2008), S. 94.

[765] Küpper, H.-U. (2008), S. 95.

schen Interesse jener Ansätze. Ziel ist nicht die Generierung von Wenn-dann-Aussagen, denen naturgemäß immer eine Vereinfachung der Realität zu Eigen ist.[766] Eine Ausnahme bildet das ökonomische Experiment, wie es von *Küpper* erwähnt wird.[767] Die Vorgehensweise ist nicht nur beschreibend, sondern eng angelehnt an das Hempel-Oppenheim-Schema,[768] da durch die Reduktion einer realen Entscheidungssituation auf das experimentelle Design die Überprüfung eines Kausalzusammenhangs möglich wird.[769] Eben durch diese Reduktion ist einerseits der Vorteil des Experiments charakterisiert, andererseits auch der Nachteil. Durch die Reduktion des Designs auf eine oder mehrere abhängige und eine unabhängige Variablen lassen sich gezielte Rückschlüsse auf die kausalen Abhängigkeiten ziehen. Durch mehrmaliges Wiederholen des Experiments lassen sich die Ergebnisse objektiv bestätigen.[770] Andererseits muss das experimentelle Design kontinuierlich kritisch reflektiert werden, da sich Individuen unter modellhaften Laborbedingungen anders verhalten, als es in der Realität der Fall ist. Somit stellt sich die Frage nach der Validität der Ergebnisse bzw. die Übertragbarkeit der durch die Hypothesen postulierten Zusammenhänge auf eine reale betriebliche Entscheidungssituation.[771]

Einen anderen verhaltenswissenschaftlichen Bereich, der für das Rechnungswesen von großer Bedeutung ist, identifiziert *Küpper* im Behavioral Accounting.[772] „Behavioral Accounting untersucht die Zwecke, Aufgaben und Instrumente des externen und internen Rechnungswesens aus einer entscheidungsorientierten Perspektive. Dabei steht „behavioral" für Verhaltensannahmen über die Adressa-

---

[766] So kommt es im Rahmen deduktiv-nomologischer Theorien häufig zu einem Dilemma zwischen Prämissen und der Reichweite theoretischer Aussagen. Beschneiden restriktive Prämissen den Gültigkeitsbereich der Theorie, ist ihre Reichweite zwar gering, aber existieren mit einer geringeren Wahrscheinlichkeit Fälle, die nicht durch das Aussagensystem korrekt beschrieben werden können. Eine große Reichweite vergrößert auch die Wahrscheinlichkeit, Fälle zu provozieren, in denen die Theorie ‚versagt'. Ähnlich Popper, K. R. (1971), S. 217 f.

[767] Vgl. Küpper, H.-U. (2008), S. 95 f.

[768] Vgl. Hempel, C. G. / Oppenheim, P. (1953) zum Hempel-Oppenheim-Schema.

[769] Zu weiterführenden Literatur des ökonomischen Experiments vgl. Kubon-Gilke, G. et al. (2003); Murnighan, J. K. / Roth, A. E. (2004); Sprinkle, G. (2003); Cassar, A. / Friedman, D. (2004); Huck, S. (2004).

[770] Vgl. zum Experiment im Allgemeinen Sarris, V. / Reiß, S. (2005).

[771] Vgl. zur Artefaktproblematik Kriz, J. (2003); Zum Problem der Validität vgl. Sarris, V. / Reiß, S. (2005), S 39 ff.

[772] Vgl. Küpper, H.-U. (2008), S. 97.

ten bzw. Nutzer des Rechnungswesens, welche von standardwirtschaftstheoretischen Annahmen über menschliches Verhalten, die in der Figur des homo oeconomicus vereint sind, abweichen."[773]

Küpper bezieht seine controllingspezifischen Gedanken vor allem auf den Prozess der Budgetierung, zu dem es seit den frühen Arbeiten von *Hopwood*[774] und *Argyris*[775] zahlreiche Publikationen gibt, welche die entscheidungsbeeinflussende Rolle des Budgetierungsprozesses untersuchen.[776]

Diese Erläuterungen werden von *Küpper* selbst unterstrichen, wenn er das Zusammenspiel von Verhaltenswissenschaften und PAT erläutert: „In den Verhaltenswissenschaften ist man vor allem bestrebt, empirisch fundierte Erkenntnisse zu gewinnen. Sie bilden deshalb einen gewissen Gegenpol zu der normativen Agency-Theorie. Dies wird an dem zugrunde gelegten Menschenbild besonders deutlich. Während man in Principal-Agent-Modellen rationale und auf individuelle Ziele ausgerichtete Personen unterstellt, orientiert man sich in den Verhaltenswissenschaften unmittelbar an der Realität."[777]

Festzuhalten bleibt folglich, dass die verhaltenswissenschaftlichen Ansätze durch ihren zumeist beschreibenden Charakter ein durchaus realistisch geprägtes Menschenbild verfolgen. Dies gelingt ihnen eben durch die Beschreibung der Realität, ohne den Anspruch normativer Modelle zu haben. Von Interesse ist im Rahmen der weiteren Ausführungen das Menschenbild, welches im koordinationsorientierten Controlling durch die agencytheroetischen Ansätze integriert wird.

Küpper identifiziert die Bedeutung agencytheoretischer Ansätze für das Controlling vor allem für das Personalführungssystem.[778] Dies liegt an der Möglichkeit der PAT, anreizkompatible Verträge zu modellieren, mit denen variable Entlohnungssysteme abgebildet werden können.[779] *Küpper* beschränkt sich in der Anwendung

---

[773] Gillenkirch, R. M. / Arnold, M. C.), S. 1.
[774] Vgl. Hopwood, A. (1974); Hopwood, A. (1972).
[775] Vgl. Argyris, C. (1952); Argyris, C. (1953).
[776] Für eine meta-theoretische Analyse zahlreicher verhaltenswissenschaftlicher Untersuchungen zur Budgetierung vgl. Derfuß, K. (2009).
[777] Küpper, H.-U. (2008), S. 94.
[778] Vgl. Küpper, H.-U. (2008), S. 91.
[779] Vgl. z. B. Backes-Gellner, U. / Wolff, B. (2001), S. 410 ff.

der PAT aber nicht nur auf das Personalführungssystems, sondern weitet die Erfassung der Verhaltensinterdependenzen auf alle Führungsteilsysteme aus (vgl. Abb. 28).[780] So lassen sich Organisationsstrukturen als vertikale und horizontale Interaktionen zwischen Agenten und Prinzipalen interpretieren. Ebenso lassen sich laut *Küpper* Antizipation und Performance des Planungsprozesses durch Konkurrenzbeziehungen bzw. Interessenskonflikte mit der PAT modellieren.[781]

Abb. 28 Analyse des Führungssystems aus Sicht der Prinzipal-Agenten-Theorie[782]

Die Möglichkeiten der PAT im Rahmen des Kontroll- und Informationssystems sind evident, denn sie setzen an dem Grunddilemma der fehlenden Kontrollmöglichkeit sowie dem Informationsdefizit des Prinzipals gegenüber dem Agenten

---

[780] Vgl. Küpper, H.-U. (2007), S. 15; Küpper, H.-U. (2008), S. 91 ff.

[781] Es bleibt jedoch die Frage unbeantwortet, wie die zitierten Nutzendeterminanten, wie z. B. Arbeitsumfeld ohne subjektive Interpretationen der Verhaltenswissenschaften in das Modell einer Prinzipal-Agenten-Beziehung einfließen können.

[782] In Anlehnung an Küpper, H.-U. (2008), S. 92.

an.[783] Da sich die PAT als zentrales Argument im Begründungsmuster des koordinationsorientierten Controllings präsentiert, wird im Folgenden versucht werden, das Menschenbild der PAT detaillierter zu erläutern. Bereits bei den Erläuterungen zum rationalitätssicherungsorientierten Controlling nach *Weber / Schäffer* wurde der modellhafte Charakter des Menschenbildes der PAT herausgestellt. Das angesprochene Rollenverhalten der Akteure sowie sämtliche Prämissen, wie z. B. die Opportunismusannahme müssen näher erläutert werden. Dies wird vor allem geschehen anhand vergleichender Erläuterungen zum homo oeconomicus, da bereits mehrfach Parallelen und Analogien von homo oeconomicus und PAT angedeutet wurden.[784]

Die Prämissen des homo oeconomicus sind bereits bei der Vorstellung der Analysedimensionen erläutert worden. Zu nennen sind vor allem die Eigenschaft als Eigennutzmaximierer, unter den Prämissen unbegrenzter Information, unbegrenzter Verarbeitungskapazität, vollkommenen Märkten sowie stabilen Präferenzen.[785] Das Entscheidungskriterium in einer Wahlhandlung, die durch knappe Ressourcen ausgelöst wird[786], stellt die zweckorientierte Rationalität dar, nach welcher der homo oeconomicus jeder Alternative ein Nutzenpendant zuweisen kann, um die Alternative zu wählen, welche den höchsten Nutzenwert verspricht. Dieses Entscheidungskriterium für eine zu wählende Alternative ist dem homo oeconomicus und der PAT gemein. In beiden Fällen wird die uneingeschränkte Eigennutzannahme vorausgesetzt.[787] Während der homo oeconomicus nur ein globales Nutzenmaximum wählen wird, steht dem Akteur der PAT u. U. nur ein begrenzter Alternativenraum zur Verfügung, da er nicht über vollständige Information verfügt (vgl. Tab. 4).

---

[783] Vgl. Klinkert, M. (1999), S. 121.

[784] So wurde bereits in Kapitel 7.2.2 postuliert, dass die PAT auf der zweckorientierten Rationalität eines homo oeconomicus aufbaut.

[785] Vgl. Kirchgässner, G. (1991), S. 38 f.

[786] Wobei Knappheit auch bedeuten kann, dass nicht alle vorgebrachten Wünsche bzw. Bedürfnisse zur gleichen Zeit erfüllt werden können. Dies kann auch durch Zeit als limitierenden Faktor ausgelöst sein. Vgl. Priddat, B. P. (1998), S. 2.

[787] Vgl. Roiger, M. B. (2007), S. 63 f. Meyer, M. (2002), S. 61 führt die Ähnlichkeiten beider Modelle auf die gemeinsamen Wurzeln in der Neoklassik zurück.

	homo oeconomicus	Prinzipal-Agenten-Theorie
Entscheidungskriterium	globales Optimum des Eigennutzens	(lokales) Optimum des Eigennutzes innerhalb der Randbedingungen
Rationalitätsannahme	vollständige zweckorientierte Rationalität	zweckorientierte Rationalität mit Optimierung unter Randbedingungen
Entscheidungssituation, Entscheidungsumwelt	vollständige Information, unbegrenzte Informationsverarbeitungs-kapazität	Informationsasymmetrie, begrenzte Verarbeitungskapazität
Präferenzen	zeitlich und sachlich stabil, Präferenzhierarchie möglich	keine Aussage
Markttheorie	vollkommener Markt, vollkommene Transparenz, keine Kosten der Informationsbeschaffung	unvollkommener Markt, Intransparenz, Agenturkosten

Tab. 4 *Unterschiede zwischen den Basisannahmen der PAT und des homo oeconomicus-Modells*

Folglich läuft der Akteur Gefahr, lediglich ein lokales Optimum auszuwählen, da er nicht den gesamten Lösungsraum eines Problems überblicken kann. Der Akteur der PAT optimiert also im Gegensatz zum homo oeconomicus unter Randbedingungen.[788]

Das zu Grunde liegende Rationalitätsprinzip ist bei beiden Theorien jedoch kongruent, es handelt sich um die bereits mehrfach erwähnte und erläuterte zweckorientierte Rationalität, die als oberstes Axiom der Ökonomie und der Betriebswirtschaftslehre gilt.[789] Für die PAT muss allerdings erwähnt werden, dass einige Autoren postulieren, dass neben dem klassischen Rationalitätsmodell in der Basisvariante der PAT Möglichkeiten bestehen, andere handlungsleitende Normen zu in-

[788] Was genau unter der Optimierung unter Randbedingungen zu verstehen ist, wird sehr anschaulich von *Gigerenzer* erläutert. Vgl. Gigerenzer, G. (2004b).

[789] Vgl. Werhahn, P. H. (1980), S. 74; vgl. Marx, A. (1965), S. 135 ff; vgl. Lingnau, V. (2008), S. 12.

tegrieren.[790] So existieren Versuche, die Akteure der PAT als begrenzt rational im Sinne von *Simon* zu modellieren.[791] Allerdings muss bezweifelt werden, ob nicht lediglich terminologische Ungenauigkeiten dazu führen, eine Optimierung unter Randbedingungen schon als begrenzte Rationalität aufzufassen. Im Sinne *Gigerenzers* lässt sich sagen: „Because of its initial vague definition, bounded rationality, however, came to mean many things to many people. [...]. Simon's [...] concept of bounded rationality has been claimed by three different programs. One of these Simon opposed, one he tolerated, and one he embraced. I will call the three programs optimization under constraints, cognitive illusions and anomalies, and ecological rationality [...]."[792] Die Einteilung in die drei „Programme" der Rationalität beruht auf den begrenzten kognitiven Kapazitäten des Individuums, der Problemumwelt (und damit auch dem Informationsangebot) und den Verfahren des Individuums (i. d. R. Heuristiken), mit eben jenen Eigenarten umzugehen.

Innerhalb der PAT stehen zumindest dem Prinzipalen aus Gründen der Spezialisierung des Agenten nur unzureichende Informationen zur Beurteilung der Entscheidungssituation zur Verfügung.[793] Damit ist die Entscheidungssituation im Gegensatz zum homo oeconomicus-Paradigma charakterisiert durch ein unvollkommenes Informationsangebot. Wendet man sich dem Agenten, und den ihm zur Verfügung stehenden Informationen zu, so trifft die PAT lediglich die Aussage, dass der Agent über mehr Informationen verfügt als der Prinzipal, was zu der Informationsasymmetrie führt.[794] Im Falle einer horizontalen (multi-agenten) Modellierung der Vertragsbeziehung postuliert die PAT aber ebenso die Situation der Informationsasymmetrie, da sich z. B. die Agenten nicht vertrauen, und somit kein Informationsaustausch stattfindet.[795] Die Grundannahme der Informationsasymmetrie bedingt demnach eine Entscheidungssituation, die durch unvollständige

---

790 Vgl. Klinkert, M. (1999), S. 126 ff. Demnach ist der Akteur nicht nur als Egoist, sondern auch als Altruist zu modellieren. Vgl. auch Meeker, B. F. (1971). Kirchgässner allerdings argumentiert, dass in einigen Situationen nicht die Motivation (Eigennutz oder Altruismus), sondern die Rationalitätsannahme das entscheidende Kriterium ist. Vgl. Kirchgässner, G. (1991), S. 62 f. Ebenso Manstetten, R. (2000), S. 35.

791 Vgl. Vogt, B. (1999).

792 Gigerenzer, G. (2004b), S. 389.

793 Vgl. Ebers, M. / Gotsch, W. (2006), S. 259.

794 Vgl. Ebers, M. / Gotsch, W. (2006), S. 261. Ebers bezieht sich zwar auf die positive PAT, im Grundmodell sind die Aussagen aber ebenso für die normative Ausprägung zutreffend.

795 Vgl. Fabel, O. et al. (2001), S. 208-210.

Information gekennzeichnet ist. Es bleibt die Frage zu klären, in wie weit die Informationsverarbeitungskapazität der Individuen ebenso begrenzt ist (vgl. Tab. 4).

In den Grundmodellen der PAT finden sich zunächst keine Hinweise auf kognitive Beschränkungen der Individuen.[796] Allerdings lässt sich der Spezialisierungsvorteil des Agenten durchaus im Sinne einer Novizen-/Experten-Situation zwischen Prinzipal und Agenten auffassen.[797] „Ein größeres Sach- oder Prozesswissen über die Objekte, die Umstände, die Handlungsalternativen, die Erfolgsaussichten und die Ergebnisse seiner Auftragstätigkeit versetzen den Agenten in die Lage, Handlungen zu wählen und darzustellen, die der Prinzipal nur unvollständig verstehen und beurteilen kann. [...]. Aus seiner überlegenen Deutungskompetenz erwachsen dem Agenten Positionsvorteile in der Interessenkonkurrenz mit dem Prinzipal."[798] In dieser Situation lässt sich der Prinzipal als Novize in dem speziellen Entscheidungsproblem auffassen, was den Eindruck nahelegt, dass auch seine kognitiven Fähigkeiten in diesem Bereich andere sind als die eines Experten.[799] In der empirischen Forschung ist diese Konstellation bereits analysiert worden. Das folgende Zitat erinnert stark an die skizzierte Konstellation aus der PAT: „... top-level leaders with substantial experience in strategic decision making may formulate strategies intuitively through the use of expert processes, whereas leaders who lack such experience may instead depend on the advice of others who have substantial experience."[800]

Andererseits führt z. B. *Göbel* aus: „Eine weitere Komplikation ergibt sich schließlich aus der Beschränkung der Rationalität der Vertragspartner. Während in der normativen Agencytheorie den Akteuren eine Erkenntnisfähigkeit unterstellt wird, die sie in die Lage versetzt, Verträge von beliebiger Komplexität zu verfassen und so alle Vertragsprobleme ex ante zu lösen, muss man in der Realität mit den be-

---

[796] Außer dem bereits erwähnten Hinweis, dass Versuche existieren, die begrenzte Rationalität als handlungsleitende Norm in das Modell zu integrieren. Vgl. Vogt, B. (1999). Vgl. auch Ebers, M. / Gotsch, W. (2006), S. 276, der von einer begrenzten Rationalität im Hinblick auf die Maßnahmenentscheidung spricht.

[797] Zu dem Konstrukt der Expertise vgl. Anderson, J. R. (2001), S. 281-314. Gedanken zu einer controllingspezifischen Expertise, aus der heraus sich Controlling institutionell fundieren lässt liefert Hoogen, M. / Lingnau, V. (2009b).

[798] Ebers, M. / Gotsch, W. (2006), S. 264.

[799] Vgl. Arbinger, R. (1997), S. 115; Sternberg, R. J. (1996), S. 373.

[800] Lord, R. G. / Maher, K. J. (1991), S. 24.

grenzten Möglichkeiten der Menschen zur Informationsaufnahme und -verarbeitung rechnen."[801] An anderer Stelle differenziert *Göbel* zwischen dem Rollen- und Menschenbild des Prinzipals und des Agenten und führt aus: „Die Agencytheorie nimmt die Position des Prinzipals ein und fragt, wie dieser den Homo oeconomicus Agent so auswählen und disziplinieren und motivieren kann, dass dieser die Interessen des Prinzipals bestmöglich verfolgt."[802] Folgt man dieser Auffassung, so würde ein zweigeteiltes Menschenbild entstehen. Auf der einen Seite der Vertragsparteien der Prinzipal, der nach den obigen Ausführungen zu der Experten-/Novizenproblematik als ein eher begrenzt rational agierendes Individuum modelliert wird. Auf der anderen Seite ein unbegrenzt informierter Agent, in dessen Kapazität es liegt, Informationen unbegrenzt verarbeiten zu können, um sie zu seinen eigenen Interessen bzw. seinem eigenen Nutzen zu verwerten. Mit anderen Worten das Ebenbild des homo oeconomicus-Paradigmas.

Es kann an dieser Stelle keine endgültige Festlegung getroffen werden, ob die durch die PAT modellierten Individuen sich durch begrenzte kognitive Fähigkeiten auszeichnen, und damit auch begrenzter Information und Kapazität zu deren Verarbeitung. Jedoch lässt sich nach den obigen Ausführungen zu dem Rationalitätsverständnis und dem Informationsniveau der Akteure zeigen, dass in den einfachen Grundmodellen der PAT die Akteure als homines oeconomici angenommen werden.[803] Es scheint aber durchaus möglich zu sein, in PAT-Modellen realistische Annahmen über die Informationsverarbeitung des Menschen einzubauen, wie dies die neuere Forschung innerhalb der PAT versucht, und damit zumindest von einer Optimierung unter den Nebenbedingungen unvollständiger Information ausgeht.[804]

---

801 Göbel, E. (2002), S. 109.

802 Göbel, E. (2002), S. 104.

803 Vgl. auch Göbel, E. (2002), S. 110: „Da sich das Agencyproblem aus der **Informationsasymmetrie** im Verein mit **Zielkonflikten** und dem **Homo Oeconomicus-Modell** ergibt [...]."

804 Als Beispiel sei die Modellierung von Laffont, J. J. / Martimort, D. (2002), S. 30 ff. angeführt: „First, we assume that the principal and the agent both adopt an optimizing behavior and maximize their individual utility." Allerdings unterliegt dieses optimierende Verhalten durchaus Beschränkungen, die neben dem Informationsstatus, und hier vor allem privater Information des Agenten, die dem Prinzipalen nicht zugänglich sind, auch Beschränkungen hinsichtlich der Substitution der Anreize beinhaltet. In diesem Sinne kann man wohl durchaus von einer „Optimization under constraints" sprechen.

Bezüglich der zeitlichen und sachlichen Präferenzen, welche einen der Kritikpunkte des homo oeconomicus darstellen,[805] lässt sich für das Individuum der PAT feststellen, dass diese kongruent zum Modell des homo oeconomicus ausgeprägt sind. So erläutert *Ebers*: „Das Verhalten [des Individuums der PAT, Anm. d. Autors] beruht auf gegebenen, stabilen und konsistenten Präferenzen."[806] Ebenso postuliert *Alparslan*, „dass der Agent *konstante* und daher nicht manipulierbare Präferenzen besitzt."[807] In einfachen Modellen der PAT, in denen lediglich eine Periode betrachtet wird, ist diese Annahme sowohl einleuchtend, als auch unproblematisch.[808] In mehrperiodischen Modellen muss sich diese Annahme über die Zeit hinweg wohl ähnlicher Kritik aussetzen, wie dem homo oeconomicus in Bezug auf seine Präferenzen entgegenschlägt.[809] An dieser Stelle zeigen sich die stark modellhaften Züge der Akteure (vor allem des Agenten) der PAT, welche ausgehen „von Modellbedingungen [...], die das Agencyproblem extrem vereinfachen, um es so handhabbar zu machen."[810]

Bezüglich des Marktes, auf dem die Akteure der PAT agieren, lässt sich im Unterschied zum homo oeconomicus zwar sagen, dass die Annahmen realistischer sind, aber dennoch modellhaft komplexitätsreduziert.[811] Intransparenz und unvollkommene Information sind bereits erläutert worden[812], so dass auf die Kosten der Akteure näher einzugehen sein wird. Die Agencytheorie definiert die Agenturkosten als Sammelbegriff von der Abweichung der Kosten eines fiktiven Idealzustan-

---

[805] Vgl. z. B. Sen, A. K. (1987), S. 14, der zu dem Problem der Konsistenz der Präferenzen des homo oeconomicus bemerkt, „that even the very idea of purely *internal consistency* is not cogent, since what we regard as consistent in a set of observed choices must depend on the *interpretation* of those choices and on some features *external* to choice as such (e. g. the nature of our preferences, aims, values, motivations)."

[806] Ebers, M. / Gotsch, W. (2006), S. 261.

[807] Alparslan, A. (2006), S. 28.

[808] Vgl. Laffont, J. J. / Martimort, D. (2002), S. 121, die von einer „stabilen Präferenz für vertrauenswürdiges Verhalten" spricht im Zusammenhang mit der Verringerung der Informationsasymmetrie durch vertrauensbildende Maßnahmen des Agenten. Nebenbei bemerkt lässt sich an dieser Stelle bereits eine Divergenz zum homo oeconomicus feststellen, dem Vertrauen als handlungsleitende Norm fremd sein dürfte.

[809] Vgl. Kirchgässner, G. (1991), S. 38 ff.; Ebers, M. / Gotsch, W. (2006), S. 275.

[810] Göbel, E. (2002), S. 105.

[811] Ähnlich Meyer, M. (2002), S. 87.

[812] Vgl. auch Ebers, M. / Gotsch, W. (2006), S. 273.

des der Gestaltungsform der Vertragsbeziehung.[813] Darunter werden die folgenden Kosten subsumiert:[814]

- **Monitoring costs**, die dem Prinzipal für die Verhaltensbeeinflussung des Agenten in seinem Sinne anfallen (durch Beobachtung, Kontrolle, Anreize u. Ä.).
- **Bonding costs**, welche dem Prinzipal anfallen, wenn er die Informationsasymmetrie senken möchte (durch signaling, reporting, screening u. Ä.).
- Die Kosten des **residual loss**. Diese beziffern „die Differenz zwischen den aus Sicht des Prinzipals besten Entscheidungen und Handlungen des Agenten und dessen tatsächlichen Entscheidungen und Handlungen [...]."[815]

Die Modellierung der PAT geht in diesem Punkt also wesentlich weiter als das homo oeconomicus-Modell. Es wird nicht negiert, dass die Beseitigung der Informationsasymmetrie mit Kosten für Informationsbeschaffung, Kontrollen und Ähnlichem verbunden ist. Allerdings muss deutlich hervorgehoben werden, dass mit der Operationalisierung der Kostenkonstrukte auch erhebliche Schwierigkeiten einhergehen. Diese Schwierigkeit taucht vor allem bei der Erfassung des **residual loss** auf. Zur Ermittlung desselben müsste es möglich sein, das mögliche Nutzenmaximum als Sollgröße zu bestimmen.[816] *Ebers* charakterisiert dieses Problem sehr treffend mit einem Zitat, das als Einstieg in eine kurze abschließende Diskussion des Menschenbildes der PAT, respektive des koordinationsorientierten Controllings, dienen soll: „Die Probleme einer genauen Ermittlung von Agenturkosten wiegen deshalb schwer, weil mit zunehmendem Wissensvorsprung des Agenten der Bedarf an Steuerung des Agentenverhaltens steigt, aber zugleich die Möglich-

---

[813] Vgl. Ebers, M. / Gotsch, W. (2006), S. 262.

[814] Vgl. Göbel, E. (2002), S. 125.

[815] Göbel, E. (2002), S. 125.

[816] Vgl. Ebers, M. / Gotsch, W. (2006), S. 276. Interessanterweise lässt sich an dieser Stelle eine interessante Analogie zum rationalitätssicherungsorientierten Ansatz festmachen. Zur Behebung von Rationalitätsdefiziten muss eine Sollrationalität existieren, die normativ das erreichbar Rationalitätsoptimum vorgibt. Das eben dieses Konstrukt nicht zu operationalisieren ist liegt ebenso auf der Hand, wie die Operationalisierung der Residualkosten. Vgl. zur Sollrationalität Weber, J. et al. (2001), S. 50; Weber, J. (2002), S. 52. In der neuesten Auflage des Lehrbuches wird der Terminus Sollrationalität nicht mehr benutzt, sie liegt jedoch offensichtlich der Erkennung von Rationalitätsdefiziten zu Grunde. Vgl. Weber, J. / Schäffer, U. (2008b), S. 48.

keiten einer Berechnung der steigenden Agenturkosten abnimmt. [...]. Die genannten Operationalisierungsprobleme schränken die Genauigkeit der Theorieaussagen und die Möglichkeit ihrer empirischen Überprüfung ein. [...]. Die Theorie steht in dieser Hinsicht vor einem Dilemma (Picot 1990:11)[817]: Entweder sie beschränkt sich stärker auf Tendenzaussagen und wird damit ungenauer (qualitativ-empirische Variante) oder aber sie trifft strengere Annahmen, wodurch die Ergebnisse zwar an formaler Richtigkeit, nicht aber an Realitätsgehalt gewinnen (quantitativ-empirische Variante).“[818]

In Bezug auf das Menschenbild der PAT kann damit festgestellt werden, dass dieses, konservativ formuliert, fast ebenso modellhaft angelegt ist, wie das des homo oeconomicus.[819] Gerade die normative Variante, die Grundlage der koordinationsorientierten Controllingkonzeption ist,[820] kann zwar relativ weitreichende Handlungsempfehlungen für die Vertragsgestaltung zwischen den beiden Parteien geben, bezahlt diesen Vorteil aber mit extremen Abstraktionen der reellen Entscheidungssituation. Damit wird es möglich, das Ausgangsmodell mathematisch zu beschreiben, und eine logische, den Modellprämissen entsprechende Lösung zuzuführen, so dass Modell und Lösung in sich stimmig sind. Die Validität der Aussagen für ein reales Problem sind jedoch gering, da die enorme Abstraktion, auch im Hinblick auf den handelnden Akteur, keine Übertragung auf die Realität zulassen.[821] Im Rahmen der PAT zeigen sich die modellhaften Abstraktionen vor allem in den Charakteristika des Individuums, die übereinstimmend mit dem homo oeconomicus konstruiert sind. Es konnte aber gezeigt werden, dass das Menschenbild der PAT durchaus einer Weiter- und Fortentwicklung vom homo oeconomicus unterliegt. Kritisch zu hinterfragen bleibt die Aussage *Küppers* im Hinblick auf den Einbezug verhaltenswissenschaftlicher Ansätze, die anfangs des Kapitels diskutiert wurden: „Beide Wege [PAT und verhaltenswissenschaftliche Ansätze, Anm. d. Autors] erscheinen notwendig und **ergänzen** sich gegenseitig. Durch verhaltenswissenschaftliche Ansätze ist herauszufinden, inwieweit [...] Annahmen über

817 Vgl. Picot, A. (1990), S. 11.
818 Ebers, M. / Gotsch, W. (2006), S. 277.
819 Vgl. Göbel, E. (2002), S. 105.
820 Vgl. Küpper, H.-U. (2008), S. 82.
821 Vgl. zu eine grundlegenderen Kritik an der ökonomisch-modellhaften Denkweise Meyer, W. (2002), S. 135 ff.

menschliches Verhalten empirische Gültigkeit besitzen. Principal-Agent-Ansätze sollten dagegen helfen, unter der Vorraussetzung empirisch haltbarer Prämissen Anreiz- und Steuerungsinstrumente systematisch zu analysieren und zu beurteilen."[822] Während die verhaltenswissenschaftlichen Ansätze durchgehend äußerst realistische Annahmen bzw. Beschreibungen der handelnden Akteure verwenden, lassen sich die Prämissen der PAT keinesfalls als empirisch haltbar bezeichnen. Dazu sind die Modelle (gerade in der Grundvariante der normativen Variante) zu modellhaft und zu einfach konstruiert. Als Ebenso problematisch mag die Einschränkung der Grundvariante der PAT auf einen Prinzipalen und einen Agenten scheinen.[823] Erweitert man die Modelle auf der Realität besser entsprechende Multi-Agenten und Multi-Prinzipal-Modelle, so ist andererseits nicht einzusehen, aus welchem Grund komplexe Beziehungen zwischen mehreren Individuen lediglich mit einfachsten Annahmen aus Arbeitsleid und Nutzenmaximierung zu modellieren sein sollten. Hinzu kommen die in Kapitel 7.3.1.3 erläuterten Eigenschaften, die den Akteuren nicht als Individuum, sondern als Rolle in Abhängigkeit ihrer Funktion innerhalb der Hierarchie zugeschrieben werden.

7.4 Zwischenfazit

Durch die Analyse des rationalitätssicherungsorientierten und des koordinationsorientierten Controllings konnte gezeigt werden, dass sich die Autoren der Konzeptionen zweier konträrer methodologischer Positionen zur Theoriebildung bedienen. Die Differenzierung in den bedeutungs- und erklärungstheoretischen, sowie den ontologischen Aspekt ist der Übersichtlichkeit halber in Tab. 5 zusammengefasst. Während *Weber/Schäffer* die Notwendigkeit des Controllings aus individuellen Eigenschaften der Akteure ableiten, vollzieht sich die analoge Argumentation bei *Küpper* über den Koordinationsbedarf der Führungssysteme als holistische Dimension innerhalb der systemtheoretischen Überlegungen.

[822] Küpper, H.-U. (2008), S. 98.
[823] Vgl. Göbel, E. (2002), S. 105.

Controllingkonzeption/ methodologischer Aspekt	rationalitätsorientiert	koordinationsorientiert
erklärungstheoretisch	gemäßigter MI	strenger MK in Bezug auf systemtheoretische Grundlegung
ontologisch	gemäßigter MI	gemäßigter MK
bedeutungstheoretisch	strenger MI	strenger MK in Bezug auf systemtheoretische Grundlegung

Tab. 5 Zusammengefasste Ergebnisse der methodologischen Analyse

Bezogen auf den ontologischen Standpunkt nähern sich beide Aussagensysteme an, da zumindest die Anerkennung der ontologischen Existenz von Strukturen und Individuen beiden zueigen ist. Vom Standpunkt des Erklärungsprinzips nehmen beide Konzeptionen diametrale Positionen ein, da die logische Herleitung entweder streng funktionalistisch mit Bezug zu den Führungssystemen entworfen wird, oder wie beim rationalitätsorientierten Controlling streng individualistisch unter Einbezug des sozialen Kontextes. Mit der individualistischen Methodologie geht ein empirisch induktives Vorgehen bei *Weber/Schäffer*[824] einher, während *Küpper* eher einer logisch-deduktiven Methodik verpflichtet zu sein scheint[825]. Dies scheint die individualistische These zu stärken, dass im Bereich des individuellen Verhaltens eher empirische Begriffe zur Verfügung stehen, als bei der Beschreibung sozialer Strukturen.[826] Eine Besonderheit stellen die Ergebnisse der Analyse des koordinationsorientierten Controllings im Hinblick auf den methodischen Einbezug der PAT dar. Es konnte nachgewiesen werden, dass die Modellierung des Individuums über die Funktion und organisatorische Rolle einer kollektivistischen Theoriebildung verpflichtet ist, was im Gegensatz zu der traditionellen Auffassung über die Grundlagen der neoliberalistischen Theorie steht. Hierauf wird in Kapitel 8 im Rahmen der Erklärungsmächtigkeit detaillierter einzugehen sein. Die Aufdeckung

[824] Vgl. Weber, J. / Schäffer, U. (2006), S. VII.
[825] Vgl. Küpper, H.-U. (2005), S: 50 u. 51.
[826] Vgl. Watkins, J. W. N. (1978), S. 338 u. 339.

des Widerspruchs an sich kann aber als extrem interessantes Ergebnis gesehen werden, dass u. U. Folgen für den Erklärungsgehalt und die Erklärungsreichweite des koordinationsorientierten Controllings hat.

Die zweite Dimension der Analyse stellte das Menschbild dar, welches in den Ausprägungen modellhaft vs. realistisch analysiert wurde. Für das rationalitätssicherungsorientierte Controlling konnte ein realistisch geprägtes Menschenbild gefunden werden (vgl. Abb. 29), welches sich auf die Annahmen der modernen Kognitionspsychologie zur Beschreibung der individuellen Fähigkeiten stützt. Der periphäre Einbezug der PAT zur Beschreibung motivationeller Elemente passt nicht zu dieser realistischen Konzeption von *Weber / Schäffer*, da diese ein rein modellhaftes Vorgehen darstellt.

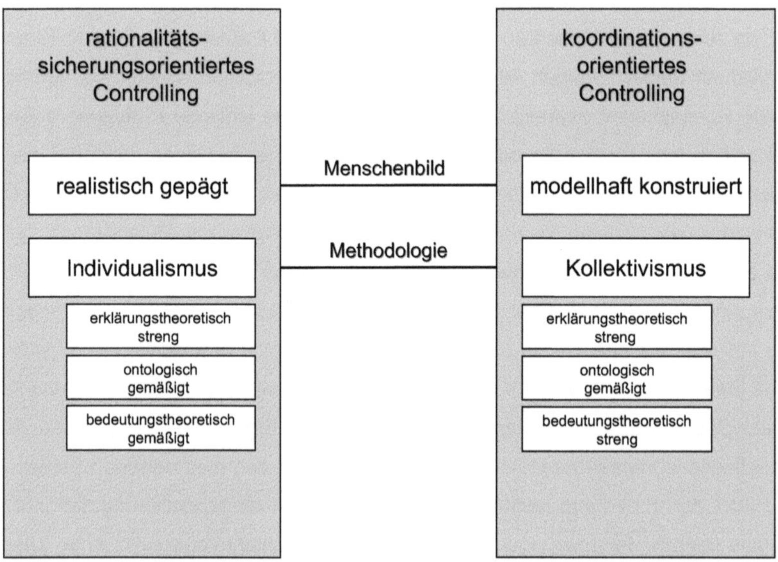

Abb. 29 *Ergebnisse der Analyse*

Für das koordinationsorientierte Controlling konnte das entgegengesetzte Ergebnis festgestellt werden. Hier kommt der PAT eine konstituierende Rolle im Rahmen des Menschenbildes zu, da mit ihrer Hilfe Verhaltensinterdependenzen koordinativ behoben werden sollen, realistisch geprägte verhaltenswissenschaftliche Ansätze werden lediglich erwähnt (vgl. die zusammenfassende Darstellung in

Abb. 29). Innerhalb der systemtheoretischen Überlegungen fehlen Aussagen zum Individuum vollständig, so dass insgesamt konstatiert werden kann: Das Menschenbild des koordinationsorientierten Controllings ist als ein reines normatives Modell zum Verstehen der Verhaltensinterdependenzen angelegt. Deskriptive, realistische Tendenzen sind nicht existent.

Zu Beginn des Zwischenfazits wurden MI und MK als konträre wissenschaftstheoretische Positionen charakterisiert. Diese Einschätzung fußt auf der tiefen Zäsur, welche beide Methodologien in ihrer Erklärung von sozialen Phänomenen trennt. Dies ist bereits in der Vorstellung der methodologischen Dimension in Kapitel 5.2.1 deutlich geworden. Beide Dimensionen scheinen sich ebenso unüberbrückbar gegenüberzustehen, wie dies die Subjekt-Objekt-Kontroverse in der Philosophie und den Sozialwissenschaften nicht anders erwarten lassen würde. Es wurde jedoch in Kapitel 3.2.2.1 bereits ein Konzept zweiter Ordnung vorgestellt, die Strukturationstheorie nach *Giddens*, mit Hilfe dessen versucht wird, die scheinbar unüberwindbaren Gegensätze der wissenschaftstheoretischen Positionen zu überbrücken. Die Strukturationstheorie hat nicht nur in der Organisationstheorie eine breite Rezeption erfahren, sondern ist vielmehr auch von der Controllingforschung aufgegriffen worden. Stehen sich nach den Ergebnissen der Analyse das koordinationsorientierte und das rationalitätssicherungsorientierte Controlling diametral im Hinblick auf ihre methodologischen Positionen gegenüber, so versucht das reflexionsorientierte Controlling nach Becker, diesen methodologischen und wissenschaftstheoretischen Gegensatz mit Hilfe der Strukturationstheorie zu verbinden. Aus diesem Grund und weil durch die Vorstellung der mediären, strukturationstheoretischen Position ein noch besseres Verständnis für die beiden grundständigen methodologischen Positionen erreicht werden soll, wird im nächsten Kapitel als Exkurs das reflexionsorientierte Controlling vorgestellt und im Anschluss daran kritisch hinterfragt. Die Darstellung folgt nicht dem Interesse, das reflexionsorientierte Controlling ebenfalls zum Gegenstand der Analyse zu machen, sondern soll lediglich einen interessanten Sonderweg aufzeigen, der von *Becker* durch den Einbezug der Strukturationstheorie beschritten wird. Im Anschluss an den Exkurs werden die Ergebnisse der wissenschaftstheoretischen Analyse des koordinationsorientierten und rationalitätssicherungsorientierten Controllings mit Hilfe der Erklärungsmächtigkeit diskutiert werden.

7.5 Exkurs: Controlling als reflexive Steuerung von Organisationen

7.5.1 Grundlagen

Wie im Vorigen kurz erwähnt, bettet *Becker* seine reflexive Controllingkonzeption in den größeren Rahmen der *Gidden'schen* Strukturationstheorie[827] ein. Um eine möglichst genaue Beschreibung des reflexionsorientierten Controllings geben zu können, scheint es angemessen zu sein, die Strukturationstheorie (vor allem ihre Rezeption in der Organisationstheorie) in ihren Grundzügen zu erläutern.

7.5.1.1 Grundlagen der Strukturationstheorie

Wie sich bereits in den Erläuterungen zu Methodologischem Individualismus und Methodologischem Kollektivismus abzeichnete, besteht in den Sozialwissenschaften eine tiefe Zäsur zwischen sozialem Handeln und der das Handeln beeinflussenden Struktur. Diese Zäsur äußert sich in diversen konträren Positionen, wie z. B. Voluntarismus und Determinismus oder Objektivismus und Subjektivismus, oder aber divergenten Vorstellungen über die Natur der Gesellschaft in der sozialwissenschaftlichen Forschung,[828] wie dies bereits bei den Erläuterungen zu *Burrell / Morgan* diskutiert wurde.[829] *Giddens* versucht diese Zäsur zu überwinden, indem er das soziale Handeln und die Struktur in eine rekursive Beziehung setzt, was er als Prozess der Strukturierung bezeichnet.[830] „Zur Untersuchung von Strukturierung muß man den Versuch unternehmen, die Bedingungen zu bestimmten, die die Kontinuität und Auflösung von Strukturen oder Strukturtypen beherrschen. Anders gesagt: *Den Prozess der Reproduktion zu untersuchen bedeutet, die Verbindungen zwischen „Strukturierung" und „Struktur" zu bestimmen.*"[831]

---

827 Vgl. Giddens, A. (1979) bzw. für eine deutschsprachige Einführung mit Bezug zur Organisationstheorie vgl. Ortmann, G. et al. (2000).

828 Vgl. z. B. die Positionen von Zeitling, I. (1973) und Lenski, G. (1973).

829 Vgl. Burrell, G. / Morgan, G. (1992).

830 Vgl. Giddens, A. (1979), S. 66; vgl. Hollis, M. (1995), S. 239.

831 Giddens, A. (1984b), S. 146 f.

STRUCTURE	Rules and resources, organised as properties of social systems. Structure only exists as ‚structural properties'.
SYSTEM	Reproduced relations between actors or collectivities, organised as regular social practices.
STRUCTURATION	Conditions governing the continuity or transformation of structures, and therefore the reproduction of systems.

Abb. 30 *Struktur, System und Strukturierung nach Giddens*[832]

Folgt man *Giddens*, so sind Strukturen sowohl „*Medium*, als auch das *Ergebnis* sozialen Handelns."[833] Denn die individuellen Akteure handeln sozial, indem sie unter den Vorgaben, Normen und Legitimationen ihr Handeln abstimmen und an ihnen ausrichten. Andererseits determinieren aber genau diese Elemente die Struktur (vgl. Abb. 30). Dadurch reproduzieren diese Elemente durch die Handlungen die Struktur. Dies liegt u. A. an der Intentionalität, Rationalität und dem impliziten, handlungspraktischen Wissen um die Strukturen, so dass dem Individuum durchaus eine Reflexionsfähigkeit in Bezug auf die Konsequenzen seiner Handlungen unterstellt werden kann. „Human agents [...] have as an inherent aspect of what they do, the capacity to understand what they do while they do it. The reflexive capacities of the human actor are characteristically involved in a continuous manner with the flow of day-to-day conduct in the contacts of social activity."[834] Eben auf Grundlage dieser Reflexionsfähigkeit und der Intentionalität entstehen, *Giddens* folgend, systematische Rückkopplungsprozesse zwischen Handlungen und Struktur, da sich Akteure in ihren (routinierten)[835] Handlungen auf die Struktur beziehen, sie als Ergebnis der Handlung aber rekursiv produzieren bzw. reproduzieren.[836]

---

832 Quelle: Giddens, A. (1979), S. 66.

833 Walgenbach, P. (2006), S. 406.

834 Giddens, A. (1984a), S. XXII ff.

835 Wobei das Adjektiv routiniert an dieser Stelle andeutet, dass es nicht ein Handeln nach „blinder Gewohnheit" ist, sondern ein Handeln, was sich repetitiv, aber zweckgerichtet vollzieht. Vgl. Giddens, A. (1984a), S. 64 f.

836 Vgl. Walgenbach, P. (2006), S. 408.

Analytisch gesehen beschreibt die Strukturationstheorie die Interdependenz von Struktur und Interaktion über die gedankliche Ebene der Modalitäten, wobei wiederum verschiedene Strukturdimensionen unterschieden werden (vgl. Abb. 31).

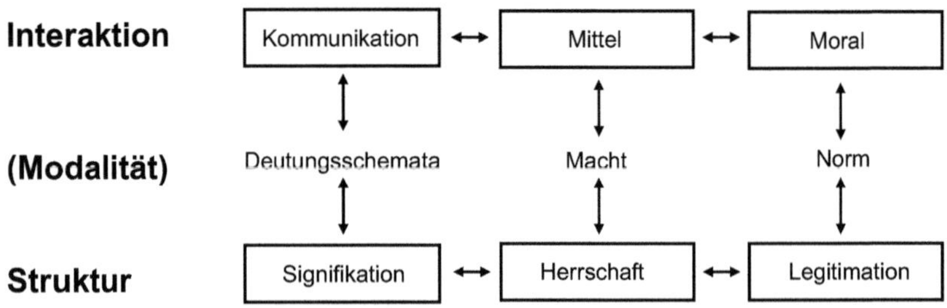

Abb. 31 *Die Dualität der Struktur und die gedanklichen Strukturdimensionen*[837]

„Was ich als „Modalitäten" bezeichne, bezieht sich auf die Vermittlung von Interaktion und Struktur in Prozessen der gesellschaftlichen Reproduktion."[838] Damit stellt die Ebene der Modalität die Strukturation dar (oder die mediierende Ebene), wie sie in den vorigen Ausführungen beschrieben wurde. Die Strukturation vollzieht sich auf den drei gedanklichen Ebenen, welche allerdings nicht separat betrachtet werden dürfen, da sie als diskretes Kontinuum jeder Struktur bzw. Interaktion inhärent sind.[839] Die Kommunikation einer strukturellen, sinnstiftenden Bedeutung vollzieht sich auf der Ebene der Modalität über Deutungsschemata, die aus der gemeinsamen Identität der Gesellschafts- oder Organisationsmitglieder stammen. Gleichzeitig verändern sich die Deutungsschemata durch die Kommunikation unter den Partizipanten und damit erfährt auch der gesellschaftliche bzw. organisationale Sinn eine Veränderung. Die Verteilung von Ressourcen innerhalb der Organisation setzt Macht auf der Ebene der Interaktion voraus, die durch Mittel erst geschaffen wird. Auf der strukturellen Ebene wiederum manifestiert sich Macht in bestehenden bzw. sich ändernden Herrschaftsverhältnissen.[840] Macht konstituiert sich also einerseits aus Herrschaft, auf der anderen Seite kann die Ausübung von Macht über die zur Verfügung stehenden Mittel die Herrschaftsstrukturen verän-

[837] In Anlehnung an Giddens, A. (1984b), S. 148 und Walgenbach, P. (2006), S. 411.
[838] Giddens, A. (1984b), S. 149.
[839] Vgl. Walgenbach, P. (2006), S. 410-411.
[840] Vgl. Becker, A. (2003), S. 211-215.

dern.[841] Handlungen auf der einen Seite legitimieren sich durch Normen. Erst durch die Befolgung allgemein anerkannter Wertesysteme kann sich ein Individuum einer moralischen Handlung sicher sein. Auf der anderen Seite können sich Normen im Zeitablauf verschieben, womit sich die latente Legitimationsbasis einer Handlung ins Gegenteil umkehren kann. Damit ist der Prozess der Strukturation, also der Interdependenz von Interaktion und Struktur auf drei analytischen Ebenen diskutiert worden. Für die drei Ebenen gilt das folgende Zitat von *Giddens*: „ Gerade wie Kommunikation, Macht und Moral wesentliche Elemente von Interaktion sind, so sind Weltbilder [Signifikation, Anm. d. Autors], Herrschaft und Legitimation nur analytisch trennbare Eigenschaften von Struktur."[842]

Damit sind die wesentlichen Grundlagen der Strukturationstheorie erläutert worden, und die weiteren Ausführungen können die controllingspezifische Interpretation der Strukturationstheorie, wie sie *Becker* im Rahmen seines reflexionsorientierten Controllings benutzt, beleuchten.

7.5.1.2 Grundlagen des reflexionsorientierten Controllings nach *Becker*

Becker stellt zunächst heraus, dass Controlling von ihm synonym zum Begriff der Controllingpraxis[843] gesehen wird, denn „Controlling ist strukturationstheoretisch als ein Set organisationaler Praktiken zu verstehen. Es umfasst die institutionalisierten Formen der Anwendung von Controllinginstrumenten bzw. des Bezugs auf Controllingsysteme."[844] Damit wird der Bezug zur Organisationstheorie hergestellt, denn auch diese beschäftigt sich grundlegend mit Erklärungsmustern über Prozesse in Organisationen.[845] Erweitert werden die Ausführungen in Bezug auf die Strukturationstheorie durch die Differenzierung der erwähnten controllingspezifischen organisationalen Praktiken in *reflexive monitoring* und *rationalization of organizational action*.[846] Dem Controlling kommt im Rahmen des Ersteren die „Über-

---

[841] Vgl. Giddens, A. (1984b), S. 149.
[842] Giddens, A. (1984b), S. 149.
[843] Im Rückgriff auf Roberts, J. / Scapens, R. (1985), S. 447, wird diese auch als management accounting practice bezeichnet.
[844] Becker, A. (2003), S. 209.
[845] Vgl. Becker, A. (2003), S. VII.
[846] Vgl. Becker, A. (2003), S. 210.

wachung und Steuerung organisationaler Abläufe"[847] zu, im Rahmen des zweiten Controllingaspektes eine „organisationsinterne und -externe Legitimationsfunktion."[848]

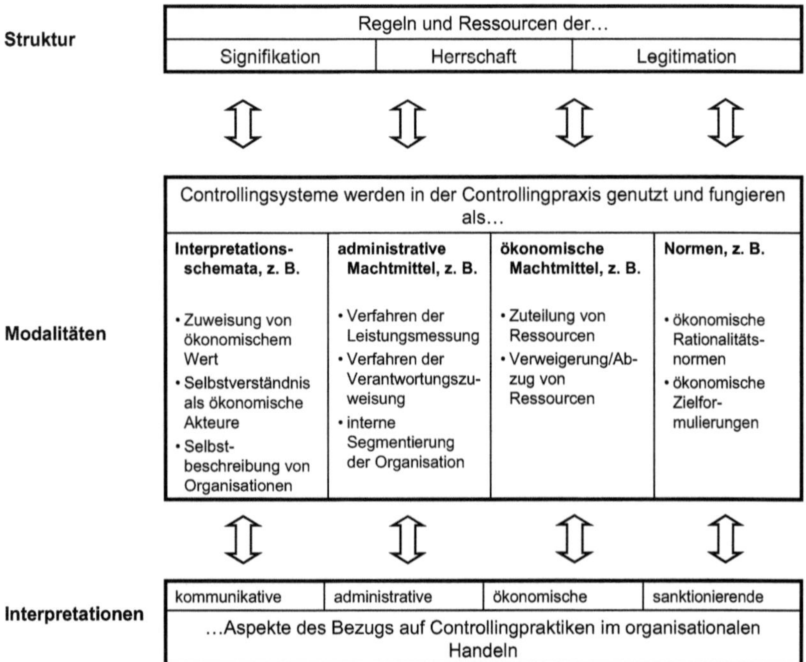

Abb. 32 *Controlling und die Modalitäten der Strukturation*[849]

Dabei sieht *Becker* unter strukturationstheoretischen Gesichtspunkten das Controlling auf der Ebene der Modalitäten angesiedelt (vgl. Abb. 32), und schlägt den Bogen zu den ökonomischen Grundlagen des Controllings, indem er der Dimension der Herrschaft, d. h. vor allem der Verteilung autoritativer und allokativer Ressourcen, eine besondere Priorität zugesteht. Damit gelangt *Becker* zu folgender Controllingdefinition, die unter den Gesichtspunkten der Abb. 32 weitergehend

---

[847] Becker, A. (2003), S. 210.
[848] Becker, A. (2003), S. 210.
[849] Quelle: Becker, A. (2003), S. 215.

erläutert werden wird: „Controlling ist ein Set formalisierter und quantifizierender organisationaler Praktiken der reflexiven ökonomischen Steuerung von Organisationen."[850]

Wie bereits erwähnt misst *Becker* dem Aspekt der Herrschaft besondere Bedeutung zu. Dies wird begründet mit dem Rekurs auf *Giddens*. Strukturationstheoretisch sind Organisationen als soziale Systeme anzusehen,[851] die sich eben typischerweise autoritativer und allokativer Ressourcen bedienen, bzw. diese rekursiv installieren.[852] In der Controllingpraxis ist es evident, dass die Institution Controlling sowohl allokative, als auch autoritative Ressourcen steuert bzw. zuteilt. Eine der traditionellen Kernaufgaben des deutschen, aber auch des angelsächsischen Controllings ist die Budgetierung.[853] Eben hier zeigt sich die Dimension der Herrschaft durch die Zuteilung bzw. die Verweigerung von Ressourcen in den diversen, zeit- und personalintensiven,[854] Verhandlungen, die zur Erstellung der Budgets führen. Gleichzeitig sind Budgets aber auch ein Beispiel für autoritative Ressourcen, da in dem Erstellungsprozess nicht selten die Hierarchie eine Rolle spielt, welche die ökonomische Rationalität verdrängt. In dem Moment, in dem an die Erreichung bzw. Einhaltung von Budgets Entlohnungen über Anreizsysteme gekoppelt sind,[855] muss das Controlling die Performance zur Berechnung der entsprechenden Entlohnung messen, womit das Controlling administrative bzw. autoritative Herrschaft zuteilt oder verweigert. „Controllingsysteme sind in der Dimension Herrschaft/autoritative Ressourcen als Machtmittel zu analysieren, die die Kontrolle von Menschen, d. h. organisationalen Akteuren, ermöglichen. [...] So bilden etwa Kennzahlensysteme die Voraussetzung dafür, die Leistung von Akteu-

---

850 Becker, A. (2003), S. 211; vgl. auch Becker, A. (2001). Becker erweitert seine Definition unter Bezugnahme auf das vorherrschende marktwirtschaftlich-kapitalistische System, indem er das erwerbswirtschaftliche Prinzip als grundlegend zur reflexiven-ökonomischen Steuerung postuliert. Vgl. Becker, A. (2003), S. 213.

851 Erwähnt sei, dass bereits in den vorangegangenen Kapiteln Organisationen als Teil der Gesellschaft, und damit als soziales System charakterisiert wurden. Vgl. z. B. Kapitel 3 und 4.

852 Vgl. Giddens, A. (1984a), S. 203.

853 Zur Relevanz der Budgetierung vgl. die verschiedenen Darstellungen bei Weber, J. / Schäffer, U. (2008b), S. 10-13.

854 Zum Zeitablauf der Budgeterstellung vgl. z. B. den Praxisbericht der Budgeterstellung der Henkel-Gruppe. Vgl. Hebeler, C. (2005), S. 515 ff. Zur Kritik an der Budgetierung vgl. exemplarisch Pfläging, N. (2003), S. 33-54.

855 Zum Zusammenhang zwischen Zielvereinbarungen und Budgets und zur Kritik an ebenjenem Anreizmodell vgl. Pfläging, N. (2003), S. 276-298.

ren zu messen und ihnen Verantwortung für Erfolg oder Misserfolg zuzurechnen.“[856]

Unter dem Aspekt der Signifikation ermöglicht das Controlling die Verständigung von organisationalen Akteuren untereinander, ebenso wie die Verständigung mit Akteuren, die sich außerhalb der Organisation befinden. Diese Sinngebung durch das Controlling vollzieht sich durch Interpretationschemata, welche mit Hilfe von Controllinginstrumenten gebildet und Akteuren (intern und extern) vermittelt werden können.[857] Als Beispiel für einen solchen Signifikationsprozess lassen sich Kennzahlen und Kennzahlensysteme aufführen. Zum einen können Kennzahlen organisationsintern als sinnstiftend angesehen werden, da sie ein Bild von dem vermitteln, was als Ziel erreicht werden soll. Damit geht die Ausrichtung der individuellen Interaktionen auf das gemeinsame Ziel einher. Zum anderen aber lässt sich natürlich auch externen Anspruchsgruppen ein Bild der Organisation projizieren, welches diese interpretieren können, um sich z. B. im Rahmen des Jahresabschlusses (welcher dann ein Interpretationschema darstellt), ein Bild von der Vermögens-, Finanz-, und Ertragslage der Organisation (bzw. in diesem konkreten Fall des Unternehmens) zu machen. *Becker* unterscheidet vier Aspekte des Controllings bei dem Prozess der Signifikation, welche vor allem in der „Critical Accounting Theory“ analysiert werden (vgl. auch Abb. 32):[858]

- Konstitution ökonomischer Größen durch das Controlling,
- Controlling als Instrument der Selbstzuschreibung von Organisationen,
- Priorisierung relevanter und nicht relevanten Objekten und Prozessen durch das Controlling,
- Controlling selbst als interpretationsbedürftige organisationale Praxis.

Die Konstitution ökonomischer Größen vollzieht sich in einer Art semantischem Prozess: Erst dadurch, dass das Controlling Objekten und Prozessen einen mone-

[856] Becker, A. (2003), S. 216.
[857] Vgl. Becker, A. (2003), S. 217 ff.
[858] Vgl. Becker, A. (2003), S. 218. Während die ersten drei Punkte bereits in Abb. 32 Erwähnung gefunden habe, wird auf den vierten und letzten Punkt gesondert einzugehen sein.

tären Wert zumisst bzw. zuweist,[859] erfahren diese vor einem wirtschaftlichen Hintergrund einen ökonomischen Sinn und lassen sich von den (wirtschaftlich) handelnden Akteuren interpretieren. Durch diese ökonomische Semantik erst werden die mit Sinn versehenen Größen auch als ökonomische Größe konstituiert, bzw. durch die Organisationsmitglieder als solche anerkannt.[860] „Das vermeintlich Sekundäre, die Kennzahl, konstituiert die Handlung bzw. das Objekt *zugleich* als ökonomische Größe."[861]

Im Sinne einer Selbstzuschreibung der Organisation wirkt das Controlling identitätsstiftend. So wird z. B. durch die Einheitlichkeit der verwendeten Controlling-Berichts-Systeme für jeden Akteur deutlich, wie die Grenze zur Organisation und der Umwelt gezogen ist. In der Praxis beobachtet man häufig bei Übernahmen z. B. durch Venture Capital-Gesellschaften, dass als allererstes den übernommenen Firmen die Controllingsysteme der Muttergesellschaft „aufgezwungen" werden.[862] Positiver formuliert, bekommen die organisationsinternen Akteure die Möglichkeit, die Organisation und ihre Teile als Einheit zu interpretieren.[863]

Bezüglich der Priorisierung von Objekten und Prozessen lässt sich sagen, dass zum einen viele Sachverhalte durch die Zuschreibung eines monetären Wertes erst sichtbar gemacht werden durch das Controlling. Zum anderen kann nach der Transparenzschaffung zwischen relevanten und weniger relevanten Sachverhalten entschieden werden. Die Entscheidung hat üblicherweise Konsequenzen in der Form von Ressourcenflüssen bzw. -abflüssen. Einen weiteren wichtigen Aspekt dieser Priorisierung führt *Becker* folgendermaßen aus: "[...] Personen und Objekte werden durch diese Sichtbarkeit als relevante Objekte von Machtstrategien bzw. Steuerungsaktivitäten identifizierbar. Das gilt sowohl für direkte Beein-

---

[859] Dabei lässt sich durchaus die Frage stellen, wie dieser Wert zugewiesen wird. Es sei an dieser Stelle nur in Kürze auf die Unterschiede in der Definition/Auffassung von Kosten rekurriert. Unter Verwendung eines pagatorischen Kostenbegriffes findet eine vollkommen andere Wert- und damit Sinnzuweisung statt, als unter Verwendung eines kalkulatorischen Kostenbegriffes. Als Extrembeispiel mag die Diskussion um Eigenkapitalkosten gelten. Vgl. Schneider, D. (1992), S. 541, der gar von einem Glaubensdogma spricht.

[860] Vgl. Hopwood, A. (1990), S. 7 ff; Riahi-Belkaoui, A. (2004), S. 42 ff.

[861] Becker, A. (2003), S. 218.

[862] Vgl. Lingnau, V. (2009), S. 33 f.

[863] Vgl. Becker, A. (2003), S. 219.

flussungsversuche des Handelns anderer als auch für die Steuerung der Rahmenbedingungen des Handelns."[864]

Der letzte zu besprechende Aspekt der Signifikation ist die eigene Interpretationsbedürftigkeit des Controllings. Controlling als organisationale Praxis wird von den verschiedenen Akteuren intersubjektiv unterschiedlich interpretiert. Dies mag an den verschiedensten Möglichkeiten liegen, unter anderem an den verschiedenen Persönlichkeitsstrukturen. Zudem steht zu vermuten, dass die Akteure eine divergente akademische Sozialisation aufweisen. Es wurde bereits erwähnt, dass in der universitären Lehre unterschiedliche Controllingkonzeptionen vermittelt werden, darunter vor allem koordinations- und rationalitätssicherungsorientierte Ansätze. Je nach akademischer Schule werden daher die (vor allem) Verantwortlichen für die Ausgestaltung des Controllingsystems (also dem Set an organisationalen Praktiken) unterschiedliche Schwerpunkte setzen, wodurch sich die strukturelle Ausgestaltung des Controllings verändern dürfte. Angehörige anderer organisationsinterner Institutionen empfinden dass Controlling u. U. extrem kontrollbezogen, so dass die Institution Controlling tendenziell eher als zwang- und kontrollausübende Instanz empfunden wird, und mit einer Defensivhaltung gegenüber dem Controlling reagiert wird.[865]

Abschließend lässt sich festhalten, dass der Reflexion, und damit der wechselseitigen Beeinflussung von Handlung und Struktur in der *Becker'schen* Controllingkonzeption eine besondere Bedeutung zukommt. Sie sind Grundlage für die Strukturation und Reproduktion der Systeme, aber auch des Kapitals. „Die Wirkungen der Controllingpraxis im Hinblick auf die Herstellung von Diskursivität bzw. die Sichtbarmachung (Signifikation), Legitimation und administrative Herrschaft (autoritative Ressourcen) im Zuge des reflexive *monitoring/rationalization of organizational action* muss dabei stets im Hinblick auf die Reproduktion der Verteilung allokativer Ressourcen und der Reproduktion des Kapitals (erwerbswirtschaftliches Prinzip) analysiert werden."[866] Mit dem Bezug auf die Verteilung allokativer Ressourcen schlägt Becker den Bogen zur ökonomischen Dimension und der Praxis

---

864 Becker, A. (2003), S. 219.
865 Vgl. Becker, A. (2003), S. 220; vgl. Chua, W. F. (1988).
866 Becker, A. (2003), S. 213.

des Controllings in Unternehmen, da eben eines der Kerngebiete des Controllings die Budgetierung bzw. Ressourcenzuteilung ist.[867]

7.5.2 Kritische Reflexion

Da die Controllingkonzeption Beckers an die Strukturationstheorie von *Giddens* als einer Metatheorie angelehnt ist, wird die kritische Reflexion des *Becker'schen* Controllingverständnisses mit der Kritik an der Strukturationstheorie beginnen. Dabei konzentrieren sich die Ausführungen auf einen Hauptpunkt, nämlich den indifferenten Begrifflichkeiten der Strukturationstheorie, und den Problemen die hieraus erwachsen. Andere kritische Einwände, wie z. B. der Eklektizismusvorwurf,[868] werden unberücksichtigt bleiben, da sie zum einen zu sehr in die Details der sozialwissenschaftlichen Forschung führen würden, zum anderen nicht relevant für die weiteren controllingspezifischen Ausführungen sind.

Giddens' Theorieaufbau ist wenig strukturiert, und dreht sich konzentrisch um die Dualität von Handlung und Struktur. Dies bedingt häufige Wiederholungen von Argumenten, mit z. T. unterschiedlichen Auslegungen von Begrifflichkeiten.[869] Um die Verwirrung einiger Autoren bezüglich der Begrifflichkeiten *Giddens'* wiederzuspiegeln, sei ein Zitat *Walgenbachs* aufgeführt: „Sewell (1992: 5; ähnlich auch Thompson 1989: 63 ff.) findet einige Begriffe der Strukturationstheorie „frustratingly underspecified“, Dallmayr (1982: 23) weist auf „...some ambiguities or quandaries besetting Giddens' notions...“ hin, und Craib (1992: 11) äußerst zusammenfassend das schon erwähnte Ergebnis: „...I find it difficult to keep his theory in my head...it is rather like trying to grasp quicksilver.““[870]

Diese Unbestimmtheit in den zentralen Begrifflichkeiten führt zu unterschiedlichen Aussagen über dasselbe Erkenntnisobjekt. So gibt es z. B. divergente Aussagen über die Möglichkeit zur Reflexion über Handlungsfolgen.[871] An einer Stelle führt

---

[867] Vgl. Becker, A. (2003), S. 213.

[868] Vgl. z. B. Archer, M. S. (1988), S. 73.

[869] Vgl. Walgenbach, P. (2006), S. 419.

[870] Walgenbach, P. (2006), S. 420. Die zitierten Autoren finden sich unter Ausweis des Kurzbeleges im Literaturverzeichnis wieder: Sewell, W. H. (1992); Thompson, J. D. (1989); Dallmayr, W. (1982).

[871] Dies hat auch Konsequenzen auf die Frage des intendierten Handelns und die Beeinflussung der dem Handeln zu Grunde liegenden Struktur.

Giddens aus: *„Every social actor knows a great deal about the conditions of reproduction of the society of which he or she is a member.“*[872] An anderer Stelle jedoch führt *Giddens* über die Reflexionsfähigkeit aus: „...there is a great deal which they do not know about the conditons and consequences of their activities, but which none the less influences their course.“[873] Auf der einen Seite also kann der Akteur seine Handlungen, Folgen und die Auswirkungen auf den Reproduktionsprozess reflektieren, und damit auch intentional steuern. Auf der anderen Seite aber schränkt *Giddens* die Reflexionsfähigkeit der Akteure ein, so dass sie nicht wissentlich und damit nicht intentional die Reproduktion der sozialen Systeme fördern. Wenn jedoch die Reproduktion mehr oder weniger ohne das bewusste Handeln der Akteure erfolgt, stellt sich die Frage, in wie weit z. B. im Rahmen des reflexionsorientierten Controllings bewusst Herrschaftsstrukturen durch allokative und autoritative Ressourcen intentional beeinflusst und damit konstituiert werden können. Die Strukturen würden zwar durch die Interaktionen reproduziert, und die Prozesse um diese herum strukturiert, aber es wäre keine reflektierte, intentionale Handlung, was Konsequenzen auf den Begriff der Steuerung der Organisation nach sich zieht.[874]

Auf einer wissenschaftstheoretischen Ebene führt die unscharfe Begriffsabgrenzung[875] ebenso zu Problemen und Kritik. So werden zur Erklärung der zentralen Begrifflichkeiten Erklärungsmuster benutzt, die zum Teil eine subjektivistische Konnotation aufweisen, während andere Termini eher objektivistischen Charakter in die Metatheorie der Strukturation einfließen lassen.[876] Dies mag zum Teil in der Zielsetzung *Giddens* begründet liegen, eine Metatheorie zu schaffen[877], die der

[872] Giddens, A. (1984a), S. 281.

[873] Giddens, A. (1979), S. 215.

[874] Was einer der Kernbegriffe des reflexionsorientierten Controllings ist, und somit Einfluss auf einer sehr basalen Ebene besitzt.

[875] Die nicht nur im Beispiel der Reflexionsmächtigkeit zu finden ist, sondern auch bei diversen anderen zentralen Begriffen der Strukturationstheorie, was ihr den Vorwurf der „Immunisierung gegenüber Kritikern“ eingebracht hat. Zur Immunisierung, aber auch zu weiteren Begriffsunschärfen vgl. Walgenbach, P. (2006), S.418-426. Exemplarisch sei das Zitat gebracht: „In dem Moment drängt sich der Gedanke auf, dass Giddens dazu neigt, die respektiven Bedeutungsinhalte seiner Begriffe auf die jeweiligen Argumentationsverfahren abzustimmen.“ Walgenbach, P. (2006), S. 421.

[876] Vgl. Kießling, B. (1988), S. 182 ff.

[877] In Bezug auf den metatheoretischen Anspruch vgl. Ortmann, G. / Sydow, J. (2001).

empirischen Anwendung den Rahmen geben kann,[878] um den Dualismus von Handlung und Struktur zu überwinden.[879] Zur Überwindung der beiden konträren Positionen kann es durchaus geboten sein, Termini und Deutungsschemata aus beiden „Lagern“ zu verwenden, sofern auf die jeweiligen Konnotationen hingewiesen wird, und diese nicht einseitig bzw. sinnverzerrend verwendet werden. Kritisch wird es jedoch, wenn bei der Explikation zentraler Schlüsselbegriffe das Explanans[880] sowohl subjektivistische als auch objektivistische Aspekte enthält. Dies äußert sich signifikant in den Ausführungen *Giddens'* zu der Reflexionsmächtigkeit der Akteure. Einem reflexionsmächtigem Akteur, der die Konsequenzen seiner eigenen Handlung überblickt, steht die Möglichkeit der intentionalen Steuerung seiner Handlung offen. Diese Auslegung steht in der Tradition eines subjektivistischen Forschungsprogrammes, während ein nicht intentional handelnder Akteur eher an ein funktionalistisch-determiniertes Weltbild erinnert. „Sehr schnell entsteht dann der Eindruck, dass die Argumentationen in der Strukturationstheorie „objektivistisch verzerrt“ sind. Die Akteure verfügen zwar über (handlungs)praktisches Wissen, ihr Wissen über Struktur bleibt jedoch sehr „dunkel“; sie haben zwar Gründe für ihr Handeln, können diese jedoch nicht äußern und durch die unerkannten Handlungsbedingungen und nicht beabsichtigten Handlungsfolgen reproduzieren sie fortwährend in ihren Praktiken die Struktur, auf die sie sich beziehen. Sie sind also letztlich durch die Kontextualität des Handelns strukturellen Zwängen unterworfen.“[881] Weitere und detailliertere Kritik würde den Rahmen dieser Arbeit sprengen. Festzuhalten bleibt aber, dass *Beckers* reflexionsorientiertes Controlling all diese Ungenauigkeiten, die objektivistische Verzerrung und die Gegensätzlichkeiten durch den strukturationstheoretischen Rahmen in sich aufgenommen hat.

Zum Abschluss der kritischen Beurteilung soll noch ein controllingspezifischer Gesichtspunkt in den Fokus der Betrachtung gerückt werden. Der Mainstream der

---

878 Vgl. Giddens, A. (1984a), S. XVII.

879 Vgl. Giddens, A. (1991), S. 201.

880 Der Begriff des Explanans ist an dieser Stelle explizit nicht im Sinne des Hempel-Oppenheim-Schemas benutzt, da ansonsten vom Autor implizit eine funktionalistische Position bezogen würde, die der soziologischen Theorie nicht gerecht würde. Zum Funktionalismus und dem Hempel-Oppenheim-Schema vgl. Hempel, C. G. / Oppenheim, P. (1953).

881 Walgenbach, P. (2006), S. 421; vgl. auch Kießling, B. (1988), S. 109.

Controllingforschung fordert von einer konsistenten Konzeption bzw. Theorie des Controllings unter anderem die Abgrenzung zu anderen Disziplinen,[882] vor allem der des Managements.[883] *Becker* verfolgt dieses Ziel explizit nicht, wie sich an folgendem Zitat erkennen lässt: „ Setzt man in der Controllingtheorie an der **Praxis** des Controllings an, ist die für die betriebswirtschaftliche Controllingtheorie bislang zentrale Frage nach der originären Funktion des Controlling in Abgrenzung zu anderen Managementfunktionen - dem „Kern des Controllings" zweitrangig, oder zutreffender gesagt: eine empirische Frage."[884] Trotz oder gerade wegen dieser spezifischen Ausklammerung, bleibt im reflexionsorientierten Controlling die Frage im Unklaren, ob nicht vielmehr das Management für die (Re)produktion der Strukturen verantwortlich ist. Speziell im Rahmen der Ressourcenzuteilung, bleibt zu klären, in wie weit das Controlling wirklich eine alloziierende Rolle einnimmt. Während es bei allokativen Ressourcen u. U. noch vorstellbar ist, dass dem Controlling durch seine entscheidungsvorbereitende Rolle eine gewisse Entscheidungs(mit)kompetenz eingeräumt werden kann, muss dieses Faktum im Rahmen der autoritativen Ressourcen jedoch stark in Zweifel gezogen werden, da dies typischerweise die Domäne des Managements ist.[885]

---

882 Wie Kant es bereits 1783 formuliert hat, müsste es gelingen„*das Unterscheidende, was sie mit keiner anderen gemein hat und was ihr also eigentümlich ist*" (Kant, I. (1783), S. 13) zu finden.

883 Lingnau z. B. stellt explizit auf dieses Forschungsziel ab. Vgl. Lingnau, V. (2009), S. 27 u. 33.

884 Becker, A. (2004), S. 770.

885 Vgl. zur Rolle des Controllings und Managements bei der Budgetgenehmigung Friedl, B. (2003), S. 290 u. 297.

8 Diskussion der Ergebnisse anhand der Erklärungsmächtigkeit

Wie in den abschließenden Worten zu Kapitel 5.4 erwähnt, stellt sich nach der Analyse die Frage, in wie weit die Systematisierung der Controllingkonzeptionen schon alleiniges Ziel einer wissenschaftlichen Arbeit sein kann. Mit der Einordnung der Konzeptionen in gewisse methodologische Grundlagen lassen sich die behandelten Konzeptionen in das Analyseraster einordnen und stehen damit auch einem kritischen Vergleich ihrer theoretischen Grundströmungen offen, welche Einfluss auf die Konzeptionen nehmen.[886] Ein der Systematisierung nachgelagertes Ziel ist die vergleichende Studie der Erklärungsmächtigkeit der beiden Konzeptionen. Unter Erklärungsmächtigkeit wird dabei in einer ersten Annäherung die Fähigkeit einer Konzeption verstanden, ihren Objektbereich zu beschreiben und zu erklären. Es ist in der Einleitung zu Kapitel 6 bereits erläutert worden, dass die Controllingforschung zum jetzigen Zeitpunkt vor allem Konzeptionen hervorbringt.[887] Gerade diese sollten einem solcherart kritischen Vergleich zugänglich sein, da Konzeptionen eine mittlere Position zwischen Theorie und Praxis einnehmen (vgl. Kapitel 6.1): Theoretische Elemente fließen in die Gestaltung einer Konzeption ein durch die Rekursion auf Theorien einer höheren Ebene, ebenso durch die dadurch übernommenen Prämissen und Axiome. Auf der anderen Seite geben die Konzeptionen Beschreibungen des realen Phänomenbereiches des Controllings,[888] und vielfach auch Gestaltungsempfehlungen für den Controllerbereich[889]. Damit ist eine der Hauptforderungen charakterisiert, die „lagerübergreifend" für alle Schulen und Konzeptionen Gültigkeit besitzt, und an dieser Stelle stellvertretend von *Weber* formuliert wird: „Die Abgrenzung [des Controllings, Anm. d. Autors] muss mit der praktischen Entwicklung von Controllership und Controlling vereinbar sein bzw.

---

886 Z. B. die durch Methodologie des MK und durch den systemtheoretisch bedingten Einfluss gefärbte koordinationsorientierte Konzeption nach Küpper. Vgl. die Ergebnisse des vorherigen Kapitels.

887 Vgl. Scherm, E. / Pietsch, G. (2004b), S. 3 ff.

888 Vgl. z. B. Küpper, H.-U. (2008), S. 7, 9 u. 66; Weber, J. / Schäffer, U. (2008b), S. VII f, 9 ff. u. 43.

889 Vgl. z. B. Küpper, H.-U. (2008), S. 545-575; Weber, J. / Schäffer, U. (2008b), S. 470-479.

diese abbilden; eine rein theoretische Perspektive wird hier abgelehnt."[890] Oder, wie Göbel formuliert: „Aus dem Problemlösungsansatz [der Controllingkonzeption, Anm. d. Autors] folgen die Aufgaben, die das Controlling wahrzunehmen hat, die Instrumente, die das Controlling bei der Aufgabenerfüllung einsetzen kann, sowie geeignete Formen für die Organisation des Controlling (ähnlich Hahn [PuK] 176). Die funktionale, instrumentale und institutionelle Ausgestaltung des Controlling in einer Unternehmung resultiert in einem Controllingsystem, d. h. einem realen Teilbereich der Unternehmung (vgl. Horváth [Controlling] 151 f., Reichmann [Controlling] 5)."[891] Ebenjene Forderung einer adäquaten Beschreibung des realen Phänomens bzw. organisatorischen Bereiches, wird im Folgenden für die analysierten Controllingkonzeptionen vorgenommen werden. Dazu wird im Folgenden zunächst das Konstrukt der Erklärungsmächtigkeit konkretisiert werden.

8.1 Herleitung und Operationalisierung der Erklärungsmächtigkeit

In Kapitel 5.3.1 wurde die Unmöglichkeit der Begründung einer, wie auch immer gearteten, Position in der Paradigmendiskussion erklärt. Es wurde darauf verwiesen, dass mit der Erklärungsmächtigkeit keine Begründungsleistung zu liefern ist, da es ein eher pragmatisch vergleichendes Konstrukt ist, dass insbesondere auf die Tauglichkeit der konzeptionellen Aussagen abzielt, das Praxisphänomen Controlling in seinem Gegenstandsbereich zu erklären. Trotz der Wahl der bipolaren Dimensionen stellt sich jedoch die Frage, ob nicht auch innerhalb dieser ein transdimensionaler Vergleich in dieselben Konfusionen und Diskussionen führt, wie diese innerhalb der Paradigmendiskussion existieren.[892] Eine erste (pragmatische) Antwort liefert *Hoyningen-Huene* mit der Aussage, dass „inkommensurable Theo-

---

[890] Weber, J. (2002), S. 48; So auch Küpper, H.-U. (2008), S. 7; Scherm, E. / Pietsch, G. (2004b), S. 9.

[891] Friedl, B. (2003), S. 4. Die Fußnoten aus dem Zitat finden sich im Literaturverzeichnis unter Horváth, P. (2001); Hahn, D. / Hungenberg, H. (2001); Reichmann, T. (2000).

[892] Es seien an dieser Stelle noch einmal Goles, T. / Hirschheim, R. (2000) und Jackson, N. / Carter, P. (1993) ausgeführt, mit ihren programmatischem Artikeln: The paradigm is dead, the paradigm is dead...long live the paradigm: the legacy of Burrell and Morgan; In Defence of Paradigm Incommensurability. Allein an den Titeln lässt sich die verbale Heftigkeit und wissenschaftliche Hartnäckigkeit erkennen, mit der die Paradigmendiskussion auch 3 Dekaden nach der Erstpublikation von Burrell / Morgan geführt wird.

rien sehr wohl miteinander hinsichtlich ihrer empirischen Leistungsfähigkeit verglichen werden können."[893] Demnach ist also zumindest ein empirischer Vergleich von Theorien, auch in Übereinstimmung mit dem *Kuhn'schen* Modell der wissenschaftlichen Paradigmatisierung, grundsätzlich möglich. *Hoyningen-Huene* spricht gar von einem Missverständnis der Rezeption des Werkes von *Kuhn* und fragt rhetorisch: „Wie konnte der Eindruck entstehen, inkommensurable Theorien seien bezüglich ihrer empirischen Leistungsfähigkeit unvergleichbar?"[894] Allerdings, und das wird von *Hoyningen-Huene* nur periphär erläutert, setzt diese Vergleichbarkeit einen Inkommensurabilität voraus, die eben nur von lokaler Natur ist.[895] Damit gelangt man in dieselbe Diskussion, die bereits in Kapitel 4.1.3 als Paradigmendiskussion erläutert wurde. Auch an dieser Stelle ist keine abschließende Beurteilung möglich, so dass die Begründung von *Hoyningen-Huene* im Sinne eines Teilrelativismus und einer paradigmenübergreifenden Perspektive für einen empirischen Theorienvergleich verworfen werden muss.

Im Weiteren soll ein anderer Ansatz verfolgt werden, der sich auf den Status der controllingspezifischen Aussagensysteme als Konzeptionen stützt. Die Eigenschaften von Konzeptionen und die Unterschiede zu reinen Theorien sind bereits umfassend erläutert worden (vgl. Kapitel 6.1). Den Konzeptionen gemeinsam scheint ihr schulenübergreifender Anspruch zu sein, das Phänomen Controlling in der Praxis zu erklären und Gestaltungsempfehlungen abzuleiten, auch wenn diese sich ihrem Inhalt nach unterscheiden.[896] Dies bedeutet, dass zumindest in Bezug auf den Problem- und Gegenstandsbereich, und damit auch über den relevanten Realitätsausschnitt Gemeinsamkeiten in der Controllingforschung zu entdecken sind. Nach den Ausführungen zu den verschiedenen Ebenen von Inkommensurabilität in Kapitel 3.1.3 müsste dann gelten, dass zumindest auf semantischer Ebene Kommunikation möglich ist. Eben hierin ist ein Vorteil der gewählten Dimensionen zu sehen, welche die methodologischen Unterschiede zwischen den Konzeptionen aufgedeckt haben. Denn zumindest innerhalb der Dimension MI vs. MK konnte gezeigt werden, dass die Konzeptionen so unterschiedlich konzeptualisiert

---

[893] Hoyningen-Huene, P. (1989), S. 213.
[894] Hoyningen-Huene, P. (1989), S. 212.
[895] Vgl. Hoyningen-Huene, P. (1989), S. 213.
[896] Vgl. Becker, A. (2003), S. 8.

werden, dass man durchaus von einer methodischen Inkommensurabilität sprechen kann. Durch die Praxisnähe der Konzeptionen lässt sich aber auf der anderen Seite zeigen, dass der Problem- und Gegenstandsbereich derselbe ist, und somit auch die Möglichkeit besteht, die Fähigkeit der Konzeptionen zu beurteilen, ihren Gegenstandsbereich angemessen zu beschreiben.

Das Konstrukt der Erklärungsmächtigkeit, das zur Beurteilung der Konzeptionen verwendet wird, ist dabei in Anlehnung an die Diagnosefähigkeit soziologischer Theorien nach *Haller*[897] und der Erklärungskraft von Theorien nach *Unger*[898] abgeleitet.

Haller definiert die Diagnosefähigkeit einer Theorie folgendermaßen: „Eine soziologische Gesellschafts- und Zeitdiagnose beinhaltet das Aufzeigen faktisch ablaufender sozialer Prozesse und der sie bestimmenden Kräfte und Mechanismen sowie „Voraussagen“ über mittel- und langfristige zukünftige Entwicklungen.“[899] Transformiert auf die Semantik und den Kontext der Controllingkonzeptionen müsste die Definition lauten: Eine ökonomische, controllingspezifische Organisations- und Zeitdiagnose beinhaltet das Aufzeigen faktisch ablaufender sozialer und organisatorischer Prozesse und der sie bestimmenden Kräfte und Mechanismen, sowie Voraussagen über mittel- und langfristige Entwicklungen des Controllings in funktionaler, institutioneller und instrumenteller Hinsicht.[900] Die Erklärungskraft einer Theorie definiert *Unger* allgemein als die Fähigkeit einer Theorie, die Anwendungsdomäne bzw. die anvisierte Problemstellung zu erklären.[901] Dabei lässt sich die Erklärungskraft als allgemeines Merkmal weiter differenzieren in z. B. die Allgemeinheit, die Tiefe und die Genauigkeit einer Theorie. Mit diesen beiden erläuterten Eigenschaften einer Theorie lässt sich die Synthese zu der Erklärungsmächtigkeit einer Controllingkonzeption vollziehen: *Unter der Erklärungsmächtigkeit wird die Fähigkeit einer Controllingkonzeption verstanden, die Emergenz, den Status quo und die Weiterentwicklungen des Controllings als sozialen Tatbestand*

[897] Vgl. Haller, M. (1999), S. 66-71.
[898] Vgl. Unger, M. (1998), S. 32 f.
[899] Haller, M. (1999), S. 70.
[900] Eine KMU-spezifische Analyse der Entwicklung der Controllingfunktion und Institution ist z. B. zu finden bei Hoogen, M. / Lingnau, V. (2009b).
[901] Vgl. Unger, M. (1998), S. 33.

zu erklären. Dazu sind Aussagen über faktisch ablaufende soziale und organisatorische Prozesse und der sie bestimmenden Kräfte und Mechanismen zu verstehen, und Aussagen über die mittel- und langfristigen Entwicklungen des Controllings in funktionaler, institutioneller und instrumenteller Hinsicht.

Damit entsteht eine Vergleichsmöglichkeit für die Controllingkonzeptionen, welche sich an den ureigensten Forderungen der Controllingforschung orientiert:

- Die Möglichkeit, das Controlling als empirisches Phänomen zu erklären, das zuallererst aus der Praxis entstanden ist, und dem nicht eine mächtige Theorie zu Grunde liegt, die durch die normative Forderung für eine Verbreitung desselben sorgt.[902]
- Die Möglichkeit, das Controlling in funktioneller, institutioneller und instrumenteller Hinsicht zu differenzieren, um konsistente Aussagen treffen zu können und damit für eine Abgrenzung gegen andere Bereiche der BWL zu treffen.[903]
- Aus den oben genannten Punkten Empfehlungen für die Praxis des Controllings ableiten zu können, so dass die Controllingkonzeptionen nicht nur eine „rein intellektuelle Fingerübung" der Forschenden darstellt.

Hinsichtlich der wissenschaftstheoretischen Begründbarkeit eines solchen transdimensionalen Vergleiches sei noch einmal abschließend darauf hingewiesen, dass durch die durchweg praktische Ausrichtung der Konzeptionen postuliert werden kann, dass eine semantische Basis besteht, auf Grundlage derer zwischen den Konzeptionen Kommunikation und damit auch Vergleiche möglich sind. Es soll aber nicht eine Begründungsleistung im Vordergrund der Ausführungen stehen, sondern im Fokus der Betrachtung steht die Entdeckung von Inkonsistenzen, die auf die methodologischen Unterschiede in den zwei Dimensionen zurückgeführt werden können. Damit ist eine Verortung und Diskussion eines Erkenntnisgewinns über Paradigmen hinweg vermieden, da die Konzeptionen selbst nicht den Anspruch einer Theorie haben. Auf ein Missverständnis sei noch hingewie-

---

902 Ähnlich Kieser, A. (2003), S. 17. Kieser spricht im Rahmen der Verbreitung von einem „Upgrading auf der Praxisschiene".

903 Vgl. Lingnau, V. (2002), S. 121; Küpper, H.-U. (2004), S. 25.

sen: Es wird an dieser Stelle nicht der Anspruch vertreten, einen empirischen Theorievergleich im engen Sinne durchzuführen. Dazu fehlt den Controllingkonzeptionen der Anspruch, ihre Aussagen an der Empirie messen zu lassen, da sie größtenteils zu wenig detailliert sind, um ihre Aussagen mit den Mitteln statistischer Verfahren zu evaluieren. Zudem fehlt es an einer empirischen Datenbasis, welche ein Scheitern an der Praxis überhaupt erst evident machen könnte.[904]

8.2 Erklärungsmächtigkeit der koordinationsorientierten Controllingkonzeption nach Küpper

Ein Ansatzpunkt, die Praxistauglichkeit der koordinationsorientierten Konzeption zu prüfen, ist es, zu evaluieren, in welchem Maße Gestaltungsempfehlungen der Konzeption Eingang in die Controllingpraxis gefunden haben. Dazu ist zunächst zu berücksichtigen, welche Empfehlungen von *Küpper* für die Ausgestaltung des Controllings gegeben werden. Auch an dieser Stelle ist die Unterscheidung zwischen instrumenteller, funktioneller und institutioneller Perspektive von entscheidender Bedeutung. Ausschlaggebend für die Eigenständigkeit einer Controllingkonzeption ist, in wie weit sie spezifische Empfehlungen für die Praxis geben kann, die auf der Grundlage der speziellen Charakteristika ihrer konzeptionellen Aussagen fußen. Die Controllinginstrumente, welche sich auf der Grundlage der *Küpper'schen* Konzeption ergeben, sind bereits dahingehend kritisiert worden, dass sie nicht genau zu identifizieren sind (vgl. Kapitel 6.2.2). Entweder sind alle Koordinationsinstrumente Controllinginstrumente, oder aber es gibt schlicht überhaupt keine Instrumente, abhängig von der zu Grunde gelegten Sichtweise, funktionell oder institutionell. Dieser als höchst unbefriedigend zu kennzeichnende Status quo hindert die Autoren der Standardlehrbücher des Controllings nicht, diverse Instrumente vorzustellen, welche zumeist das Prädikat koordinationsorientiert tragen.[905] Beziehen sie sich dabei, wie bereits angedeutet, auf die Instrumente der Funktion, dann dürfte diese Instrumentenkunde allerdings bei weitem noch nicht

---

[904] Abgesehen von relativ wenigen Studien, welche Funktion und Institution des Controllings, v. A. in KMU, empirisch versuchen abzubilden. Vgl. für einen Überblick Rautenstrauch, T. / Müller, C. (2005).

[905] Vgl. Küpper, H.-U. (2008), Teil II u. III; Friedl, B. (2003), Teil II; Horváth, P. (2009), S. 182-290 u. 325-613.

erschöpft sein. Was an jener Stelle also an Instrumenten vorgestellt wird ist für die verschiedenen Konzeptionen auch keinesfalls unterschiedlich, so dass *Weber / Schäffer* als Rationalitätssicherungsinstrumente denselben Kanon erläutern,[906] wie dies *Küpper* für die Koordinationsinstrumente vollzieht. Auf den ersten Blick mag es erstaunen, dass die Instrumente beider Konzeptionen dieselben sind. Auf den zweiten Blick zeigt sich an dieser Stelle der herausragende praktische Bezug der noch jungen Controllingforschung: Die Instrumente, die in den Lehrbüchern zu finden sind, entsprechen schlicht den Instrumenten, welche in der Praxis des Controllings die meiste Verbreitung erfahren haben. Dies zeigt sich im Besonderen an der exponierten Stellung der Budgetierung in den Lehrbüchern. Bei aller Kritik an dem Budgetierungsprozess nimmt dieses Instrument immer noch einen beträchtlichen Raum in den Ausführungen ein. Wenn sich die Lehrbücher aber in ihren Empfehlungen für die einzusetzenden Instrumente nicht unterscheiden, so ist hierin kein Ansatzpunkt zu sehen, spezifische, von der Funktion abhängende Charakteristika zu sehen, welche die Erklärungsmächtigkeit der Konzeption offenlegen.

Vielversprechender scheint die institutionelle Komponente der koordinationsorientierten Controllingkonzeption zu sein. Denn gerade in Gestaltungsempfehlungen zu einer institutionellen Ausgestaltung müssten sich praxisrelevante Aussagen finden lassen, die neben der Ausgestaltung des Controllerbereichs in Abhängigkeit von der Funktion auch die Abgrenzung zu anderen unternehmensinternen Institutionen treffen.[907] Von besonderem Interesse dürfte dabei die Ausprägung und Erklärung des sogenannten Bindestrichcontrollings sein. Dazu führt *Küpper* einleitend aus: „Vielfach sind die Teilsysteme der Führung speziell ausgebaut. Einzelne Leistungsbereiche müssen in bestimmter weise organisiert, eigens geplant sowie kontrolliert werden. [...] Durch die Entwicklung derartiger Führungsteilsysteme für den Einzelbereich entstehen spezifische Interdependenzen und Koordinationsprobleme. Sie bilden den Kern für die Kennzeichnung der Aufgaben eines bereichsbezogenen Controllings.“[908] Wie eine solche ablauforganisatorische Frage-

---

906 Vgl. Weber, J. / Schäffer, U. (2008b), Teil II u. III.

907 Vgl. zu einer solchen Abgrenzung z. B. Lingnau, V. (2006), S. 16-18; ebenso Lingnau, V. (2009), S. 33.

908 Küpper, H.-U. (2008), S. 464.

stellung aufbauorganisatorisch umgesetzt werden kann wird, nach *Küpper*, in Abb. 33 verdeutlicht.

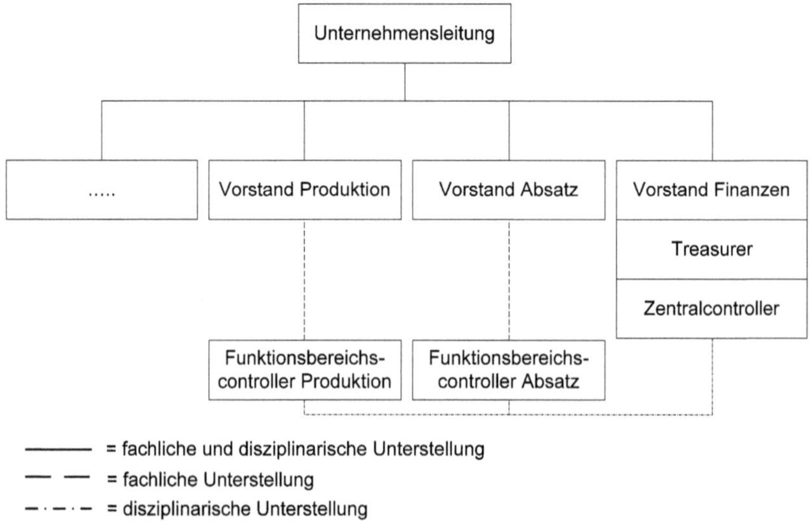

Abb. 33 Beispiel für die Aufteilung von Weisungsrechten in einer funktionalen Organisation[909]

Nach Ansicht von *Küpper* ist der Grund für die Entwicklung bereichsbezogener Controllerbereiche in einer spezifischen Ausgestaltung und detaillierteren Untergliederung der verschiedenen globalen Führungsteilsysteme zu verorten (vgl. Abb. 33).[910] Hinsichtlich der Aufgaben eines solcherart konzipierten bereichsbezogenen Controllings postuliert *Küpper*: „Dessen Gegendstand ergibt sich durch **Übertragung der Controllingfunktion** auf einzelne Teilbereiche des Leistungssystems."[911] Damit sind zwei äußerst wichtige Gesichtspunkte für eine konzeptionelle Beschreibung des Bereichscontrollings angesprochen:

- Zunächst beschränkt *Küpper* erneut seine konzeptionellen Aussagen auf die funktionelle Ebene. Es sei aber bereits an dieser Stelle darauf hingewiesen, dass diese funktionelle Fokussierung nicht beibehalten wird, und gerade Aussagen zu der organisatorischen Ausgestaltung der leistungssys-

---

909 Küpper, H.-U. (2008), S. 565.
910 Vgl. Küpper, H.-U. (2008), S. 463 f.
911 Küpper, H.-U. (2008), S. 464.

temspezifischen Controllingbereiche immer wieder mit institutionellen Aussagen gemischt werden.[912]

- Während bei der Beschreibung des Unternehmenscontrollings ausdrücklich nur die Sekundärkoordination funktionelle Aufgabe des Controllings ist, findet auf der bereichsbezogenen Ebene eine Vermischung mit der Primärkoordination der leistungserstellenden Einheiten statt.[913]

Die simple Übertragung der globalen Funktion in die einzelnen Leistungsbereiche führt zu einer Beschreibung der Funktion, die nicht mehr trennscharf von den Aufgaben der eigentlichen Leistungsbereiche zu trennen ist, und damit in logischer Konsequenz zu einer fehlenden institutionellen Verankerung. In Bezug auf das Marketing-Controlling z. B. werden von *Küpper* die folgenden Aufgaben ausgeführt:

- „die Koordination von Marketingzielen,
- die Abstimmung innerhalb des Marketing-Mix,
- die Verknüpfung der strategischen mit der taktisch-operativen Marketing-Planung und
- die Koordination der Marketing- mit der Unternehmensplanung."[914]

Während die Verknüpfung von Marketing- und Unternehmensplanung noch relativ plausibel als Controlleraufgabe erscheint, sind die ersten drei Punkte mit größten Problemen verhaftet, da sie in den Standardlehrbüchern der Marketingforschung als originäre Aufgabe des Marketingmanagements charakterisiert werden.[915] *Kotler et al.* Sehen die originäre Aufgabe des Marketingcontrollers lediglich in der Effi-

---

[912] Auch wenn diese Aussagen z. T. auf eine rein instrumentelle Organisationssicht bezogen werden, wie die Aussagen zu der Ablauf- und Aufbauorganisation zeigen. Vgl. Küpper, H.-U. (2008), S. 545. Diese explizit vertretene enge Sicht der organisatorischen Ausgestaltung lässt wird jedoch vielfach vermischt mit einer institutionellen Auffassung, wenn z. B. die Ausrichtung auf gemeinsame Ziele im Rahmen des Personalcontrollings angeführt wird. Vgl. Küpper, H.-U. (2008), S. 500.

[913] Vgl. auch Küpper, H.-U. (2008), Abb. IV-2, S. 465.

[914] Küpper, H.-U. (2008), S. 468.

[915] Vgl. Kotler, P. et al. (2007), S. 31 f; S. 88 u. 121 f; S. 140; S. 355 ff; Meffert, H. et al. (2008), S. 11 f.

zienz- und Effektivitätsmessung der Marketingaktivitäten.[916] Vertreter des koordinationsorientierten Ansatzes mögen nun an dieser Stelle in Bezug auf die oben erläuterten Aufgaben entgegnen, „dass deren Kennzeichnung noch keine Zuordnung zu eigenen Controlling-Stellen zur Folge hat, da die Funktion von der Organisation des Controlling zu trennen ist.“[917] Die logische Konsequenz einer solchen gedanklichen Loslösung der Funktion und Institution ist allerdings, dass, obigen Ausführungen zu den Aufgaben des Marketingmanagements folgend, *Küpper* keine eigenständige Controllingfunktion beschreibt, sondern eine Erweiterung der Aufgaben des Marketingmanagements.[918] Die scheinbare Eliminierung institutioneller Gedanken führt dazu, dass die identifizierten controllingspezifischen Aufgaben sinnvoll nur dem Marketing zugeordnet werden können.[919] Damit offenbart sich auf der bereichsbezogenen Ebene dasselbe Dilemma, das bereits bei dem zentralen koordinationsorientierten Controlling erläutert wurde (vgl. Kapitel 6.2.2): Die Institution Controlling erfüllt nicht die Funktion, die ihr konzeptionell zugedacht wird. Vielmehr scheint es sich so zu verhalten, dass Controlling, bereichsbezogen konzeptualisiert, von den jeweiligen bereichsbezogenen Funktionen übernommen wird, und eine Art neuen Aufgabenbereich ebenjener darstellt. Dass sich diese Postulate nicht im Mindestens mit der Praxis des Controllings decken, scheint evident. In der Praxis existiert die Institution Controlling auf bereichsbezogener Ebene, in verschiedenen Größenordnungen, abhängig vom der Unternehmensgröße, und unzweifelhaft auch mit einem sehr breiten Bündel an Aufgaben betraut. Aber dieses Praxisphänomen existiert eben als Institution, und ist nicht lediglich der verlängerte Arm einer anderen Funktion. Wenn *Küpper* die Einflussgrößen einer organisatorischen Ausgestaltung des Controllings erläutert, beginnt er dies mit den Worten: „Im Vordergrund stehen die Probleme der Aufgaben- und Kompetenzverteilung an eigenständige **Controller-Stellen**. Deshalb ist zu untersuchen, welche Einflussgrößen und welche Gesichtspunkte für eine organisatorische Verselbstän-

---

[916] Vgl. Kotler, P. et al. (2007), S. 1182.

[917] Küpper, H.-U. (2008), S. 545.

[918] Womit Küpper gegen seine eigene Norm verstößt, nach der Controlling durch die theoretische Fundierung eben nicht lediglich die Neubenennung und damit verbundene Aufwertung klassischer Aufgabenbereiche darstellt. Vgl. Küpper, H.-U. (2008), S. 3 f. u. S. 65 f.

[919] Ähnlich diffus verhält es sich mit der Aufgabenverteilung von Linienmanager und Controller, die von Küpper, H.-U. (2008), S. 553 vorgenommen wird.

digung des Controlling maßgebend sein können."[920] Wie bereits erläutert, besteht kein Zweifel daran, dass die Controllerstellen und -abteilungen organisatorisch in der Praxis vorhanden sind.[921] Nur lässt sich diese Tatsache der institutionellen Verankerung des Controllings[922] nicht mit den Ausführungen *Küppers* in Einklang bringen, nach denen, wie gezeigt vor allem auf der Bereichsebene, fachfremde Institutionen das Controlling übernehmen.

Bezug nehmend auf die Erklärungsmächtigkeit des koordinationsorientierten Controllings muss konstatiert werden, dass dieses nicht in der Lage ist, die institutionelle Existenz des Controllings zu erklären. Ebenso ist es nicht möglich, mit Hilfe des koordinationsorientierten Ansatzes Weiterentwicklungen zu beschreiben, oder gar normative Gestaltungsempfehlungen abzugeben, in welcher Art Controllingabteilungen in Abhängigkeit ihrer Umfeldbedingungen ausgeprägt sein sollten, um die Koordinationsfunktion möglichst effektiv zu erfüllen. Gründe für die negative Erklärungsmächtigkeit und damit letztendlich auch für die Diskrepanz zwischen Institution und Funktion, wie sie bereits ausführlich für das Zentralcontrolling in der Literatur beschrieben worden ist,[923] lassen sich unter Zuhilfenahme der Ergebnisse des Kapitels 7 untersuchen. Der Grund hierfür ist in der exponierten Stellung der systemtheoretischen Basis zu sehen, auf die das koordinationsorientierte Controlling aufbaut, was sich methodologisch in den streng kollektivistischen Prinzipien äußert (vgl. Tab. 5). Kritischerweise lässt sich aus *Küppers* Ausführungen nicht identifizieren, auf welchen soziologisch-theoretischen Grundlagen seine systemtheoretischen Überlegungen fußen.[924] Innerhalb der *Luhmann'schen* Beschreibung von Organisation als Systemen z. B. steht der funktionale Aspekt der Organisation, ähnlich wie in *Küppers* Controllingkonzeption, ebenfalls im Fokus der Be-

---

920 Küpper, H.-U. (2008), S. 545.

921 Man vergleiche die Resultate zu den empirischen Erhebungen in Weber, J. (2005), bzw. die Resultate für mittlere Unternehmen in Rautenstrauch, T. / Müller, C. (2005). Demnach steigt die Wahrscheinlichkeit der Existenz einer Institution Controlling mit der Größe des befragten Unternehmens.

922 Nicht umsonst fordern diverse Autoren, den konzeptionellen Controllingbegriff aus der institutionellen Sichtweise abzuleiten, um den tatsächlich vorhandenen Phänomen Rechnung zu tragen. Vgl. Lingnau, V. (2006), S. 22; Becker, A. (2004), S. 770 f.

923 Vgl. die kritische Stellungnahme zum koordinationsorientierten Controllingansatz in Kapitel 6.2.2.

924 Denkbar wären vor allem Parsons und Luhmann. Vgl. zu den Werken beider Autoren den Herausgeberband Baecker, D. (2005).

trachtung: „Er [Luhmann, Anm. d. Autors] fragt [...] immer nach der Funktion. Was ist die Funktion der der Politik, der Wirtschaft, der Wissenschaft, des Rechts, der Religion, der Liebe und so fort? Und also auch: Was ist die Funktion von Organisationen? Wozu sind sie gut?“[925] Der starke Funktionalismus der Systemtheorie korrespondiert folgerichtig mit den Prinzipien des strengen MK auf bedeutungs- und erklärungstheoretischer Ebene, welcher zum einen die **funktionale** Erklärung individuellen Handelns fordert, zum anderen den Bezug zur Organisation als Ganzes, da eben gewisse Funktionen nicht lediglich durch die Summation individueller Handlungen und Erwartungen rekonstruiert werden können. Durch den Bezug zur Organisation als Ganzes bzw. als System, wird das Führungssystem der Unternehmung auf eine extrem abstrakte Ebene gehoben, von der aus einzelne institutionelle Details nur bedingt durchdrungen werden können. So sagt z. B. *Eucken* über den Beobachtungsgegenstand der ökonomischen Systemtheorie, dass es sich um die „Steuerung des gewaltigen Gesamtzusammenhangs“[926] handele. Systemtheorie und MK scheinen also beide zu bedingen, dass die funktionelle Fokussierung auf das abstrakte Führungssystem innerhalb des *Küpper'schen* Ansatzes stattfindet, und institutionelle Aspekte zunächst vollständig außer acht gelassen werden. Das hohe Abstraktionsniveau der systemtheoretischen Denkweise bedingt aber auch, dass keine konkreten Handlungsempfehlungen für die Controllingpraxis gegeben werden können. So sagt z. B. *Herder-Dorneich* über die praxeologischen Möglichkeiten und Grenzen der Systemtheorie: „Nicht erwarten kann sich der Ökonom von der soziologischen Systemtheorie eine Handlungsanweisungslehre. [...] Wenn man in seine Systembetrachtung sowohl das Gespräch zwischen zwei Personen, als auch primären Gruppen, sowie Großgruppen und Großorganisationen einbezieht, und dies alles in totaler Interdependenz erkennt, kann man zu keinem anderen Ergebnis kommen, als daß man in dies alles nicht mit Erfolg eingreifen könne. Aus dem Willen zum breiten Feld ergibt sich notwendig der Verzicht auf Handlungsanweisungen.“[927]

---

[925] Martens, W. / Ortmann, G. (2006), S. 427.
[926] Zitiert nach Herder-Dorneich, P. (1995), S. 238.
[927] Herder-Dorneich, P. (1995), S. 240.

Ein weiterer Punkt, der im Rahmen der Erklärungsmächtigkeit untersucht werden soll, ist die Beschreibungs- und Erklärungsleistung der sozialen und organisatorischen Prozesse. Diese könnten als Erklärungsmuster für Veränderungen und als Schlüsselfaktor für auf das Controlling Einfluss nehmende Größen gesehen werden. Soziale Prozesse werden in der Soziologie üblicherweise entweder durch den sozialen Akteur beschrieben, dem intentionales Handeln zu eigen ist, oder aber durch den kollektivistischen Ansatz, welcher die Strukturen als determinierend für das Individuum ansieht. Die Ergebnisse des Kapitels 7.3 haben gezeigt, dass das dem koordinationsorientierten Controlling zu Grunde liegende Menschenbild vollständig modellhaft konstruiert ist, innerhalb der systemtheoretischen Grundlagen sogar eine völlige Absenz eines Menschenbildes konstatiert werden kann. Setzt man ein weiteres Mal an der *Luhmann'schen* Variante der Systemtheorie an, so zeigt sich, dass auch hier keinerlei Gedanken zu Individuen existieren, diese geradezu aus der Theorie eliminiert werden zu Gunsten eines abstrakteren Verständnisses:[928] „Organisationen bestehen aus Kommunikationen, näherhin: aus Entscheidungskommunikationen, mithin nicht aus Menschen oder Personen."[929] Transferiert man diesen Gedanken auf das koordinationsorientierte Controlling, ließe sich sagen: Die Führungsteilsysteme (und damit die Organisation) bestehen aus Interdependenzen die es zu koordinieren gilt, mithin nicht aus Individuen, welche innerhalb der Koordination Entscheidungen zu treffen haben. Der Grund für diese, zunächst salopp anmutende, Übertragung der Aussagen von *Martens / Ortmann* ist in der vollständigen Fokussierung der systemtheoretischen Grundlagen von *Küpper* auf die durch Spezialisierung zerschnittenen systemischen Interdependenzen zu sehen.[930] Ähnlich wie auch in der Systemtheorie individuelle Entscheidungen als Strukturentscheidung interpretiert werden, lässt sich die Koordination innerhalb und zwischen den einzelnen Führungsteilsystemen als ein struktureller Prozess interpretieren, der ohne handelnde Individuen in der *Küpper'schen* Konzeption vollzogen wird.[931] Innerhalb der systemtheoretischen

---

[928] Vgl. Kabalak, A. et al. (2007), S 41 u. 63; Schneider, W. L. (2009), S. 265.
[929] Martens, W. / Ortmann, G. (2006), S. 445.
[930] Vgl. Küpper, H.-U. (2008), S. 30 f.; Lingnau, V. (2002), S. 131.
[931] Handelnde Individuen tauchen lediglich in den Ausführungen zu den verhaltensinduzierten Interdependenzen auf. In den grundlegenden Ausführungen zu den Führungsteilsystemen jedoch überhaupt nicht. Vgl. Küpper, H.-U. (2008), S. 28-44.

Grundlegungen führt *Küpper* dementsprechend die Erklärung organisatorischer Prozesse nicht über Individuen aus, sondern über die strukturell vorfindbaren Begebenheiten. Dies deckt sich mit den Ergebnissen der streng kollektivistischen Methode, wie sie für die Systemausführungen bereits in Kapitel 7 identifiziert wurde. Für die Erklärungsleistung im Sinne einer Praxeologie ergibt sich daraus eine nicht vorhandene Fähigkeit, soziale Prozesse und Phänomene zu identifizieren, zu beschreiben, oder zu erklären. Der einzige Rahmen, innerhalb dessen überhaupt Aussagen zu einem Menschenbild getroffen werden, modelliert diese nach einem Rollen- und Erwartungsbild (vgl. Kapitel 7.3.2.2). Auch an dieser Stelle sind starke Analogien an die Systemtheorie festzustellen, welche sich auf die Erklärungsmächtigkeit auswirken: „Personen in den jeweiligen Rollen (dazu schon Luhmann 1964b: 39 ff.) sind so etwas wie Erwartungsbündel, Bündel erwarteter Verhaltensweisen. [...] Allerdings ist es nicht ganz leicht damit zu vereinbaren, dass Luhmann die Menschen zur Umwelt von Organisationen zählt."[932] Innerhalb des koordinationsorientierten Controllings war das Rollenbild festgelegt durch die strikte Modellierung der Individuen in der PAT. Reale soziale oder organisatorische Prozesse können mit einer solch starren, auf fixen Erwartungen statt sich ändernder Präferenzen basierenden Theorie naturgemäß nicht beschrieben werden.[933] Ebenso wie das starre Modell des homo oeconomicus sich Kritik an den allzu idealisierten Bedingungen stellen muss, gilt dieses für die Konzeptualisierung der Individuen innerhalb der PAT. Denn auch in dieser werden Präferenzen als über die Zeit stabil angenommen, abgesehen von der Tatsache, dass dies impliziert, das Individuum wäre sich seiner Präferenzen tatsächlich bewusst. Befürworter solcher strikt modellhaften Menschenbilder halten dem argumentativ häufig dagegen, dass das Modell (z. B. der homo oeconomicus) eben eine black box ist, die als Wenn-dann-Konstrukt fungiert, und den Output des Handelns als das den Forscher interessierende wiedergibt. Zum einen wird aber in vielen Forschungsprojekten gezeigt, dass auch der Output des Handelns sich nicht zwingendermaßen mit den normati-

---

[932] Martens, W. / Ortmann, G. (2006), S. 445 f. Die im Zitat enthaltene Literaturstelle ist im Literaturverzeichnis zu finden unter: Luhmann, N. (1964).

[933] Vgl. z. B. die Ausführungen über den Wirklichkeitsbezug von Modellen bei Lenz, H. (1987), S. 279 ff. Lenz stellt in diesem Rahmen allerdings einen Bezug von Modell zum Wirklichkeitsausschnitt her, welcher im Rahmen dieser Arbeit nicht gefolgt wird. Bereits Eucken forderte die auf der Wirklichkeit basierende Modellbildung. Vgl. Gerken, L. / Renner, A. (2000), S. 6.

ven Forderungen solcher abstrakten Modelle deckt.[934] Zum anderen ist es ja vor allem der soziale Prozess, der in beschreibenden und erklärenden Konzeptionen von Interesse ist.

8.3 Erklärungsmächtigkeit der rationalitätssicherungs-orientierten Controllingkonzeption

Wie bereits erwähnt wurde, finden sich im Rahmen des rationalitätsorientierten Controllings im Grunde keine originären Instrumente, die speziell zur Sicherung der Führungsrationalität gedacht wären. Vielmehr sind alle Instrumente des allgemeinen BWL Instrumente, die mit Rationalitätssicherung korrespondieren.[935] Damit scheint die instrumentelle Seite einer Analyse der Erklärungsmächtigkeit nicht sonderlich dienlich. Im Gegenteil muss konstatiert werden, dass, wie auch bei *Küpper*, die Wahl der Instrumente mehr oder weniger willkürlich vollzogen wird. Ebenso wie bei *Küpper* liegt es vor allem an der fehlenden institutionellen Abgrenzung des Controllingansatzes, welche bei *Weber / Schäffer* aber nicht explizit ausgeklammert wird.[936] Die Empfehlungen hinsichtlich der organisatorischen Ausgestaltung des Controllerbereiches sind schließlich ähnlich gehalten zu denen des koordinationsorientierten Controllings: Es lassen sich vor allem ablauf- und aufbauorganisatorische Regelungen finden, wie dies in Abb. 34 verdeutlicht wird.

---

[934] Vgl. z. B. experimentelle Untersuchungen zum Ultimatumsspiel: Riechmann, T. (2002), S. 141 f.; Vogt, B. (1998).

[935] Was Weber / Schäffer auch häufig den Vorwurf eingebracht hat, das rationalitätsorientierte Controlling sein eine Art neue BWL bzw. Meta-BWL. Vgl. Schönbohm, A. (2005), S. 94.

[936] Es lassen sich im Gegenteil sogar Aussagen finden, die auf eine institutionellere Prägung schließen lassen, als bei Küpper. Vgl. Weber, J. / Schäffer, U. (2008b), S. VII.

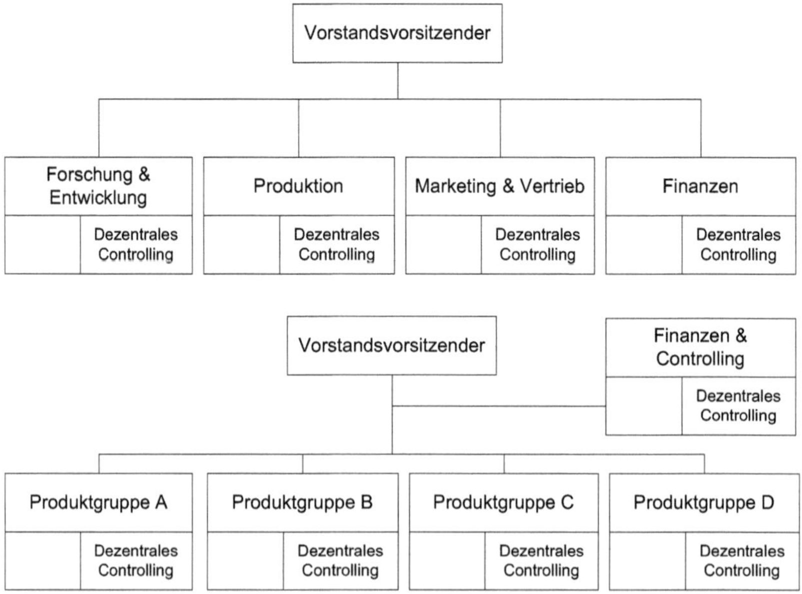

Abb. 34 Mögliche Ausprägungen eines dezentralen Controllings[937]

An der Abbildung wird deutlich, dass sich keinerlei konzeptionsspezifischen Unterschiede finden lassen bezüglich der Organisation eines koordinationsorientierten und eines rationalitätssicherungsorientierten Controllings. Vielmehr wird relativ willkürlich die evident erscheinende Empfehlung hinsichtlich des Gewichtes eines Zentralcontrollings getroffen: „so viel dezentrales Controlling wie möglich, so viel zentrales Controlling wie nötig."[938]

Interessant für eine mögliche Analyse der Erklärungsmächtigkeit sind jedoch die Aussagen, welche zu der Gestaltung des Controllerbereiches Stellung nehmen und dieses im Hinblick auf die Spezifika, die aus der Rationalitätssicherungsaufgabe folgen.[939] Demnach „haben Controller unterschiedliche Formen von Unterstützungsleistung zu erbringen. Insbesondere der Anteil der Rationalitätssicherungsfunktion fordert von den Controllern eine enge Nähe zur Führung. Eine Er-

[937] Quelle: Weber, J. / Schäffer, U. (2008b), S. 471.
[938] Weber, J. / Schäffer, U. (2008b), S. 471.
[939] Vgl. Weber, J. / Schäffer, U. (2008b), S. 427-ff.

gänzung und Begrenzung muss stets auf den individuellen Einzelfall hin gestaltet werden."[940] Zum Spannungsfeld zwischen Controller und Manager wird weiterhin ausgeführt: „Das Zusammenwirken zwischen Manager und Controller muss einer Art dynamischem Gleichgewicht folgen. Ein Abweichen davon bedeutet auf der einen Seite den Verlust der Counterpartfunktion; Die Controller werden dann reine Dienstleister „ohne eigene Meinung". Aus dem Ungleichgewicht kommt die Beziehung auf der anderen Seite allerdings auch dann, wenn Controller mehr und mehr die Rolle von grauen Eminenzen spielen; sie übernehmen dann de facto zentrale Führungsfunktion."[941]

Damit werden Charakteristika genannt, welche bei einer Ausgestaltung der Controllinginstitution zu berücksichtigen sind, wie dies auch von *Weber / Schäffer* eingangs gefordert wird.[942] Diese Charakteristika beziehen sich vor allem auf die Funktion des kritischen Counterparts des Controllers, weswegen funktionell gesehen vor allem die Begrenzungs- und Ergänzungsaufgabe (vgl. Abb. 25) des Controllers ausschlaggebend für die institutionellen Empfehlungen sind. Die genannten Aufgaben setzen, wie in Kapitel 6.3.1 erläutert, an den individuellen Eigenschaften von Manager und Controller an. Damit zeigt sich eine stärke des MI innerhalb des rationalitätssicherungsorientierten Controllingansatzes: Durch die individuelle Methode und die fallweise-individuelle Attributszuweisung an Controller und Manager lassen sich reelle Gestaltungsempfehlungen für die Praxis des Controllings ableiten, und das im besonderen Hinblick auf die Rationalitätssicherungsfunktion des Controllings.

Damit lässt sich im Hinblick auf die Erklärungsmächtigkeit festhalten, dass das rationalitätssicherungsorientierte Controlling durchaus Aussagen tätigt, die den Status Quo und die Weiterentwicklung des Controllings betreffen und umschreiben. Die analysierten Aussagen lassen sich gerade auf der Ebene der Institution in Abhängigkeit der Funktion antreffen, womit Gestaltungsempfehlungen für den Controllerbereich gegeben werden, und damit vor allem soziale und organisatori-

---

[940] Weber, J. / Schäffer, U. (2008b), S. 427.
[941] Weber, J. / Schäffer, U. (2008b), S. 427.
[942] Vgl. Weber, J. / Schäffer, U. (2008b), S. 427.

sche Prozesse beleuchtet werden.[943] Allerdings muss konstatiert werden, dass diese Aussagen keine konkreten Gestaltungsempfehlungen für eine Aufbau- oder Ablauforganisation des Controllings beinhalten, sondern vor allem auf eine individuelle Ebene abzielen, nämlich das Verhältnis der beiden Stellen Manager und Controller. Dies liegt wohl vor allem an dem methodologisch individualistischen Theorieaufbau, führt aber in letzter Konsequenz zu Aussagen, die sich auf die Mikroebene der Organisation beziehen.[944] Aussagen auf der Makroebene, die spezifische Gestaltungsempfehlungen für den gesamten Controllerbereich beinhalten, werden von *Weber / Schäffer* an dieser Stelle nicht gegeben. Damit sind, wie bereits eingangs erläutert wurde, keine spezifischen Empfehlungen aus der rationalitätsorientierten Sichtweise für das Zusammenspiel der organisatorischen Einheiten abzuleiten. Allerdings eröffnen die Aussagen auf der Individuumsebene durchaus interessante Möglichkeiten für ebenjene Empfehlungen organisatorischer Einheiten. Aus der spezifischen Counterpartfunktion und der Annahme, dass zu deren Wahrnehmung ein Mindestgrad an Autonomie gegenüber dem Management gehört, lassen sich wohl durchaus auch Gestaltungsempfehlungen auf einer höher aggregierten organisatorischen Ebene treffen. So führen *Weber / Schäffer* beispielsweise aus: „Um von den Managern in ihrer Counterpartfunktion ernst genommen zu werden, benötigen die Controller hinreichende Kompetenzen zur Beeinflussung, die von Informationsrechten bis zur Möglichkeit reichen, gegen die Entscheidungsvorlage ein Veto einzulegen. [...] Auf der anderen Seite dürfen die Eingriffsrechte des Controllers aber nicht soweit reichen, dass die Controller zum Engpass des Geschäfts werden."[945] Damit sind eindeutig auch disziplinarische Fragen im Rahmen einer Aufbauorganisation angesprochen, die direkt aus dem Postulat der Rationalitätssicherung folgen, und denen konkrete Empfehlun-

---

[943] Vgl. Weber, J. / Schäffer, U. (2008b), S. 428 f. Vor allem soziale Prozesse, wie z. B. die Stärke der Mitsprachemöglichkeiten, sind Kernpunkt der Ausführungen. Aber auch organisationale Prozesse, als Unterklasse der sozialen Prozesse, lassen sich in den Ausführungen identifizieren. Dies wird z. B. in den Ausführungen zum Verhältnis dezentrales Controlling und zentrales Controlling bzw. den Bereichsinstitutionen deutlich.

[944] Vgl. zu der Rolle von Macht, Hierarchie und Autonomie auf der Mikroebene z. B. Matys, T. (2006), S. 38.

[945] Weber, J. / Schäffer, U. (2008b), S. 428.

gen beigemessen werden können.[946] Ein Manko im Sinne der Erklärungsmächtigkeit ist darin zu sehen, dass die Empfehlungen lediglich auf individueller Ebene bzw. Mikroebene der Organisation anzusiedeln sind, und keinen wirklichen Einfluss auf die Gestaltung der verschiedenen Controllingbereiche nach sich ziehen. Lediglich bei der Frage, in welcher Hierarchieebene das Controlling eingebettet werden soll, geben *Weber / Schäffer* konkrete Hinweise auf der Makroebene: „Zur organisatorischen Einordnung des zentralen Controllerbereiches liegen widersprüchliche Aussagen vor [...]. Einigkeit herrscht darüber, dass eine ausreichende Unabhängigkeit und Machtstellung zur kritischen Hinterfragung durch die Einordnung des Controllerbereichs in die erste oder zweite Führungsebene gegeben sein muss. Gleiche Aussagen können auch für den dezentralen Controllerbereich gelten."[947]

Im Rahmen der Analyse der Erklärungsmächtigkeit der *Küpper'schen* Konzeption wurde im Besonderen auf die koordinationsspezifischen Aussagen zu der Abgrenzung von Bereichsmanagement und Bereichscontrolling eingegangen (vgl. Kapitel 8.2). Aussagen solcherart sucht man in den Ausführungen zum rationalitätssicherungsorientierten Controlling leider vergebens. Es lassen sich lediglich vereinzelt Aussagen identifizieren, welche die Bereichsfunktion des dezentralen Controllings betreffen. So wird ausgeführt, dass der der Zweck der Bereichscontroller hauptsächlich darin liegt, „alle laufenden Aufgaben mit hoher Geschäftsnähe"[948] zu erfüllen. Im Einzelnen werden die folgenden Bereiche aufgeführt:

- „betriebswirtschaftliche Beratung/Sonderanalysen vor Ort,
- operatives Controlling, wie z. B. Kostenstellenplanung,
- Zusammenarbeit mit der Zentrale bei strategischen Geschäftsfeldfragen und
- Anpassung von Instrumenten an Geschäftsfelderfordernisse."[949]

---

[946] Wie z. B. die Unabhängigkeitsempfehlung für die Controllingposition. Vgl. Weber, J. / Schäffer, U. (2008b), S. 431.
[947] Weber, J. / Schäffer, U. (2008b), S. 474.
[948] Weber, J. / Schäffer, U. (2008b), S. 472.
[949] Weber, J. / Schäffer, U. (2008b), S. 472.

Im Gegensatz zu den Ausführungen *Küppers*, welche die Abgrenzung von Bereichsmanagement und Bereichscontrolling betreffen, wird zwar mit den obigen Aufgaben eine Differenzierung von Bereichsmanagement und -controlling erreicht, aber die zu Grunde liegende Funktion des Controllings ist relativ willkürlich, da sie keine Spezifika der Rationalitätssicherung enthält. Die häufig herausgestellte Counterpartfunktion wird z. B. überhaupt nicht mehr erwähnt. Und in der beratenden bzw. planenden Funktion kann sie aufgrund des unverbindlichen Charakters dieser Aufgaben wohl kaum verortet werden.

Damit stellt sich die Erklärungsmächtigkeit des rationalitätssicherungsorientierten Controllings auf unterschiedlichen Ebenen divergent dar. Zum einen ist die Konzeption, wie gezeigt werden konnte, durchaus in der Lage eine Beschreibung des Status quo zu liefern, und auch organisatorische Prozesse zu identifizieren, welche für eine Weiterentwicklung des Praxisphänomens, und damit auch für Gestaltungsempfehlungen von Bedeutung sind. Auf der anderen Seite aber ist auch die Konzeption von *Weber / Schäffer* nicht in der Lage, die Institutionen auf Bereichsebene eindeutig voneinander abzugrenzen, was wie bereits erwähnt, eine der Grundforderungen einer theoretischen Fundierung des Controllings ist.[950] Eine wirklichkeitsnahe Beschreibung des Phänomens Controlling, sowie Gestaltungsempfehlungen für dasselbe können daher nur zum Teil konstatiert werden. In letzter Konsequenz scheint dieses Problem allerdings nicht so sehr methodischer Natur zu sein, sondern eher definitorischer: Rationalitätssicherung beruht auf einer möglichst konkreten Definition von Rationalität, nicht nur in den konzeptionellen Ausführungen, sondern auch in der praktischen Anwendung. Dazu ist aber der Rationalitätsbegriff in der Betriebswirtschaftslehre zu unbestimmt, und historisch zu diffus besetzt.[951]

Gerade bei der Erläuterung des kritischen Counterparts (als Rationalitätssicherung par excellence sozusagen) macht sich im Rahmen der Begrenzungs- und Ergän-

---

[950] Vgl. Lingnau, V. (2009), S. 21.

[951] Man vgl. zum Beispiel das im Zeitablauf unterschiedliche Verständnis der Rationalität bei Bökenkamp, J. (1985) und neuere betriebswirtschaftliche Rationalitätskonzeptionen wie die evolutionäre Rationalität nach Kirsch, W. (1992), S. 24 ff. u. 505.

zungsaufgaben[952] das in weiten Zügen realistisch geprägte Menschenbild (vgl. Kapitel 7.4) von *Weber / Schäffer* bemerkbar. Die Ableitung, gerade der Begrenzungsaufgaben, ist ohne die Annahme begrenzter Rationalität überhaupt nicht möglich. Denn ohne Defizite in der Aufnahme- und Verarbeitungsfähigkeit von Informationen, und ohne motivatorische Probleme, wäre der Manager jederzeit in der Lage, alle Probleme ohne fremde Hilfe selbst zu lösen.[953] Dann blieben prinzipiell nur Entlastungsaufgaben, welche der Controller für den Manager als Assistent erledigt, da die Opportunitätskosten seines Arbeitseinsatzes geringer sind. Auf einer abstrakteren Ebene ließe sich gar konstatieren, dass die Sicherung von Rationalität nur möglich ist, wenn konzeptionell gesehen Rationalitätsdefizite als existent vorausgesetzt werden. Dies bedeutet, dass *Weber / Schäffer* die Annahmen begrenzter Rationalität treffen müssen, um der Konzeption logische Konsistenz zu verleihen. Die Annahme begrenzter Rationalität reiht sich sehr passend in den Theorieaufbau ein, zumindest, was die Funktion des kritischen Counterparts betrifft. Dementsprechend kennzeichnen *Weber / Schäffer* ihre Konzeption auch als verhaltensorientierten Ansatz, „der mit der praktischen Entwicklung der Controllership in weit gehende Übereinstimmung gebracht werden kann."[954] Die Verhaltensorientierung äußert sich neben der Beachtung begrenzter Rationalität auch in der Aufnahme motivationeller Faktoren in das Menschenbild (auch wenn diese bei der Konstruktion des Menschenbildes eher gestreift denn erläutert werden).[955] Dies äußerst sich explizit bei der Behandlung ablauforganisatorischer Fragestellungen innerhalb der Gestaltungsempfehlungen für den Controllingbereich (vgl. Abb. 35). Als Produktionsfaktor lässt sich in diesem Zusammenhang auch der Mensch auffassen, welcher zu einer Erfüllung einer bestimmten Aufgabe eingesetzt wird.

---

952 Die Ergänzungsaufgabe ließe sich in diesem Rahmen auch nennen, allerdings besteht die Sicherung der Rationalität in diesem Falle nur darin, das ökonomische Verhältnis von Mitteleinsatz zum Zweck zu optimieren, da die Opportunitätskosten des Managers vermutlich höher sind. Damit spielt dieser Aufgabentyp in den Überlegungen zum Menschenbild keine Rolle.

953 Ähnlich wie dies in den Annahmen des homo oeconomicus ja implizit enthalten ist, der keine Schwierigkeiten kennt, komplexe Probleme zu lösen. Vgl. Kapeller, J. (2008), S. 12.

954 Weber, J. / Schäffer, U. (2008b), S. 32.

955 Vgl. Weber, J. / Schäffer, U. (2008b), S. 36. Nähere Ausführungen zur Motivation von Controllern lassen sich auf S. 429 ff.

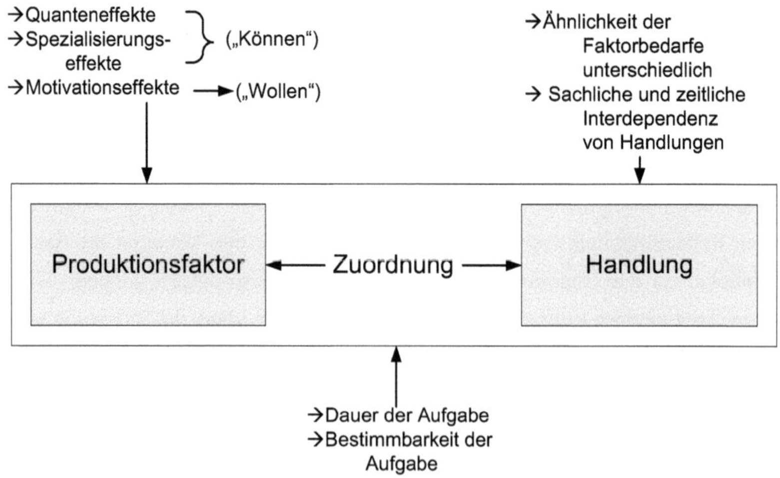

Abb. 35 Überblick über die Einflussgrößen des Organisationsproblems[956]

Die Zuordnung von Handlung zur Erfüllung der Aufgabe und Aufgabenträger muss sich vor allem an den Bedingungen orientierten, wie sie in Abb. 35 genannt sind. Darunter fallen vor allem die Wollens- und Könnenskomponenten der Individuen, in Form von Quanten-, Spezialisierungs- und Motivationseffekten. Während die Quanteneffekte eher mit einer Verschiebung der aufgabenspezifischen Aktivitäten aufgrund von nicht genutzter Kapazität zu tun haben,[957] setzt der Spezialisierungseffekt direkt an dem durch Expertise fokussierten Können des Individuums an. Dahingegen bezieht sich der Motivationseffekt als Einflussgröße auf die Aufgabenzuordnung auf die Wollenskomponente: „Unterschiedliche Anforderungskombinationen haben bei unterschiedlichen Individuen unterschiedliche Wirkungen auf das „Arbeiten-Wollen". Eine zu geringe Aufgabenbreite („Fachidiot") kann ebenso demotivierend wirken wie eine zu große, die überfordert oder daran hindert, sich auf die Dinge zu konzentrieren, die „wirklich Spaß machen". Bedenkt man, wie unterschiedlich breit das Aufgabenspektrum einzelner Controller ausfallen kann (vom „Rechenknecht" bis zum Management-Consultant), hat dieser Moti-

---

956 Quelle: Weber, J. / Schäffer, U. (2008b), S. 424.

957 Damit natürlich aber auch auf die Fähigkeiten, also die Könnenskomponente des Aufgabenträgers, abzielen. Denn wird ein dezentraler Controller zur Erfüllung von „Linienaufgaben" eingesetzte, so muss er auch in der Lage sein, diese in entsprechend kurzer Zeit zu verstehen und die Erwartungen an ihn umzusetzen. Vgl. Weber, J. / Schäffer, U. (2008b), S. 424.

vationseffekt bei der Auswahl einzelner Controller eine wichtige Bedeutung [...].“[958] Trotz der Kürze der Ausführungen zu der Wollenskomponente zeigt sich jedoch deutlich, ähnlich wie bei den kognitiven Beschränkungen, die Erklärungsmächtigkeit und Praxeologie des Ansatzes. Im Gegensatz zum koordinationsorientierten Controlling sind *Weber / Schäffer* mit dem realistischen Menschenbild in der Lage, eine sich an realistischen Bedingungen orientierende Aufgabenzuordnung zu beschreiben, und damit ablauforganisatorische Empfehlungen zu geben, aus denen sich theoretisch auch Empfehlungen an die Aufbauorganisation ableiten lassen, wie diese im Rahmen der hierarchischen Stellung des kritischen Counterparts bereits besprochen wurden. Demnach gelingt dem rationalitätsorientierten Ansatz eine durchaus realistische und praxisrelevante Beschreibung der sozialen und organisatorischen Prozesse, und den Mechanismen welchen sie unterliegen. Allerdings wurde bereits in Kapitel 7.2.2 festgestellt, dass neben den realistisch geprägten verhaltenswissenschaftlichen Annahmen auch die PAT zur Beschreibung, gerade der motivationellen Komponente, Einbezug in den Ansatz findet. Durch die relativ modellhaft angenommenen Verhaltenserwartungen ist die PAT nicht in der Lage, reale organisatorische Prozesse zu beschreiben. Sie gibt zwar durchaus normative Aussagen, wie die Beziehung zwischen den Individuen gestaltet werden soll, aber eben auf Grundlage starrer, modellhafter Annahmen. Innerhalb des rationalitätssicherungsorientierten Controllings ist der Einbezug der PAT, im Gegensatz zu der *Küpper'schen Konzeption*, eher gering. Sie wird anfangs der Theoriebildung bei der Beschreibung der Wollenskomponente erwähnt und erläutert,[959] erfährt jedoch selten eine tatsächliche Anwendung in der Konzeption. In letzter Konsequenz bleibt aber das Problem, die eher modellhafte, normative PAT zu vermischen mit den realistisch orientierten Annahmen der beschreibenden Verhaltenswissenschaften. Das hat zumindest auf konzeptioneller Ebene Konsequenzen für die Praxeologie des rationalitätssichernden Controllings: Mit rein modellhaften, normativen Menschenbildern, lässt sich keine praktische Beschreibung und Erklärung des Controllingbereiches vollziehen. Wie bereits ausgeführt wurde, wird die PAT zwar in die Überlegungen zur Rationalitätssicherung mit

958 Weber, J. / Schäffer, U. (2008b), S. 424.
959 Vgl. Weber, J. / Schäffer, U. (2008b), S. 36 f.

einbezogen, allerdings findet sie keine tatsächliche Anwendung in der Konzeption, so dass den verhaltenswissenschaftlichen Annahmen im Rahmen des Menschenbildes ein deutliches Übergewicht zukommt.

8.4 Zwischenfazit

Der Fokus des vorangegangenen Kapitels war eine vergleichende Analyse der Erklärungsmächtigkeit der rationalitätssicherungsorientierten und der koordinationsorientierten Controllingkonzeption. Erklärungsmächtigkeit war folgendermaßen operationalisiert worden: *Unter der Erklärungsmächtigkeit wird die Fähigkeit einer Controllingkonzeption verstanden, die Emergenz, den Status quo und die Weiterentwicklungen des Controllings als sozialen Tatbestand zu erklären. Dazu sind Aussagen über faktisch ablaufende soziale und organisatorische Prozesse und der sie bestimmenden Kräfte und Mechanismen zu verstehen, und Aussagen über die mittel- und langfristigen Entwicklungen des Controllings in funktionaler, institutioneller und instrumenteller Hinsicht.* Damit konnte sichergestellt werden, dass die Erklärungsmächtigkeit sich im Besonderen auf einer der Hauptforderungen der theoretischen Controllingforschung stützt: Der Erklärung des Praxisphänomens und der Ableitung von Gestaltungsempfehlungen für dasselbe. Aufgrund der Möglichkeit der (zumindest) semantischen Kommunikation zwischen den Controllingkonzeptionen, und zusätzlich deren Status als Konzeption, wurde angenommen, dass sie einem Vergleich ihrer praktischen Reichweite und logischer Konsistenz offenstehen, ohne in den „Dschungel" der Paradigmendiskussion zu geraten, wie sie in Kapitel 4.1.3 erläutert wurde.

Folgende Ergebnisse lieferte die Analyse: Das koordinationsorientierte Controlling besitzt eine relativ gering ausgeprägte Erklärungsmächtigkeit. Dies scheint vor allem an den diffusen systemtheoretischen Grundlegungen der Führungsteilsysteme ohne den Einbezug von individuellen Handlungen zu liegen. So entstammen die Divergenzen von Funktion und Institution, vor allem auf der bereichsbezogenen Ebene, der expliziten Eliminierung sämtlicher institutioneller Aussagen, wie dies häufig bei streng kollektivistischer Theoriebildung, im Sinne eines reinen Funktionalismus, der Fall ist. Damit ist das koordinationsorientierte Controlling nicht in der Lage, spezifische, dem Koordinationsbedürfnis folgende Empfehlungen an die Ausgestaltung der Funktion, der Instrumente und der Institution zu geben. Verstärkend wirkt sich das modellhafte Menschenbild aus, das nur partiell Eingang in die Controllingkonzeption gefunden hat, was ebenfalls zu Zäsuren in der Theoriebildung führt. In den Teilen der Konzeption, in denen das Menschenbild zur Erklärung von sozialen Tatbeständen herangezogen wird, ist es nicht in der Lage, einen Erklärungsmehrwert zu erzeugen. Vielmehr finden sich die Standardempfehlungen der PAT wieder, ohne dass es tatsächliche controllingspezifische Akzentuierungen gäbe.

Demgegenüber zeichnet sich das rationalitätssicherungsorientierte Controlling durch eine im Vergleich höhere Erklärungsmächtigkeit aus. Diese folgt aus der individualistischen Theoriebildung in Verbindung mit (größtenteils) realistischen Annahmen über die Individuen, welche die Konzeption in die Lage versetzt, Gestaltungsempfehlungen für die Controllerstelle (auf mikropolitischer Ebene) und den Controllerbereich (in ablauforganisatorischer Dimension) zu geben. Auf instrumenteller Ebene ist die Konzeption allerdings genauso willkürlich wie die Konzeption *Küppers*. Zudem gelingt es keiner der beiden Konzeptionen überzeugende Gestaltungsempfehlungen bzw. eine Beschreibung des Praxisphänomens in aufbauorganisatorischer Hinsicht zu geben. Auch wenn der rationalitätssicherungsorientierten Konzeption eine höhere Erklärungsmächtigkeit bescheinigt werden kann, trägt sie ein entscheidendes Problem mit sich, was nicht aus den analysierten methodologischen Dimensionen folgt: Die Unterbestimmtheit des Rationalitätsbegriffes schafft Probleme in der Konsistenz zwischen Funktion, Institution und Instrumenten, sorgt aber auf der anderen Seite für eine relative Immunisierung gegen jede Kritik.

9 Schlussbetrachtung und Ausblick

Controlling ist ein aus der Praxis heraus entstandenes Phänomen, das sich seiner theoretischen Einordnung bis zum jetzigen Zeitpunkt entzieht. Dies sorgt für eine Vielfalt konzeptioneller Ansätze, die in ihrer Breite fast undurchschaubar sind, und für zum Teil kuriose Einbezüge interdisziplinarischer Elemente.[960] Auch innerhalb der Konzeptionen, welche Forschung und Lehre seit einiger Zeit dominieren existieren z. T. große Divergenzen in der Erklärung des Controllings sowie Gestaltungsempfehlungen an eine praktische Ausgestaltung des Controllings. Der Grund für diese extreme konzeptionelle Vielfalt konnte in Analogie zu dem Theoriendschungel der Organisationstheorie lokalisiert werden. Nicht eine Beliebigkeit in der Theoriebildung, sondern die unterschiedlichen methodologischen Grundeinstellungen der Forschungstreibenden konnten als Grund für die Divergenzen in den controllingspezifischen Aussagensystemen identifiziert werden. Damit konnte die Antwort auf die erste, in der Einleitung aufgeworfene Forschungsfrage gegeben werden:

1) Welche Überlegungen lassen sich aus den Systematisierungsgedanken der Organisationstheorie auf die Controllingforschung übertragen? Welche Analogien existieren zwischen dem Status quo der Controllingforschung und der Organisationstheorie?

Die Beantwortung der zweiten Forschungsfrage schloss sich an die oben zusammengefassten Überlegungen an. Die Forschungsfrage wurde wie folgt formuliert:

2) Welche Natur kann ein Ordnungsrahmen haben, der speziell für die eine Systematisierung der Controllingforschung dienlich ist, dabei aber die organisationstheoretischen Grundlagen mit einbezieht? Welche Dimensionen kann dieser Ordnungsrahmen aufweisen, wie lässt sich die Wahl der Dimensionen begründen und welche Art der Ausprägung weisen die Dimensionen auf.

---

[960] Vgl. die äußerst pointierte Kritik am Sammelband von Scherm, E. / Pietsch, G. (2004a), die von Schneider, D. (2005) geäußert wurde.

Es wurden zwei Dimensionen gewählt, welche aus den Grundlagendiskussionen der Controllingforschung abgeleitet wurden: Zum einen die wissenschaftstheoretische Dimension der Methodologie, welche sich entweder als methodologisch individuell oder als methodologisch kollektivistisch darstellen ließ. Dabei konnten fundamentale Unterschiede in der Theoriebildung aufgezeigt werden, womit sich die Mainstream-Konzeptionen des Controllings bereits in zwei Mengen differenzieren ließen. Das ordnende System konnte detailliert werden über die Einführung der zweiten Dimension, welche die Realitätsnähe des verwendeten Menschenbildes untersuchte. Die Ableitung dieser Dimension zeigte, dass die Diskussion über das Menschenbild nicht nur der Controllingforschung zu eigen ist, sondern auch für die gesamte Volks- und Betriebswirtschaftslehre eine eminente Wichtigkeit besitzt.[961]

Die Begründung für die Wahl der Dimensionen geschah, wie bereits erwähnt, anhand der Grundlagendiskussionen des Forschungsgebietes, so dass bereits im Vorfeld der Analyse eine hohe Systematisierungsleistung erwartet werden konnte. Diese hohe Systematisierungsleistung sollte die gewählten Dimensionen von früheren Ansätzen, wie dem Ordnungsrahmen von *Burrell / Morgan* bzw. *Gioia / Pitre* bzw. den controllingspezifischen Ordnungsrahmen nach *Schönbohm,* abgrenzen. Denn diese Ansätze zeichnen sich alle durch eine überproportionale Lokalisierung von Ansätzen im funktionalistischen Paradigma aus, wohingegen in anderen Paradigmen, z. B. dem radikal-strukturalistischen, keine nennenswerte Forschungstätigkeit zu verzeichnen ist, die auf eine Weiterentwicklung des Paradigmas schließen lässt. Nach den Ergebnissen der wissenschaftstheoretischen Analyse ließ sich die prognostizierte hohe Systematisierungsleistung der beiden Dimensionen positiv bestätigen, was zu den Ergebnissen der Abb. 36 führt. Es lässt sich zusammenfassend noch einmal herausstellen, dass für das rationalitätssicherungsorientierte Controlling ein in weiten Zügen realistisch geprägtes Menschenbild gefunden wurde,[962] das zum großen Teil mit der methodologisch individualistischen Theoriebildung korrespondiert. Ontologisch und bedeutungstheoretisch

---

[961] Ebenso, wie die Divergenzen in der methodologischen Dimension für die gesamten Geisteswissenschaften als eine Grundlagendiskussion angesehen werden kann.

[962] Die Bezeichnung in weiten Zügen deutet an, dass durch die (periphäre) Erwähnung der PAT innerhalb des konzeptionellen Aufbaus eine Zäsur in dem ansonsten durchweg realistisch geprägten Menschenbild entsteht (vgl. Kapitel 7.4).

konnte als Ergebnis der Analyse ein strenger Methodologischer Individualismus festgestellt werden, während auf erklärungstheoretischer Ebene eine gemäßigte Variante des Methodologischen Individualismus identifiziert wurde (vgl. Abb. 36).

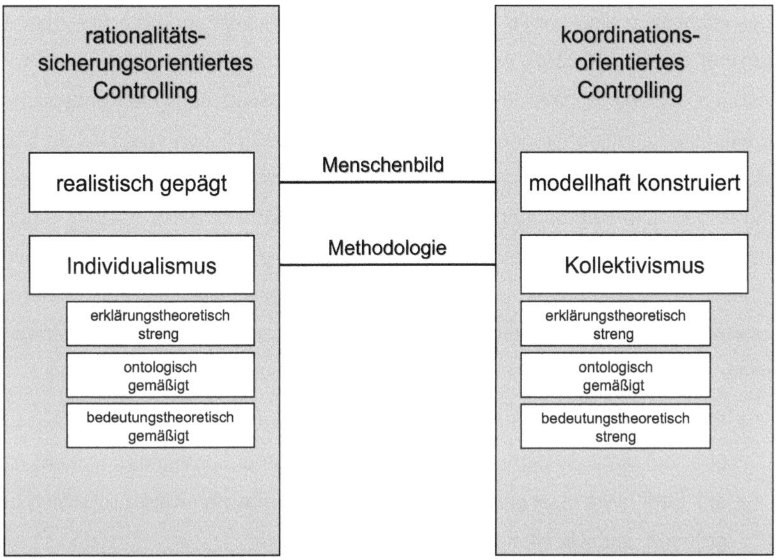

Abb. 36 *Ergebnisse der Analyse (identisch mit Abb. 29)*

Das koordinationsorientierte Controlling nach *Küpper* hingegen zeichnet sich durch ein weitestgehend modellhaft geprägtes Menschenbild aus, was sich durch den starken Einbezug der PAT und deren Modellvorstellung des Menschen erklären lässt.[963] Innerhalb der systemtheoretischen Grundlegungen existiert schlichtweg kein Menschenbild, was sich mit der Modellierung des Individuums in der *Luhmann'schen* Systemtheorie deckt, in welcher der Mensch lediglich als Kommunikationsakt Eingang findet. Dem starken Funktionalismus der Systemtheorie folgend, konnte in der wissenschaftstheoretischen Analyse auf erklärungs- und bedeutungstheoretischer Ebene eine strenge Variante des Methodologischen Kollektivismus identifiziert werden, während ontologisch eine Annäherung an das ra-

[963] Auch wenn innerhalb der konzeptionellen Gedanken durchaus verhaltenswissenschaftliche Annahmen erwähnt werden, die auf ein realistisch geprägtes Menschenbild schließen ließen, werden diese in der Konzeption lediglich erwähnt, finden aber keinen Eingang in die Überlegungen zur Ausgestaltung der Funktion und Institution Controlling.

tionalitätssicherungsorientierte Controlling stattfindet, da eine gemäßigte Ausprägung des Kollektivismus festgestellt wurde.

Aufbauend auf diesen Ergebnissen wurde mit Hilfe des Konstruktes der Erklärungsmächtigkeit eine vergleichende Analyse der Konzeptionen möglich, die vor allem auf die spezifischen, praxeologischen Gestaltungsempfehlungen der Konzeptionen abzielte. Spezifisch bedeutet in diesem Kontext, dass die Konzeptionen auf Gestaltungsempfehlungen untersucht wurden, welche den spezifischen Charakteristika der Rationalitätssicherung bzw. der Koordinationsorientierung Rechnung tragen. Die Begründung der potentiellen Möglichkeit eines solchen empirischen Vergleiches im weiten Sinne[964] wird hierbei gegeben über die durchweg vortheoretische Ausrichtung der Controllingkonzeptionen und die damit einhergehende Möglichkeit der semantischen Verständigung zwischen den verschiedenen Schulen. Damit wurde bereits partiell die dritte Forschungsfrage beantwortet:

3) Kann es einen Erkenntnisgewinn für die Controllingforschung geben, der über die reine Systematisierungsleistung durch ein ordnendes System hinaus geht? Wie lässt sich ein solcher Erkenntnisgewinn wissenschaftlich begründen, und wie ist er zu vollziehen?

Das Ergebnis der vergleichenden Analyse (und damit die Antwort auf die letzte Teilforschungsfrage) lieferte einen überraschenden Befund: Das die Forschung und Lehre dominierende koordinationsorientierte Controlling besitzt eine geringere Erklärungsmächtigkeit als das rationalitätssicherungsorientierte. Gerade die scheinbare Separation von Funktion und Organisation des Controllings bescheren dem koordinationsorientierten Controlling allergrößte Probleme, da jede Gestaltungsempfehlung für den Aufbau und Ablauf des Controllerbereiches natürlicherweise institutionelle Aussagen enthält. Die reine Fokussierung auf funktionale Aspekte führt folglich zu institutionellen Gestaltungsempfehlungen, die keinerlei Mehrwert besitzen, da sie entweder als nicht spezifisch koordinationsorientiert zu kennzeichnen sind, oder aber die spezifische Koordinationsorientierung nicht von

[964] Im weiten Sinne bedeutet hierbei, dass ein logisch-sachlicher Vergleich durchgeführt wird, da eine empirische Datenbasis in der relativ jungen Controllingforschung nicht gegeben ist, um einen empirischen Vergleich im engen Sinne durchzuführen.

der Institution Controlling übernommen werden kann, sondern von anderen organisatorischen Institutionen, wie z. B. dem Management.

Im Vergleich dazu zeichnet sich das rationalitätssicherungsorientierte Controlling durch eine höhere Erklärungsmächtigkeit aus, da durchaus Gestaltungsempfehlungen zu finden sind, die spezifisch auf die Rationalitätssicherungsaufgabe zugeschnitten sind. Unterstützt werden die organisatorischen Empfehlungen durch das realistische Menschenbild, das auf individueller Ebene eine Modellierung von ablauf- und aufbauorganisatorischen Empfehlungen zulässt. Allerdings schaffen *Weber / Schäffer* nicht den Sprung von der individuellen (Mikro) Ebene auf die Makroebene der Institution, so dass auch hier keine spezifischen, praxeologischen Aussagen zu finden sind.

Neben der Beantwortung der gestellten Forschungsfragen hat die vorliegende Arbeit (naturgemäß) weitere Fragen aufgeworfen und Bereiche identifiziert, deren wissenschaftliche Durchdringung nach Meinung des Autors großes Potential für die weitere Controllingforschung beinhalten. Zunächst ist die Verbindung von Organisationstheorie und Controllingforschung zu nennen. Es konnte im Verlauf der Arbeit gezeigt werden, dass die Organisationstheorie Konzepte und Theorien bereithält, welche einer controllingspezifischen Formulierung durchaus offenstehen.[965] Fasst man die Organisationstheorie als einen Bereich der Sozialwissenschaften auf und die Controllingforschung als eine Disziplin der Betriebswirtschaftslehre und somit auch als einen Zweig der Sozialwissenschaften, so lassen sich auf dieser höher aggregierten Ebene Forschungssynergien erzielen, deren Mehrwert bereits im Laufe der Arbeit angeklungen sind. So leitete die wissenschaftstheoretische Analyse des Kapitels 7.3 zu der überaus interessanten Fragestellung, ob durch den systemtheoretischen Funktionalismus eine kollektivistische Basis zu identifizieren sei. Die Untersuchung erging sich weiter in der detaillierten Diskussion der Unterschiede von homo oeconomicus und dem Menschenbild der Prinzipal-Agenten-Theorie, innerhalb derer Divergenzen in den Grundannahmen gefunden werden konnten, auch wenn sie derselben Denkrichtung, nämlich dem Neoliberalismus entstammen. Der Hauptunterschied bestand in dem Konzept der

---

[965] Man vgl. den Exkurs zum reflexionsorientierten Controlling nach Becker und die in diesem Rahmen als Konzept zweiter Ordnung fungierende Strukturationstheorie (vgl. Kapitel 7.5).

Rollenerwartung, nach dem sich die Individuen innerhalb der gegebenen Hierarchie als Ergebnis ihrer Funktion und Rolle in der Organisation entsprechend verhalten. Diesem Konzept wird in der Prinzipal-Agenten-Theorie, wie auch in der gesamten allgemeinen Betriebswirtschaftslehre i. d. R. keinerlei Bedeutung eingeräumt, währenddessen die Sozialwissenschaften, namentlich die Soziologie, bereits umfassende Beschreibungen und Erklärungen eines solcherart durch Rollenverhalten und Rollenerwartungen gesteuerten Verhaltens bereithält. Für die Controllingforschung stellt sich an dieser Stelle die Frage, in wie weit eine Konzeption, die sich einer funktionalen Rollentheorie bedient, Erklärungen liefern kann, die über die reine funktionelle Dimension des Controllings hinausgehen. Nach Meinung des Autors ist ein solcher rein funktionelle beschrittener Erklärungsansatz, d. h. die alleinige Fokussierung auf die Controllingfunktion und die Erklärung derselben mit Theorien, welche rein funktional argumentieren, kein geeigneter Ansatz für eine geschlossene Theorie des Controllings.

Vielmehr haben die Ergebnisse der Arbeit aufgezeigt, dass die Formulierung einer geschlossenen und logisch konsistenten Konzeption des Controllings über eine institutionelle Begründung und damit unter Einbezug organisationstheoretischer Überlegungen zu vollziehen ist. Gerade zur Beschreibung der real existierenden Institution Controlling und im Hinblick auf die vielfach postulierte Praxeologie der Controllingforschung scheint sich ein reales Menschenbild als Grundlage der Konzeptionen anzubieten. Zum einen gelingt dadurch der Brückenschlag zur Praxis, zum anderen lassen sich über die Aggregation individueller Attribute Gestaltungsempfehlungen für die Institution ableiten.[966] An was es der Controllingforschung bis zum jetzigen Zeitpunkt jedoch mangelt, ist die Erschließung tatsächlicher Gestaltungsempfehlungen auf der organisatorischen Makroebene, welche sich idealiter durch den Methodologischen Individualismus über die individuelle Attributierung vollziehen könnte.[967]

Ein weiteres Forschungsfeld, welches durch die vorliegende Arbeit eröffnet wurde, ist in Möglichkeit zu sehen, Konzeptionen nach der Einordnung in das Analyseras-

---

966 Ähnlich wie dies Weber / Schäffer durchaus auf der Mikro- und Mesoebene im Rahmen des rationalitätssicherungsorientierten Controllings gelingt (vgl. Kapitel 8.4).

967 Vgl. Meyer, M. (2005), S. 24 ff.

ter kritisch im Hinblick auf ihre Erklärungsmächtigkeit zu prüfen. Wünschenswert wäre jedoch die Möglichkeit eines empirischen Vergleiches im engeren Sinne, so dass auf Grundlage einer breiten empirischen Datenbasis, und operationalisierbarer, konzeptioneller Gestaltungsempfehlungen der Forschungstreibenden, Konzeptionen im Hinblick auf die praktische Ausprägung der Controllerbereiche evaluiert werden können. Dazu scheinen vor allem empirische Langzeit- und Querschnittsstudien dienlich, welche neben der aktuellen Ausprägung des Controllings auch dessen Evolution im Laufe der Zeit darstellen können. Weiterhin wertvoll scheint die empirische Betrachtung des Controllings in Abhängigkeit von Größenunterschieden der Unternehmungen zu sein, ebenso wie Unterschiede bei Unternehmungen, die eigentümergeführt sind, zu Unternehmungen, bei welchen Eigentum und Management nicht identisch sind.

Allgemein gesprochen wäre es wünschenswert, wenn die Controllingforschung sich aus dem vorwissenschaftlichen Stadium herausentwickelt, und sich in der Lage findet, geschlossen-theoretische Aussagensysteme zu entwickeln, die definitorisch genau genug sind, um sie mit den erwähnten empirischen Daten auf ihre Erklärungsmächtigkeit hin zu prüfen. Dies setzt neben der definitorischen Exaktheit aber auch den Bezug zu abstrakteren Theorien voraus, welche sich innerhalb der spezifischen Controllingtheorie operationalisieren lassen. Neben der Operationalisierung setzt die Verwendung abstrakterer Theorien aber immer wieder von neuem das bewusste Bekenntnis des Forschenden selbst zu dessen theoretischen Wurzeln voraus, und daneben einen ständigen Prozess des kritischen Überdenkens des eigenen Standpunktes und der wissenschaftstheoretischen Prämissen.

Literatur

Abel, B. (1979): Kritischer Rationalismus und das Wertfreiheitsprinzip, München 1979.

Acham, K. (1983): Philosophie der Sozialwissenschaften, München 1983.

Albert, H. (1991): Traktat über die kritische Vernunft, Tübingen 1991.

Alparslan, A. (2006): Strukturalistische Prinzipal-Agent-Theorie - Eine Reformulierung der Hidden-Action-Modelle aus der Perspektive des Strukturalismus. In: Corsten, H. et al. (Hrsg.): Information - Organisation - Produktion, Wiesbaden 2006.

Anderson, J. R. (2001): Kognitive Psychologie, 3. Aufl., Heidelberg 2001.

Arbinger, R. (1997): Psychologie des Problemlösens: Eine anwendungsorientierte Einführung, Darmstadt 1997.

Archer, M. S. (1988): Culture and Agency - The Place of Culture in Social Theory, Cambridge 1988.

Arentzen, U. / Lörcher, U. (1994): Gablers Wirtschaftslexikon, Wiesbaden 1994.

Argyris, C. (1952): The Impact of Budgets on People, New York 1952.

Argyris, C. (1953): Human Problems with Budgets. In: Harvard Business Review, 31 (1953), H. 1, S. 97-110.

Astley, W. G. / Van de Ven, A. H. (1983): Central Perspectives and Debates in Organization Theory. In: Administrative Science Quarterly, 28 (1983), H. 2, S. 245-273.

Backes-Gellner, U. / Wolff, B. (2001): Personalmanagement. In: Jost, P.-J. (Hrsg.): die Prinzipal-Agenten-Theorie in der Betriebswirtschaftslehre, Stuttgart 2001, S. 395-437.

Baecker, D. (2005): Schlüsselwerke der Systemtheorie, Wiesbaden 2005.

Baumgarten, E. (1964): Max Weber - Werk und Person, Tübingen 1964.

Bea, F. X. / Göbel, E. (2006): Organisation. Theorie und Gestaltung, 3. Aufl., Stuttgart 2006.

Becker, A. (1999): Accounting: Diskurs oder soziale Praxis? Kritik der postmodernen Accountingforschung. In: Schreyögg, G. (Hrsg.): Organisation und Postmoderne. Grundfragen - Analysen - Perspektiven, Wiesbaden 1999, S. 237-264.

Becker, A. (2001): Strategisches Controlling und Strukturation. In: Ortmann, G. et al. (Hrsg.): Strategie und Strukturation: Strategisches Management von Unternehmen, Netzwerken und Konzernen, Wiesbaden 2001, S. 91-126.

Becker, A. (2003): Controlling als reflexive Steuerung von Organisationen, Stuttgart 2003.

Becker, A. (2004): Controlling als Praxis: Eine strukturationstheoretische Perspektive auf Controlling. In: Pietsch, G. et al. (Hrsg.): Controlling - Theorien und Konzeptionen, München 2004, S. 755-777.

Bentham, J. (1973, Nachdruck): Value of a Pain or Pleasure In: Parekh, B. (Hrsg.): Bentham´s Political Thought, London 1973, Nachdruck.

Bleicher, K. / Meyer, E. (1976): Führung in der Unternehmung. Formen und Modelle, Reinbeck bei Hamburg 1976.

Böhm, J. / Holweg, H. / Hoock, C. (2002): Karl Poppers kritischer Rationalismus heute, Tübingen 2002.

Bökenkamp, J. (1985): Überlegungen zum menschlichen Verhalten in der ökonomischen Theorie - dargestellt an einem Konzept der Alternativenrationalität, Göttingen 1985.

Bokranz, R. / Karsten, L. (2003): Organisations-Management in Dienstleistung und Verwaltung. Gestaltungsfelder, Instrumente und Konzepte, 4. Aufl., Wiesbaden 2003.

Bonacker, T. (2005): Sozialwissenschaftliche Konflikttheorien - Einleitung und Überblick. In: Bonacker, T. (Hrsg.): Sozialwissenschaftliche Konflikttheorien. Eine Einführung, 3. Aufl., Wiesbaden 2005.

Boulding, K. E. (1969): Economics as a Moral Science. In: American Economic Review, 59 (1969), H. 1, S. 1-12.

Brock, D. / Junge, M. / Krähnke, U. (2007): Soziologische Theorien von Auguste Comte bis Talcott Parsons - Einführung, 2. Aufl., München 2007.

Bröcker, W. (1986): Die Geschichte der Philosophie vor Sokrates, 2. Aufl., Frankfurt a. Main 1986.

Burrell, G. (1997): Pandemonium: Towards a Retro-Organization Theory, London 1997.

Burrell, G. / Morgan, G. (1992): Sociological Paradigms and Organisational Analysis, Hants 1992.

Canella, A. A. / Paetzold, R. L. (1994): Pfeffer's Barriers to the Advance of Organizational Science: A Rejoinder. In: Academy of Management Review, 19 (1994), H. 2, S. 331-341.

Carrier, M. (1995): Relativismus. In: Mittelstraß, J. (Hrsg.): Enzyklopädie Philosophie und Wissenschaftstheorie, Bd. 3, Stuttgart et al. 1995, S. 364-365.

Carrier, M. (1996): Theoriebeladenheit. In: Mittelstraß, J. (Hrsg.): Enzyklopädie Philosophie und Wissenschaftstheorie, Bd. 4, Stuttgart et al. 1996, S. 272-274.

Carrier, M. (2007): Wege der Wissenschaftsphilosophie im 20. Jahrhundert. In: Bartels, A. et al. (Hrsg.): Wissenschaftstheorie, Paderborn 2007, S. 15-44.

Cassar, A. / Friedman, D. (2004): Economics Lab. An Intensive Course in Experimental Economics, London 2004.

Chua, W. F. (1988): Interpretive Sociology and Management Accounting Research - A Critical Review. In: Accounting, Auditing & Accountability Journal 1(1988), H. 2, S. 59-79.

Clegg, S. (1982): Sociological Paradigms and Organizational Analysis - Burrell, G.; Morgan, G. In: Organization Studies, 3 (1982), H. 4, S. 380-381.

Colin, E. / Spender, J.-C. (1998): Managerial and Organizational Cognition. Theory, Methods and Research, London 1998.

Corsten, H. / Gössinger, R. (2009): Produktionswirtschaft. Einführung in das industrielle Produktionsmanagement, 12. Aufl., München 2009.

Craib, I. (1995): Layder, Derek: Understanding Social Theory. In: The British Journal of Sociology, 46 (1995), H. 2, S. 360-262.

Craig, E. (2007): Realismus und Antirealismus. In: Craig, E. (Hrsg.): Die kleine Routledge Enzyklopädie der Philosophie Bd. 3, Berlin 2007, S. 213-220.

Dahrendorf, R. (1958): Homo sociologicus, Köln et al. 1958.

Dahrendorf, R. (1959): Class and Class Conflict in Industrial Society, London 1959.

Dahrendorf, R. (1979): Life Changes, London 1979.

Dahrendorf, R. (1988): The Modern Social Conflict: An Essey on the Politics of Liberty, London 1988.

Dallmayr, W. (1982): The Theory of Structuration - A Critique. In: Giddens, A. (Hrsg.): Profiles and Critique in Social Theory, London 1982, S. 18-25.

Davidson, D. (2008): Wahrheit, Sprache und Geschichte, Frankfurt a. Main 2008.

Deephouse, D. L. / Suchman, M. (2008): Legitimacy in Organizational Institutionalism. In: Greenwood, R. et al. (Hrsg.): Organizational Institutionalism, Los Angeles et al. 2008, S. 49-77.

Deetz, S. (1996): Describing Differences in Approaches to Organization Science: Rethinking Burrell and Morgan and Their Legacy. In: Organization Science, 7 (1996), H. 2, S. 191-207.

Derfuß, K. (2009): The Relationship of Budgetary Participation and Reliance on Accounting Performance Measures with Individual-Level Consequent Variables: A Meta-Analysis. In: European Accounting Review, 18 (2009), H. 2, S. 203-239.

Döring, E. (1987): Karl R. Popper - Einführung in Leben und Werk, Hamburg 1987.

Döring, E. (1996): Karl R. Popper: "Die offene Gesellschaft und ihre Feinde"; ein einführender Kommentar, Paderborn et al. 1996.

Douma, S. / Schreuder, H. (2002): Economic Approaches to Organizations, 3. Aufl., London 2002.

Durkheim, E. (1895): Les regles de la méthode sociologique, Paris 1895.

Durkheim, E. (1976): Regeln der soziologischen Methode. In: König, R. (Hrsg.), 5. Aufl. 1976.

Durkheim, E. (2006): Rules for the Explanation of Social Facts. In: Moore, H. L. et al. (Hrsg.): Anthropology in Theory - Issues in Epistemology, Oxford 2006, S. 47-56.

Ebers, M. / Gotsch, W. (2006): Institutionenökonomische Theorien der Organisation. In: Kieser, A. et al. (Hrsg.): Organisationstheorien, 6. Aufl., Stuttgart 2006, S. 247-308.

Eco, U. (1989): Das Focaultsche Pendel, München et al. 1989.

Eisenführ, F. / Weber, M. (1999): Rationales Entscheiden, Berlin et al. 1999.

Eisenstadt, S. N. (1980): Autonomy of Sociology and its Emancipatory Dimensions. In: Gieryn, T. F. (Hrsg.): Science and Social Structure - A Festschrift for Robert K. Merton. Transactions of the New York Academy of Sciences, New York 1980, S. 28-31.

Elkana, Y. (1988): Experiment as a Second-Order Concept. In: Science in Context, 2 (1988), H. 1, S. 177-196.

Evans-Pritchard, E. E. (1937): Witchcraft, Oracles and Magic among the Azande, Oxford 1937.

Fabel, O. / Hilgers, B. / Lehmann, E. (2001): Strategie und Organisationsstruktur. In: Jost, P.-J. (Hrsg.): Die Prinzipal-Agenten-Theorie in der Betriebswirtschaftslehre, Stuttgart 2001.

Fayol, H. (1916): Administration industrielle et générale: Prèvoyance, Organisation, Commandement, Coordination, Contrôle, Paris 1916.

Feyerabend, P. (1979): Wider den Methodenzwang - Skizze einer anarchistischen Erkenntnistheorie, Baden-Baden 1979.

Feyerabend, P. (1981): Erkenntnis für freie Menschen, Frankfurt a. Main 1981.

Feyerabend, P. (1992): Über Erkenntnis - Zwei Dialoge, Frankfurt a. Main et al. 1992.

Franzen, A. / Pointner, S. (2008): Fairness und Reziprozität im Diktatorspiel. In: Rehberg, K.-S. (Hrsg.): Die Natur der Gesellschaft. Verhandlungen des 33. Kongresses der Deutschen Gesellschaft für Soziologie in Kassel 2006, Frankfurt a. Main et al. 2008.

Freund, J. (1983): Sociologie du conflit, Paris 1983.

Fricke, F.-U. (1994): Wirtschaftliche Entwicklung und individuelles Verhalten, Bayreuth 1994.

Friedl, B. (2003): Controlling, Stuttgart 2003.

Fritz, K. v. (1965): Die Entdeckung der Inkommensurabilität durch Hippasos von Metapont. In: Becker, O. (Hrsg.): Zur Geschichte der griechischen Mathematik, Darmstadt 1965, S. 271-307.

Gerhardt, U. (1971): Rollenanalyse als kritische Soziologie - Ein konzeptueller Rahmen zur empirischen und methodologischen Begründung einer Theorie der Vergesellschaftung. In: Maus, H. et al. (Hrsg.): Soziologische Texte, Bd. 72, Neuwied et al. 1971.

Gerken, L. / Renner, A. (2000): Die ordnungspolitische Konzeption Walter Euckens. In: Gerken, L. (Hrsg.): Walter Eucken und sein Werk - Rückblick auf den Vordenker der sozialen Marktwirtschaft, Tübingen 2000, S. 1-47.

Gerling, P. G. (2007): Controlling und Kognition - Implikationen begrenzter kognitiver Kapazitäten für das Controlling. In: Lingnau, V. et al. (Hrsg.): Controlling, Bd. 6, Lohmar et al. 2007.

Gethmann, C. F. (1984a): Kuhn. In: Mittelstraß, J. (Hrsg.): Enzyklopädie Philosophie und Wissenschaftstheorie, Mannheim et al. 1984a, S. 504-507.

Gethmann, C. F. (1984b): Nominalism. In: Borchert, D. M. (Hrsg.): Encyclopedia of Philosophy, Bd. 2, Detroit 1984b.

Gethmann, C. F. (1995a): Paradigma. In: Mittelstraß, J. (Hrsg.): Enzyklopädie Philosophie und Wissenschaftstheorie, Bd. 3, Stuttgart et al. 1995a, S. 33-37.

Gethmann, C. F. (1995b): Rationalismus, kritischer. In: Mittelstraß, J. (Hrsg.): Enzyklopädie Philosophie und Wissenschaftstheorie, Bd. 3, Stuttgart et al. 1995b, S. 466-468.

Gethmann, C. F. (1995c): Rationalität. In: Mittelstraß, J. (Hrsg.): Enzyklopädie Philosophie und Wissenschaftstheorie, Bd. 3, Stuttgart et al. 1995c, S. 468-481.

Gethmann, C. F. (1995d): Realismus. In: Mittelstraß, J. (Hrsg.): Enzyklopädie Philosophie und Wissenschaftstheorie, Bd. 3, Stuttgart et al. 1995d, S. 500-502.

Gethmann, C. F. (1995e): Realismus (erkenntnistheoretisch). In: Mittelstraß, J. (Hrsg.): Enzyklopädie Philosophie und Wissenschaftstheorie, Bd. 3, Stuttgart et al. 1995e, S. 500-502.

Giddens, A. (1979): Central Problems in Social Theory - Action, Structure and Contradiction in Social Analysis, Berkeley 1979.

Giddens, A. (1984a): The Constitution of Society: Outline of the Theory of Structuration, Cambridge 1984a.

Giddens, A. (1984b): Interpretative Soziologie, Frankfurt a. Main 1984b.

Giddens, A. (1991): Structuration Theory - Past, Present and Future. In: Bryant, C. G. A. et al. (Hrsg.): Giddens' Theory of Structuration - A Critical Appreciation, London 1991, S. 201-221.

Gigerenzer, G. (2004a): Dread Risk, September 11, and Fatal Traffic Accidents. In: Psychological Science, 15 (2004a), H. 4, S. 286–287.

Gigerenzer, G. (2004b): Mindless Statistics. In: The Journal of Socio-Economics, 33 (2004b), H. 5, S. 587-606.

Gigerenzer, G. (2004c): Striking a Blow for Sanity in Theories of Rationality. In: Augier, M. (Hrsg.): Models of a Man: Essays in Memory of Herbert A. Simon, Cambridge (Mass.) 2004b, S. 389-409.

Gigerenzer, G. / Goldstein, D. G. (1999): The Recognition Heuristic: How Ignorance Makes Us Smart. In: Gigerenzer, G. et al. (Hrsg.): Simple Heuristics That Make Us Smart, New York 1999, S. 37-58.

Gigerenzer, G. / Selten, R. (2001): Bounded Rationality - The Adaptive Toolbox, Cambridge (Mass.) 2001.

Gigerenzer, G. / Selten, R. (2001): Rethinking Rationality. In: Gigerenzer, G. et al. (Hrsg.): Bounded Rationality - The Adaptive Toolbox, Cambridge (Mass.) 2001, S. 1-12.

Gigerenzer, G. / Todd, P. M. (2000): Simple Heuristics That Make Us Smart (Evolution and Cognition), Oxford 2000.

Gillenkirch, R. M. / Arnold, M. C. (o. J.): State of the Art des Behavioral Accounting, Wirtschaftswissenschaftliche Fakultät der Georg-August-Universität Göttingen, Göttingen o. J.

Gilovich, T. / Griffin, D. / Kahneman, D. (2002): Heuristics and Biases: The Psychology of Intuitive Judgement, New York 2002.

Gioia, D. A. / Pitre, E. (1990): Multiparadigm Perspectives on Theory Building. In: Academy of Management Review, 15 (1990), H. 4, S. 584-602.

Gloy, K. / Schild, W. (1998): Systemtheorie. In: Gloy, K. et al. (Hrsg.): Studien zum System der Philosophie, Bonn 1998.

Gmür, M. (1993): Organisationstheorien. Entwicklungslinien - Systematik - Kritik. In: Klimecki, R. (Hrsg.): Management Forschung und Praxis, Bd. 7, Konstanz 1993.

Göbel, E. (2002): Neue Institutionenökonomik - Konzeption und betriebswirtschaftliche Anwendung, Stuttgart 2002.

Goles, T. / Hirschheim, R. (2000): The Paradigm is Dead, the Paradigm is Dead...Long Live the Paradigm: The Legacy of Burrell and Morgan. In: Omega - The International Journal of Management Science, 28 (2000), H. 3, S. 249-268

Gordon, J.-S. (2007): Bemerkungen zum Begründungstrilemma, Bochum 2007.

Griese, H. M. / Nikles, B. W. / Rülcker, C. (1977): Soziale Rolle. Zur Vermittlung von Individuum und Gesellschaft. Ein soziologisches Studien- und Arbeitsbuch, Opladen 1977.

Grob, H. L. / Austrup, S. (2008): Controllingkonzeptionen. In: Grob, H. L. (Hrsg.): Arbeitsberichte des Institus für Wirtschaftsinformatik der Westfälischen Wilhelms-Universität Münster, Bd. 30, 2008.

Grochla, E. (1978): Einführung in die Organisationstheorie, Stuttgart 1978.

Grochla, E. (1980): Organisationstheorie. In: Grochla, E. (Hrsg.): Enzyklopädie der Betriebswirtschaftslehre, Bd. 2: Handwörterbuch der Organisation, 2. Aufl., Stuttgart 1980, Sp. 1795 - 1814.

Grundmann, M. (2006): Sozialisation, Konstanz 2006.

Grundmann, T. (2008): Analytische Einführung in die Erkenntnistheorie, Berlin et al. 2008.

Gutenberg, E. (1929): Die Unternehmung als Gegenstand betriebswirtschaftlicher Theorie, Berlin et al. 1929.

Gutenberg, E. (1957): Betriebswirtschaftslehre als Wissenschaft. In: Kölner Universitätsreden 18 (1957).

Gutenberg, E. (1964): Die Produktionsfunktion als Beispiel betriebswirtschaftlicher Theoriebildung. In: Kloten, N. et al. (Hrsg.): Systeme und Methoden in den Wirtschafts- und Sozialwissenschaften (Erwin von Beckerath zum 75. Geburtstag), Tübingen 1964, S. 145-153.

Gutenberg, E. (1983): Grundlagen der Betriebswirtschaftslehre. Erster Band: Die Produktion, 24. Aufl., Heidelberg et al. 1983.

Haas, G. (1984a): Induktion. In: Mittelstraß, J. (Hrsg.): Enzyklopädie Philosophie und Wissenschaftstheorie, Bd. 2, Mannheim et al. 1984a, S. 232-234.

Haas, G. (1984b): Inkommensurabilität. In: Mittelstraß, J. (Hrsg.): Enzyklopädie Philosophie und Wissenschaftstheorie, Bd. 2, Mannheim et al. 1984b, S. 245-246.

Haase, M. (2006): Wissenschaftstheoretische Begriffe wissenschaftlichen Fortschritts und ihre Relevanz für die Betriebswirtschaftslehre. In: Zelewski, S. et al. (Hrsg.): Fortschritt in den Wirtschaftswissenschaften. Wissenschaftstheoretische Grundlagen und exemplarische Anwendungen, Wiesbaden 2006, S. 49-84.

Habermas, J. (1973): Wahrheitstheorien. In: Fahrenbach, H. (Hrsg.): Wirklichkeit und Reflexion. Walter Schulz zum 60. Geburtstag, Neske et al. 1973, S. 211–265.

Habermas, J. (1997): Theorien des kommunikativen Handelns - Band 1: Handlungsrationalität und gesellschaftliche Rationalisierung, 2. Aufl., Frankfurt a. Main 1997.

Hahn, D. / Hungenberg, H. (2001): Planung und Kontrolle, Planungs- und Kontrollsysteme, Planungs- und Kontrollrechnung. Controllingkonzepte, 6. Aufl., Wiesbaden 2001.

Haller, M. (1999): Soziologische Theorie im systematisch-kritischen Vergleich, Opladen 1999.

Hamilton, P. (1983): Talcott Parsons - Key Sociologists, London 1983.

Hansmann, K.-W. (2008): Gutenberg: Wegbereiter des modernen Produktionsmanagements. In: Zeitschrift für Betriebswirtschaft (2008), H. 5 (Special Issue), S. 1-16.

Hansmann, K. W. (2006): Industrielles Management, 8. Aufl., München 2006.

Harbert, L. (1982): Controlling-Begriffe und Controlling-Konzeptionen: Eine kritische Betrachtung des Entwicklungsstandes des Controlling und Möglichkeiten seiner Fortentwicklung, Bochum 1982.

Hayek, F. A. v. (1976): Individualismus und wirtschaftliche Ordnung, Salzburg 1976.

Hayek, F. A. v. (2004): Mißbrauch und Verfall der Vernunft, 3. Aufl., Tübingen 2004.

Hebeler, C. (2005): Neugestaltung der Unternehmensplanung bei Henkel. In: Controlling, 17 (2005), H. 8/9, S. 515-522.

Heckhausen, J. / Heckhausen, H. (2006): Motivation und Handeln, Heidelberg 2006.

Hegselmann, R. (1992): Einleitung: Einheitswissenschaft - das positive Paradigma des Logischen Empirismus. In: Schulte, J. et al. (Hrsg.): Einheitswissenschaft, Frankfurt a. Main 1992, S. 7-23.

Heine, M. / Herr, H. (2003): Volkswirtschaftslehre. Paradigmenorientierte Einführung in die Mikro- und Makroökonomie, 3. Aufl., München et al. 2003.

Heine, W. (1983): Methodologischer Individualismus, Würzburg 1983.

Hempel, C. G. / Oppenheim, P. (1953): Studies in the Logic of Explanation. In: Philosophy of Science, 15 (1953), H. 2, S. 135-175.

Herder-Dorneich, P. (1995): Vorbemerkungen zu: "Von der Soziologischen Systemtheorie lernen". Kann Ökonomik von der Soziologie lernen? In: Herder-Dorneich, P. et al. (Hrsg.): Von der Theorie der Wirtschaftssysteme zur ökonomischen Systemtheorie, Tübingen 1995, S. 237-240.

Hering, T. (2008): Wertorientiertes Controlling aus Sicht der Investitionstheorie. In: Freidank, C.-C. et al. (Hrsg.): Controlling und Rechnungslegung - Aktuelle Entwicklungen in Wissenschaft und Praxis, Wiesbaden 2008, S. 37-51.

Heydebrand, W. V. (1983): Organization and Praxis. In: Morgan, G. (Hrsg.): Beyond Method. Strategies for Social Research, Beverly Hills 1983, S. 306-320.

Hinck, D. (2000): Arbeitsberichte des Forschungsprogramms Agieren in sozialen Kontexten: Organisationstheorien im Überblick. Online im Internet, URL: http://www.informatik.uni-hamburg.de/TGI/forschung/projekte/sozionik/as.html. Abruf: 09/01/2009.

Hirsch, B. (2003): Zur Lehre im Fach Controlling an deutschsprachigen Universitäten. In: Weber, J. et al. (Hrsg.): Zur Zukunft der Controllingforschung, Wiesbaden 2003, S. 249-266.

Hirsch, B. (2005): Erkenntnisfortschritt in der Controllingforschung durch Integration verhaltenswissenschaftlicher Erkenntnisse? In: Zelewski, S. et al. (Hrsg.): Fortschrittskonzepte und Fortschrittsmessung in Betriebswirtschaftslehre und Wirtschaftsinformatik, Tagungsband zur wissenschaftlichen Fachtagung der Wissenschaftlichen Kommission Wissenschaftstheorie im Verband der Hochschullehrer für Betriebswirtschaft (VHB) e.V. 2005, Essen 2005, S. 1-38.

Hirsch, B. / Weber, J. (2003): Vorwort. In: Weber, J. et al. (Hrsg.): Zur Zukunft der Controllingforschung, Wiesbaden 2003, S. V-VII.

Hollis, M. (1995): Soziales Handeln - Eine Einführung in die Philosophie der Sozialwissenschaft, Berlin 1995.

Holmström, B. (1979): Moral Hazard and Observability. In: The Bell Journal of Economics, 10 (1979), H. 1, S. 74–91.

Holton, R. J. (1986): Talcott Parsons and the Theory of Economy and Society. In: Holton, R. J. et al. (Hrsg.): Talcott Parsons - On Economy and Society, 1986, S. 25-106.

Homann, K. (1980): Die Interdependenz von Zielen und Mitteln, Tübingen 1980.

Homburg, C. (2001): Hierarchische Controllingkonzeptionen - Theoretische Fundierung eines koordinationsorientierten Controlling, Heidelberg 2001.

Hönig, K. (2006): Im Spiegel der Bedeutung - Eine Studie über die Begründbarkeit des Relativismus, Würzburg 2006.

Hoogen, M. / Lingnau, V. (2009a): Institutionelle Gestaltungsempfehlungen für das Controlling von Innovationsprojekten in KMU. In: Controlling, 21 (2009a), H. 7, S. 377-384.

Hoogen, M. / Lingnau, V. (2009b): Perspektiven eines kognitionsorientierten Controllings für KMU. In: Müller, D. (Hrsg.): Controlling für kleine und mittlere Unternehmen, München 2009b, S. 102-126.

Hopwood, A. (1972): An Empirical Study of the Role of Accounting Data in Performance Evaluation. In: Journal of Accounting Research, 10 (1972), S. 156-182.

Hopwood, A. (1974): Accounting and Human Behaviour, London 1974.

Hopwood, A. (1990): Accounting and Organization Change. In: Accounting, Auditing & Accountability Journal, 3 (1990), H. 1, S. 7-17.

Horváth, P. (1978): Controlling - Entwicklung und Stand einer Konzeption zur Lösung der Adaptions- und Koordinationsprobleme der Führung. In: Zeitschrift für Betriebswirtschaft, 48 (1978), H. 3, S. 194-208.

Horváth, P. (2001): Controlling, 8. Aufl., München 2001.

Horváth, P. (2006): Controlling, 10. Aufl., München 2006.

Horváth, P. (2009): Controlling, 11. Aufl., München 2009.

Hoyningen-Huene, P. (1989): Die Wissenschaftsphilosophie Thomas S. Kuhns, Braunschweig 1989.

Hoyningen-Huene, P. (1997): Kuhn: Paradigmenwechsel. In: Fischer, M. et al. (Hrsg.): Paradigmen, Frankfurt a. Main 1997, S. 129-140.

Hubig, L. / Lingnau, V. (2008): Hochschulcontrolling - Möglichkeiten und Grenzen der Leistungsmessung mit Hilfe des AHP. In: Seicht, G. (Hrsg.): Jahrbuch für Controlling und Rechnungswesen 2008, Wien 2008, S. 389-418.

Huck, S. (2004): Advances in Understanding Strategic Behavior, Game Theory, Experiments and Bounded Rationality, Basingstoke 2004.

Hübner, K. (1986): Kritik der wissenschaftlichen Vernunft, 3. Aufl., Freiburg et al. 1986.

Hüttemann, A. (1997): Idealisierungen und das Ziel der Physik. Eine Untersuchung zum Realismus, Empirismus und Konstruktivismus in der Wissenschaftstheorie, Berlin et al. 1997.

Irrek, W. (2002): Controlling als Rationalitätssicherung der Unternehmensführung? Denkanstöße zur jüngsten Entwicklung der Controllingdiskussion In: Kostenrechnungspraxis, 46 (2002), H. 1, S. 46-51.

Jackson, N. / Carter, P. (1991): In Defence of Paradigm Incommensurability. In: Organization Studies, 12 (1991), H. 1, S. 109-127.

Jackson, N. / Carter, P. (1993): 'Paradigm Wars': A Response to Hugh Willmott. In: Organization Studies, 14 (1993), H. 5, S. 721-725.

Janich, P. (1996): Konstruktivismus und Naturerkenntnis - Auf dem Weg zum Kulturalismus, Frankfurt a. Main 1996.

Janich, P. / Kambartel, F. / Mittelstraß, J. (1974): Wissenschaftstheorie als Wissenschaftskritik, Frankfurt a. Main 1974.

Jaspers, K. (1953): Einführung in die Philosophie, Tübingen 1953.

Jensen, M. / Meckling, W. (1976): Theory of the Firm. Managerial Behavior, Agency Costs, and Ownership Structure. In: Journal of Financial Economics, 3 (1976), H. 4, S. 305–360.

Jonen, A. / Lingnau, V. (2007): Das real existierende Phänomen Controlling und seine Instrumente - Eine kognitionsorientierte Analyse. In: Lingnau, V. (Hrsg.): Beiträge zur Controlling-Forschung, Bd. 13, Kaiserslautern 2007.

Jones, C. (1998): Review of: Pandemonium: Towards a Retro-Organization Theory by Gibson Burrell. Online im Internet, URL: http://www.mngt.waikato.ac.nz/ejrot/Vol4_1/jones.pdf. Abruf: 12/01/2009.

Jung, H. (2006): Allgemeine Betriebswirtschaftslehre, 10 Aufl., München 2006.

Jung, M. (2002): Hermeneutik zur Einführung, Hamburg 2002.

Kabalak, A. / Klett, D. / Priddat, B. P. (2007): Subjekt und System. Ist die Systemtheorie wirklich akteurstheoretisch unbrauchbar? In: Kabalak, A. et al. (Hrsg.): Wieviel Subjekt braucht die Theorie? Ökonomie / Soziologie / Philosophie, Wiesbaden 2007, S. 39-84.

Kahneman, D. / Slovic, P. / Tversky, A. (1982): Judgement under Uncertainty: Heuristics and Biases, New York 1982.

Kahneman, D. / Tversky, A. (2000): Choices, Values and Frames, New York 2000.

Kalenscher, T. et al. (2005): Single Units in the Pigeon Brain Integrate Reward Amount and Time-To-Reward in an Impulsive Choice Task. In: Current Biology, 15 (2005), H. 7, S. 594-602.

Kambartel, F. (1995): Positivismus (systematisch). In: Mittelstraß, J. (Hrsg.): Enzyklopädie Philosophie und Wissenschaftstheorie, Bd. 3, Stuttgart et al. 1995, S. 303-304.

Kamitz, R. (1973): Positivismus - Befreiung vom Dogma, München 1973.

Kant, I. (1783): Prolegomena zu einer jeden künftigen Metaphysik, die als Wissenschaft wird auftreten können, Riga 1783.

Kapeller, J. (2008): Das Menschenbild moderner Ökonomie. In: Linz, J.-K.-U. (Hrsg.): Schriften der Johannes-Kepler-Universität Linz: Reihe B: Wirtschafts- und Sozialwissenschaften, Bd. 119, Linz 2008.

KcKinley, W. / Mone, M. A. (2003): Micro and Macro Perspectives in Organization Theory: A Tale of Incommensurability. In: Tsoukas, H. et al. (Hrsg.): The Oxford Handbook of Organization Theory - Meta-theoretical Perspectives, Oxford 2003, S. 345-372.

Kern, M. (1979): Klassische Erkenntnistheorien und moderne Wissenschaftslehre, München 1979.

Keuth, H. (1996): Rationalität und Wahrheit. In: Gardenne, V. et al. (Hrsg.): Rationalität und Kritik, Tübingen 1996, S. 79-98.

Kieser, A. (2003): Ein kleiner Reisebericht aus einem benachbarten, aber doch fremden Gebiet. In: Weber, J. et al. (Hrsg.): Zur Zukunft der Controllingforschung, Wiesbaden 2003, S. 11-26.

Kieser, A. (2006a): Human-Relations-Bewegung und Organisationspsychologie. In: Kieser, A. et al. (Hrsg.): Organisationstheorien, 6. Aufl., Stuttgart 2006a, S. 133-168.

Kieser, A. (2006b): Managementlehre und Taylorismus. In: Kieser, A. et al. (Hrsg.): Organisationstheorien, 6. Aufl., Stutgart 2006b, S. 93-132.

Kieser, A. (2006c): Max Webers Analyse der Bürokratie. In: Kieser, A. et al. (Hrsg.): Organisationstheorien, 6. Aufl., Stuttgart 2006c, S. 63-92.

Kießling, B. (1988): Kritik der Giddensschen Sozialtheorie: Ein Beitrag zur theoretisch-methodischen Grundlegung der Sozialwissenschaften, Frankfurt a. Main 1988.

Kirchgässner, G. (1991): Homo oeconomicus - Das ökonomische Modell individuellen Verhaltens und seine Anwendung in den Wirtschafts- und Sozialwissenschaften, Tübingen 1991.

Kirchgässner, G. (2006): Wertfreiheit und Objektivität in den Wirtschaftswissenschaften: Mythos oder Realität? In: Zecha, G. (Hrsg.): Werte in den Wissenschaften, Tübingen 2006, S. 137-182.

Kirsch, W. (1991): Unternehmenspolitik und strategische Unternehmensführung, 2. Aufl., München 1991.

Kirsch, W. (1992): Kommunikatives Handeln, Autopoiese, Rationalität - Sondierungen zu einer evolutionären Führungslehre, München 1992.

Klahr, D. / Kotovski, K. (2001): A Life of the Mind: Remembering Herb Simon. Online im Internet, URL: http://www.psychologicalscience.org/observer/0401/simon.html. Abruf: 09/06/2009.

Klammer, B. (2005): Empirische Sozialforschung. Eine Einführung für Kommunikationswissenschaftler und Journalisten, Konstanz 2005.

Klimpel, A. / De Carnée, G. (1983): Systemtheoretische Weltbilder, Berlin 1983.

Klinkert, M. (1999): Rational Choice und Organisation. Zur Reichweite des Agency-Ansatzes, München 1999.

Koch, H. (1951): Das Wirtschaftlichkeitsprinzip als betriebswirtschaftliche Maxime. In: Zeitschrift für handelswissenschaftliche Forschung, 3 (1951), H. 4, S. 160-170.

Koch, H. (1997): Erich Gutenberg und die betriebswirtschaftliche Theorie. In: Koch, H. (Hrsg.): Entwicklung und Bedeutung der betriebswirtschaftlichen Theorie. Zum 100. Geburtstag von Erich Gutenberg, Wiesbaden 1997, S. 103-123.

König, R. (1976): Emile Durkheim. In: Käsler, D. (Hrsg.): Klassiker des soziologischen Denkens, München 1976, S. 312-364.

Kotler, P. / Keller, K. L. / Bliemel, F. (2007): Marketing-Management - Strategien für wertschaffendes Handeln, 12. Aufl., München et al. 2007.

Kraft, V. (1968): Der Wiener Kreis: Der Ursprung des Neopositivismus, 2. Aufl., Wien 1968.

Kranz, M. (1986): Das Wissen der Philosophen. Platons Trilogie 'Theaitet', 'Sophistes' und 'Politikos', Dissertation, Philosophische Fakultät Eberhard-Karls-Universität Tübingen, Tübingen 1986.

Kriz, J. (2003): Artefaktprobleme experimenteller Ökonomik, Marburg 2003.

Krohs, U. (2007): Der Funktionsbegriff in der Biologie. In: Bartels, A. et al. (Hrsg.): Wissenschaftstheorie, Paderborn 2007.

Kubon-Gilke, G. / Sturn, R. / Held, M. (2003): Experimente in der Ökonomik, Marburg 2003.

Kügler, P. (2001): Was ist Wissen? Skriptum zur Vorlesung, Institut für Philosophie Innsbruck 2001.

Küpper, H.-U. (2001): Controlling - Konzeption, Aufgaben, Instrumente, 3. Aufl., Stuttgart 2001.

Küpper, H.-U. (2004): Notwendigkeit der theoretischen Fundierung des Controlling. In: Scherm, E. et al. (Hrsg.): Controlling - Theorien und Konzeptionen, München 2004, S. 23-40.

Küpper, H.-U. (2005): Controlling - Konzeption, Aufgaben, Instrumente, 4. Aufl., Stuttgart 2005.

Küpper, H.-U. (2007): Betriebswirtschaftslehre als Wertschöpfungstheorie - Perspektiven für die Entwicklung einer mehrdimensionalen Theorie der Unternehmung. In: Schmalenbachs Zeitschrift für betriebswirtschaftliche Forschung, Sonderheft 56 (2007), S. 1-26.

Küpper, H.-U. (2008): Controlling - Konzeption, Aufgaben, Instrumente, 5. Aufl., Stuttgart 2008.

Küpper, H.-U. / Weber, J. / Zünd, A. (1990): Zum Verständnis und Selbstverständnis des Controlling. In: Zeitschrift für Betriebswirtschaft, 60 (1990), H. 3, S. 281-293.

Kuhn, T. S. (1973): Die Struktur wissenschaftlicher Revolutionen, Frankfurt a. Main 1973.

Kuhn, T. S. (1984): Was sind wissenschaftliche Revolutionen?, 10. Werner-Heisenberg-Vorlesung, gehalten in München-Nymphenburg am 24. Februar 1981, München 1984.

Kuhn, T. S. (1988): Die Struktur wissenschaftlicher Revolutionen, 2. Aufl., Franfurt a. M. 1988.

Laffont, J. J. / Martimort, D. (2002): The Theory of Incentives - The Principal-Agent-Model, Woodstock 2002.

Layder, D. (1990): The Realist Image in Social Science, London 1990.

Layder, D. (1997): Modern Social Theory - Key Debates and New Directions, London 1997.

Layder, D. (2006): Understanding Social Theory 2. Aufl., London 2006.

Lazersfeld, P. F. / Menzel, R. (1969): On the Relation between Individual and Collective Properties. In: Etzioni, A. (Hrsg.): Sociological Reader on Complex Organisations, New York 1969, S. 499-516.

Lehrstuhl-der-Didaktik-der-Mathematik. (2009): Der Satz des Pythagoras. Online im Internet, URL: http://www.didmath.ewf.uni-erlangen.de/Verschie/Gut_Ref/Pythago/Pythagoras.html. Abruf: 09/01/2009.

Lenk, H. (1999/2000): Wissenschaftstheoretische Bemerkungen zum Theoriebegriff und zu theoretischen Begriffen. In: Jahrbuch des Deutsch-Russischen Kollegs 1999 - 2000, Deutsch-Russisches Kolleg Karlsruhe (DRKK) (1999/2000).

Lenski, G. (1973): The Nature of Society. In: Chambliss, W. J. (Hrsg.): Sociological Readings in the Conflict Perspective, Reading (MA) 1973, S. 40-43.

Lenz, H. (1987): Entscheidungsmodell und Entscheidungsrealität - Metatheoretische Überlegungen zum logischen Status von Entscheidungsmodellen und dem Problem ihrer Anwendung auf die Realität. In: Schmidt, R. H. et al. (Hrsg.): Modelle in der Betriebswirtschaftslehre, Wiesbaden 1987.

Libby, R. / Luft, J. (1993): Determinants of Judgment Performance in Accounting Settings: Ability, Knowledge, Motivation, and Environment. In: Accounting, Organizations and Society, 18 (1993), H. 5, S. 425-450.

Lingnau, V. (1999): Geschichte des Controllings. In: Lingenfelder, M. (Hrsg.): 100 Jahre Betriebswirtschaftslehre in Deutschland, München 1999, S. 73-91.

Lingnau, V. (2000): Funktionen und Aufgaben des Controllings, Habilitationsschrift, Fakultät für Betriebswirtschaftslehre, Universität Mannheim, Mannheim 2000.

Lingnau, V. (2002): Zum Weiterentwicklungsbedarf des koordinationsorientierten Controllingansatzes. In: Lingnau, V. et al. (Hrsg.): Aktuelle Aspekte des Controllings – Festschrift für Hans-Jörg Hoitsch, Heidelberg 2002, S. 115-141.

Lingnau, V. (2006): Controlling - Ein kognitionsorientierter Ansatz. In: Lingnau, V. (Hrsg.): Beiträge zur Controlling-Forschung, Bd. 4, 2. Aufl., Kaiserslautern 2006.

Lingnau, V. (2008): Controlling, BWL und Privatwirtschaftslehre. In: Lingnau, V. (Hrsg.): Beiträge zur Controlling-Forschung, Bd. 14, Kaiserslautern 2008.

Lingnau, V. (2009): Shareholder Value als Kern des Controllings? In: Wall, F. et al. (Hrsg.): Controlling zwischen Shareholder Value und Stakeholder Value, München 2009, S. 19-37.

Loft, A. (1991): The History of Management Accounting: Relevance Found. In: Ashton, D. et al. (Hrsg.): Issues in Management Accounting, Englewood Cliffs 1991, S. 17-38.

Lord, R. G. / Maher, K. J. (1991): Leadership and Information Processing: Linking Perceptions and Performance, Boston 1991.

Lorenz, K. (1980): Empirismus, logischer. In: Mittelstraß, J. (Hrsg.): Enzyklopädie Philosophie und Wissenschaftstheorie, Bd. 1, Stuttgart et al. 1980, S. 543-544.

Lorenz, K. (1984a): Metatheorie. In: Mittelstraß, J. (Hrsg.): Enzyklopädie Philosophie und Wissenschaftstheorie, Bd. 2, Mannheim at al. 1984a, S. 875-876.

Lorenz, K. (1984b): Methode. In: Mittelstraß, J. (Hrsg.): Enzyklopädie Philosophie und Wissenschaftstheorie, Bd. 2, Mannheim et al. 1984b, S. 876-879.

Lorenzen, P. (1987): Lehrbuch der konstruktiven Wissenschaftstheorie, Mannheim et al. 1987.

Luhmann, N. (1964): Funktionen und Folgen formaler Organisation, Berlin 1964.

Luhmann, N. (2002): Einführung in die Systemtheorie. In: Baecker, D. (Hrsg.), Heidelberg 2002.

Manstetten, R. (2000): Das Menschenbild der Ökonomie: Der *homo oeconomicus* und die Anthropologie vom Adam Smith, Freiburg i. Breisgau 2000.

March, J. G. / Simon, H. A. (1958): Organizations, New York et al. 1958.

Martens, W. / Ortmann, G. (2006): Organisationen in Luhmanns Systemtheorie. In: Kieser, A. et al. (Hrsg.): Organisationstheorien, 6. Aufl., Stuttgart 2006, S. 427-461.

Marx, A. (1965): Die Erkenntnisobjekte der Allgemeinen Betriebswirtschaftslehre und Privatwirtschaftslehre. In: Bratschitsch, R. e. a. (Hrsg.): Festschrift für Willy Bouffier zur Vollendung seines 60. Lebensjahres, Wien 1965, S. 135-148.

Marx, K. / Engels, F. (2006): Das Kapital und Manifest der kommunistischen Partei, München 2006.

Maslow, A. H. (1943): A Theory of Human Motivation. In: Psychological Review, 50 (1943), S. 370-396.

Massing, O. (1976): Auguste Comte. In: Käsler, D. (Hrsg.): Klassiker des soziologischen Denkens, München 1976, S. 19-61.

Matys, T. (2006): Macht, Kontrolle und Entscheidungen in Organisationen - Eine Einführung in organisationale Mikro-, Meso- und Makropolitik, Wiesbaden 2006.

Mayntz, R. (1963): Soziologie der Organisation, Reinbeck b. Hamburg 1963.

Meeker, B. F. (1971): Decisions and Exchange. In: American Sociological Review, 36 (1971), H. 3, S. 485-495.

Meffert, H. / Burmann, C. / Kirchgeorg, M. (2008): Marketing - Grundlagen marktorientierter Unternehmensführung. Konzepte - Instrumente - Praxisbeispiele, 10. Aufl., Wiesbaden 2008.

Mehan, H. (1978): Structuring school structure. In: Harvard Educational Review, 48 (1978), H. 1, S. 32-64.

Mehan, H. / Wood, H. (1975): The reality of ethnomethodology, New York 1975.

Menger, C. (1969, Nachdruck): Untersuchungen über die Methode der Sozialwissenschaften und der politischen Ökonomie insbesondere. In: von Hayek, F. A. (Hrsg.): Carl Menger - Gesammelte Werke, Bd. 2, 2. Aufl., Tübingen 1969, Nachdruck.

Meran, J. (1979): Individualismus oder Kollektivismus? Versuch einer Rekonstruktion eines sozialwissenschaftlichen Grundlagenstreits. In: Zeitschrift für allgemeine Wissenschaftstheorie, 10 (1979), H. 1, S. 35-53.

Messner, M. (2008): Controlling und Kritik in Organisationen. In: Lingnau, V. et al. (Hrsg.): Controlling, Lohmar et al. 2008.

Meyer, J. W. (2008): Reflections on Institutional Theories of Organizations. In: Greenwood, R. et al. (Hrsg.): Organizational Institutionalism, Los Angeles et al. 2008, S. 790-812.

Meyer, M. (2002): Die Heuristik des normativen Prinzipal-Agenten-Modells. Wechselseitige Abstimmung vs. einseitige Verhaltenssteuerung, München 2002.

Meyer, M. (2005): Akteursmodell und ökonomischer Ansatz – Eine Verhältnisbestimmung, WHU-Forschungspapier Nr. 106, Vallendar 2005.

Meyer, W. (2002): Grundlagen des ökonomischen Denkens, Tübingen 2002.

Mittelstraß, J. (1976): Die Möglichkeit von Wissenschaft, Frankfurt a. Main 1976.

Mittelstraß, J. (1995): Realität. In: Mittelstraß, J. (Hrsg.): Enzyklopädie Philosophie und Wissenschaftstheorie, Bd. 3, Stuttgart et al. 1995, S. 508-509.

Morgan, G. (1980): Paradigms, Metaphors and Puzzle Solving in Organization Theory. In: Administrative Science Quarterly, 25 (1980), H. 4, S. 605-622.

Moser, P. K. (2006): Rationality. In: Borchert, D. M. (Hrsg.): Encyclopedia of Philosophy, 2. Aufl., Farmington Hills 2006, S. 253-255.

Müller, A. (2002): Controlling-Konzepte. Kompetenz zur Bewältigung komplexer Problemstellungen, Stuttgart 2002.

Müller, A. (2003): Controlling als Funktion zur Sicherstellung der Führungsrationalität. In: Controller Magazin (2003), H. 5, S. 481-485.

Müller, S. (2004): Programm für eine neue Wissenschaftstheorie, Würzburg 2004.

Murnighan, J. K. / Roth, A. E. (2004): Some of the Ancient History of Experimental Economics and Social Psychology: Reminiscences and Analysis of a Fruitful Collaboration. Online im Internet, URL: http://kuznets.harvard.edu/~aroth/papers/Al%20Keith%20dialog.pdf. Abruf: 04/01/2010.

Nagel, T. (2007): Wie ist es eine Fledermaus zu sein? In: Bieri, P. (Hrsg.): Analytische Philosophie des Geistes, Weinheim 2007, S. 56-72.

Nerdinger, F. W. (2001): Motivierung. In: Schuler, H. (Hrsg.): Lehrbuch der Personalpsychologie, Göttingen et al. 2001, S. 350-379.

North, D. C. (1992): Institutionen, institutioneller Wandel und Wirtschaftsleistung, Tübingen 1992.

Ockenfels, A. (1999): Fairneß, Reziprozität und Eigennutz. Ökonomische Theorie und experimentelle Evidenz, Tübingen 1999.

Ortelbach, B. / Hagenhoff, S. (2004): Entwicklungen und Perspektiven der Controllingforschung. In: Schumann, M. (Hrsg.): Arbeitsberichte des Instituts für Wirtschaftsinformatik, Bd. 17, Göttingen 2004.

Ortmann, G. / Sydow, J. (2001): Strukturationstheorie als Metatheorie des strategischen Managements - Zur losen Integration der Paradigmenvielfalt. In: Ortmann, G. et al. (Hrsg.): Strategie und Strukturation. Strategisches Management von Unternehmen, Netzwerken und Konzern, Wiesbaden 2001, S. 421-447.

Ortmann, G. / Sydow, J. / Windeler, A. (2000): Organisation als reflexive Strukturation. In: Ortmann, G. et al. (Hrsg.): Theorien der Organisation. Die Rückkehr der Gesellschaft, 2. Aufl., Wiesbaden 2000, S. 315-354.

Parsons, T. (1937): The Structure of Social Action, New York 1937.

Pasternack, G. (1985): Erklären - Verstehen - Begründen, Bremen 1985.

Pfeffer, J. (1993): Barriers to the Advance of Organizational Science: Paradigm Development as a Dependent Variable. In: Academy of Management Review, 18 (1993), H. 4, S. 599-620.

Pfläging, N. (2003): Beyond Budgeting, Better Budgeting. Ohne feste Budgets zielorientiert führen und erfolgreich steuern, Freiburg i. Breisgau 2003.

Picot, A. (1990): Ökonomische Theorien der Organisation. Ein Überblick über neue Ansätze und deren betriebswirtschaftliches Anwendungspotential, Vortrag anläßlich der 52. Wissenschaftlichen Tagung des Verbandes der Hochschullehrer für Betriebswirtschaft, 5.-8. Juni 1990 in Frankfurt a. Main, Frankfurt a. Main 1990.

Pietsch, G. (2003): Refexionsorientiertes Controlling - Konzeption und Gestaltung, Wiesbaden 2003.

Pietsch, G. / Scherm, E. (2001): Controlling - Rationalitätssicherung versus Führungs- und Führungsunterstützungsfunktion. In: Die Unternehmung, 55 (2001), H. 1, S. 81-84.

Pietsch, G. / Scherm, E. (2004): Entwicklungstendenzen und Zukunftsperspektiven der Controllingforschung. In: Scherm, E. et al. (Hrsg.): Controlling - Theorien und Konzeptionen, München 2004, S. 924-934.

Popper, K. R. (1971): Logik der Forschung, 4. Aufl., Tübingen 1971.

Popper, K. R. (1974): Das Elend des Historizismus, 4. Aufl., Tübingen 1974.

Popper, K. R. (1978): Three Worlds - The Tanner Lecture on Human Values. Online im Internet, URL: http://www.tannerlectures.utah.edu/lectures/documents/popper80.pdf. Abruf: 01/06/2010.

Popper, K. R. (1994): Objektive Erkenntnis - Ein evolutionärer Entwurf, 2. Aufl., Hamburg 1994.

Poser, H. (2001): Wissenschaftstheorie. Eine philosophische Einführung, Stuttgart 2001.

Pratt, J. W. / Zeckhauser, R. J. (1985): Principals and Agents: An Overview. In: Pratt, J. W. et al. (Hrsg.): Principals and Agents: The Structure of Business, Boston 1985, S. 1-35.

Priddat, B. P. (1998): Moral Based Rational Man. In: Brieskorn, N. et al. (Hrsg.): Homo oeconomicus: Der Mensch der Zukunft?, Stuttgart et al. 1998, S. 1-46.

Ptak, R. (2008): Grundlagen des Neoliberalismus. In: Butterwegge, C. et al. (Hrsg.): Kritik des Neoliberalismus, 2. Aufl., Wiesbaden 2008, S. 13-86.

Rausch, A. (2008): Controlling von innerbetrieblichen Kommunikationsprozessen - Effektivitäts- und Effizienzmessung in Face-to-Face-Meetings, Wiesbaden 2008.

Rautenstrauch, T. / Müller, C. (2005): Verständnis und Organisation des Controlling in kleinen und mittleren Unternehmen. In: Zeitschrift für Planung & Unternehmenssteuerung, 16 (2005), H. 2, S. 189-209.

Rechtien, C. (2002): Koordinationsmechanismen unter Informationsasymmetrie. In: Pfingsten, A. (Hrsg.): ifk edition, Bd. 10, Frankfurt a. Main 2002.

Reed, M. (1985): Redirection in Organizational Analysis, London 1985.

Reed, M. (1992): The Sociology of Organizations: Themes, Perspectives and Prospects, New York 1992.

Reese-Schäfer, W. (2001): Jürgen Habermas, 3. Aufl., Frankfurt a. Main 2001.

Reese, J. (1999): Der dispositive Faktor im System der bestandsorientierten Produktion. In: Albach, H. et al. (Hrsg.): Die Theorie der Unternehmung in Forschung und Praxis, Berlin et al. 1999, S. 585-604.

Regan, D. T. (1971): Effects of Favor and Liking on Compliance. In: Journal of Experimental Social Psychology, 7 (1971), H. 1, S. 627-639.

Reichmann, T. (2000): Controlling mit Kennzahlen und Managementberichten. Grundlagen einer systemgestützten Controlling-Konzeption, 6. Aufl., München 2000.

Reihlen, M. / Klaas, T. (1999): Individualismus, Holismus und Systemismus: Erörterung metatheoretischer Sichtweisen in den Sozialwissenschaften. In: Delfmann, W. (Hrsg.): Arbeitsberichte des Seminars für Allgemeine Betriebswirtschaftslehre, Betriebswirtschaftliche Planung und Logistik der Universität zu Köln, Bd. 99, Köln 1999.

Reis, L. M. (1983): Review: Paradigms and Organizational Analysis. By Gibson, Burrell, Gareth Morgan. In: Administrative Science Quarterly, 28 (1983), H. 1, S. 153-156.

Rescher, N. (1993): Pluralism - Against the Demand for Consensus, New York 1993.

Riahi-Belkaoui, A. (2004): Accounting Theory, 5. Aufl., London 2004.

Riechmann, T. (2002): Spieltheorie, München 2002.

Roberts, J. / Scapens, R. (1985): Accounting Systems and Systems of Accountability: Understanding Accounting Practices in Their Organizational Contexts. In: Accounting, Organizations and Society, 10 (1985), H. 4, S. 443-456.

Roiger, M. B. (2007): Gestaltung von Anreizsystemen und Unternehmensethik. Eine norm- und wertbezogene Analyse der normativen Principal-Agent-Theorie, Wiesbaden 2007.

Rolle, R. (2005): Homo oeconomicus. Wirtschaftsanthropologie in philosophischer Perspektive, Würzburg 2005.

Rometsch, M. (2007): Organisations- und Netzwerkidentität. Systemische Perspektiven, Wiesbaden 2007.

Rorty, R. (2007): Pragmatismus. In: Craig, E. (Hrsg.): Die Kleine Routledge Enzyklopädie der Philosophie, Berlin 2007, S. 138-149.

Rosen, M. (1985): Breakfast at Spiro's Dramaturgy and Dominance. In: Journal of Management, 11 (1985), H. 2, S. 31-48.

Roth, E. (1999): Allgemeine Forschungsstrategien. In: Roth, E. et al. (Hrsg.): Sozialwissenschaftliche Methoden: Lehr- und Handbuch für Forschung und Praxis, 5. Aufl., München 1999, S. 88-106.

Sabel, H. (1999): Erich Gutenberg - Sein Werk - Die Wurzeln, das Werden, das Wirken. In: Albach, H. et al. (Hrsg.): Die Theorie der Unternehmung in Forschung und Praxis, Berlin et al. 1999, S. 15-33.

Samuelson, P. A. (1937): A Note on Measurement of Utility. In: Review of Economic Studies, 4 (1937), H. 2, S. 155-161.

Sandkükler, H. J. (1988): Playdoyer für Rationalität. Zur geschichtlichen Aufgabe philosophischer Vernunftentwürfe. In: Pasternack, G. (Hrsg.): Ringvorlesung des Zentrums philosophische Grundlagen der Wissenschaften, Bremen 1988, S. 23-45.

Sandner, K. (2008): Behavioral Contract Theory - Einfluss sozialer Präferenzen auf die Steuerung dezentraler Organisationseinheiten, Berlin 2008.

Sarris, V. / Reiß, S. (2005): Kurzer Leitfaden der Experimentalpsychologie, München et al. 2005.

Sauermann, H. (1981): Bermerkungen zum Wertproblem in der Ökonomie. In: Tietz, R. (Hrsg.): Wert- und Präferenzprobleme in den Sozialwissenschaften, Berlin 1981, S. 19-26.

Schaefer, S. / Lange, C. (2004): Informationsorientierte Controllingforschung - Ein Überblick und Ansatzpunkte der Weiterentwicklung. In: Scherm, E. et al. (Hrsg.): Controlling - Theorien und Konzeptionen, München 2004, S. 103-123.

Schäffer, U. / Weber, J. (2004): Thesen zum Controlling. In: Scherm, E. et al. (Hrsg.): Controlling - Theorien und Konzeptionen, München 2004, S. 459-466.

Schanz, G. (1979): Die Betriebswirtschaftslehre und ihre sozialwissenschaftlichen Nachbardisziplinen: Das Integrationsproblem. In: Raffée, H. et al. (Hrsg.): Wissenschaftstheoretische Grundfragen der Wirtschaftswissenschaften, München 1979, S. 121-137.

Scherer, G. A. (2003): Modes of Explanation in Organization Theory. In: Tsoukas, H. et al. (Hrsg.): The Oxford Handbook of Organization Theory - Meta-Theoretical Perspectives, Oxford 2003, S. 310-344.

Scherer, G. A. (2006): Kritik der Organisation oder Organisation der Kritik - Wissenschaftstheoretische Bemerkungen zum kritischen Umgang mit Organisationstheorien. In: Kieser, A. et al. (Hrsg.): Organisationstheorien, 6. Aufl., Stuttgart 2006, S. 19-62.

Scherer, G. A. / Steinmann, H. (1999): Some Remarks on the Problem of Incommensurability in Organization Studies. In: Organization Studies, 20 (1999), H. 3, S. 519-544.

Scherm, E. / Pietsch, G. (2003): Die theoretische Fundierung des Controlling: Kann das Controlling von der Organisationstheorie lernen? In: Weber, J. et al. (Hrsg.): Zur Zukunft der Controllingforschung. Empirie, Schnittstellen und Umsetzung in der Lehre, Wiesbaden 2003, S. 27-62.

Scherm, E. / Pietsch, G. (2004a): Controlling - Theorien und Konzeptionen, München 2004a.

Scherm, E. / Pietsch, G. (2004b): Theorie und Konzeption in der Controllingforschung. In: Scherm, E. et al. (Hrsg.): Controlling - Theorien und Konzeptionen, München 2004b, S. 3-22.

Scherm, E. / Pietsch, G. (2007): Organisation - Theorie, Gestaltung, Wandel, München 2007.

Schildbach, T. (1992): Begriff und Grundproblem des Controlling aus betriebswirtschaftlicher Sicht. In: Spremann, K. et al. (Hrsg.): Controlling: - Informationssysteme - Anwendungen, Wiesbaden 1992.

Schmid, M. (1980): Idiographisch/nomothetisch. In: Speck, J. (Hrsg.): Handbuch wissenschaftstheoretischer Begriffe, Bd. 2, Göttingen 1980, S. 292-294.

Schmid, M. (1997): Zum Verhältnis soziologischer und ökonomischer Handlungstheorie. Paradigmenwechsel in der Sozialtheorie? In: Fischer, M. et al. (Hrsg.): Paradigmen, Frankfurt a. Main et al. 1997, S. 264-284.

Schneider, D. (1992): Investition, Finanzierung und Besteuerung 7. Aufl., Wiesbaden 1992.

Schneider, D. (2005): Controlling als postmodernes Potpurie. In: Controlling, 17 (2005), H. 1, S. 65-69.

Schneider, W. L. (2009): Grundlagen der Soziologischen Theorie: Band 2: Garfinkel – RC – Habermas – Luhmann, 3. Aufl., Wiesbaden 2009.

Schnor, G. (1991): Zur rationalen Lenkung ökonomischer Forschung, Frankfurt a. Main et al. 1991.

Schönbohm, A. (2005): Reflexives Controlling - Rationalität und Revolution unternehmerischer Wirklichkeit in der Postmoderne. In: Lingnau, V. et al. (Hrsg.): Controlling, Bd. 2, Lohmar et al. 2005.

Schreyögg, G. (2008): Organisation - Grundlagen moderner Organisationsgestaltung, 5. Aufl., Wiesbaden 2008.

Schultz, M. / Hatch, M. J. (1996): Living with Multiple Paradigms: The Case of Paradigm Interplay in Organizational Culture Studies. In: Academy of Management Review, 21 (1996), H. 2, S. 529-557.

Schumpeter, J. A. (1970): Das Wesen des Geldes. In: Mann, F. K. (Hrsg.): o. T., Tübingen 1970.

Schurz, G. (1998): Koexistenzweise rivalisierender Paradigmen. Eine begriffsklärende und problemtypologisierende Studie. In: Schurz, G. et al. (Hrsg.): Koexistenz rivalisierender Paradigmen, Wiesbaden 1998, S. 1-52.

Schweitzer, M. (1980): Organisationsforschung, Vergleichende. In: Grochla, E. (Hrsg.): Enzyklopädie der Betriebswirtschaftslehre, Bd. 2: Handwörterbuch der Organisation, 2. Aufl., Stuttgart 1980, S. 1534-1558.

Schweitzer, M. (2009): Gegenstand und Methoden der Betriebswirtschaftslehre. In: Bea, F. X. et al. (Hrsg.): Allgemeine Betriebswirtschaftslehre. Bd. 1: Grundfragen, 10. Aufl., Stuttgart 2009.

Schweitzer, M. / Friedl, B. (1992): Beitrag zu einer umfassenden Controlling-Konzeption. In: Spremann, K. et al. (Hrsg.): Controlling: Grundlagen - Informationssysteme - Anwendungen, Wiesbaden 1992, S. 141-167.

Schwemmer, O. (1980): Erklärung. In: Mittelstraß, J. (Hrsg.): Enzyklopädie Philosophie und Wissenschaftstheorie, Bd. 1, Mannheim et al. 1980, S. 578-584.

Schwemmer, O. (1996a): Subjektivismus. In: Mittelstraß, J. (Hrsg.): Enzyklopädie Philosophie und Wissenschaftstheorie, Bd. 4, Stuttgart et. al. 1996a, S. 128-130.

Schwemmer, O. (1996b): Verstehen. In: Mittelstraß, J. (Hrsg.): Enzyklopädie Philosophie und Wissenschaftstheorie, Bd. 4, Stuttgart et al. 1996b.

Seiffert, H. (1989): Theorie. In: Seiffert, H. et al. (Hrsg.): Handlexikon zur Wissenschaftstheorie, München 1989, S. 368-369.

Sen, A. K. (1987): On Ethics and Economics, Oxford 1987.

Sewell, W. H. (1992): A Theory of Structure: Duality, Agency and Transformation. In: American Journal of Sociology, 98 (1992), H. 1, S. 1-29.

Simon, H. A. (1955): A Behavioral Model of Rational Choice. In: The Quarterly Journal of Economics, 69 (1955), H. 1, S. 99-118.

Simon, H. A. (1957): Models of Man, New York et al. 1957.

Simon, H. A. (1959): Theories of Decision-Making in Economics and Behavioral Science. In: The American Economic Review, 491 (1959), H. 3, S. 253-283.

Simon, H. A. (1980): Grenzen der Rationalität in Entscheidungsprozessen. In: Journal für Betriebswirtschaft (1980), H. 1, S. 2-17.

Simon, H. A. (1982a): From Substantive to Procedural Rationality. In: Simon, H. A. (Hrsg.): Models of Boundes Rationality, Bd. 2, London 1982a, S. 424-443.

Simon, H. A. (1982b): Models of Bounded Rationality. In: Simon, H. A. (Hrsg.): Behavioral Economics and Business Organization, Bd. 2, London 1982b.

Simon, H. A. (1982c): Rationality as Process and as Product of Thought, Bd. 2, London 1982c.

Simon, H. A. (1982d): Theories of Bounded Rationality. In: Simon, H. A. (Hrsg.): Models of Bounded Rationality, Bd. 2, London 1982d, S. 408-423.

Simon, H. A. (1986): Rationality in Psychology and Economics. In: Hogarth, R. M. et al. (Hrsg.): Rational Choice - The Contrast between Economics and Psychology, Chicago 1986, S. 25-41.

Simon, H. A. (1993): Homo Rationalis, Frankfurt a. Main et al. 1993.

Simon, H. A. (1997): Administrative Behavior: A Study of Decision-Making Processes in Administrative Organizations, 4. Aufl., New York et al. 1997.

Smith, A. (1996, Nachdruck): Der Wohlstand der Nationen - Eine Untersuchung seiner Natur und seiner Ursachen, 7. Aufl., München 1996, Nachdruck.

Sprinkle, G. (2003): Perspectives on Experimental Research in Managerial Accounting. In: Accounting, Organizations and Society, 28 (2003), H. 2/3, S. 287-318.

Stadler, F. (1982): Vom Positivismus zur "wissenschaftlichen Weltauffassung" - am Beispiel der Wirkungsgeschichte von Ernst Mach in Österreich von 1895 bis 1934, Wien et al. 1982.

Stadler, F. (1997): Studien zum Wiener Kreis: Ursprung, Entwicklung und Wirkung des Logischen Empirismus im Kontext, Frankfurt a. Main 1997.

Steinborn, U. (1994): Das Menschenbild der (mainstream) Ökonomik - Darstellung - Kritik - Erweiterung, Freiberger Arbeitspapiere Nr. 9, Bergakademie Freiberg, Faculty of Economics and Business Economics, Freiberg 1994.

Steinmann, H. / Scherer, A. G. (1994): Zur Inkommensurabilität betriebswirtschaftlicher Theorien, Diskussionsbeitrag 79, Lehrstuhl für Allgemeine Betriebswirtschaftslehre und Unternehmensführung, Universität Erlangen-Nürnberg 1994.

Steinmann, H. / Scherer, G. A. (2004): Grundlagenstreit und Theorie-Praxis-Verhältnis in der Betriebswirtschaftslehre. In: Wiedmann, K.-P. et al. (Hrsg.): Management mit Vision und Verantwortung. Eine Herausforderung an Wissenschaft und Praxis, Wiesbaden 2004, S. 261-284.

Sternberg, R. J. (1996): Cognitive Psychology, Fort Worth 1996.

Stoffel, K. (1995): Controllership im internationalen Vergleich, Wiesbaden 1995.

Strasser, H. (1979): Einführung in die Theorien des sozialen Wandels, Bd. 113, Darmstadt et al. 1979.

Sukale, M. (1996): Sinn, Wert und Fortschritt. In: Gardenne, V. (Hrsg.): Rationalität und Kritik, Tübingen 1996, S. 131-149.

Sydow, J. (1992): Strategische Netzwerke - Evolution und Organisation, Wiesbaden 1992.

Tarski, A. (1977): Die semantische Konzeption der Wahrheit und die Grundlagen der Semantik. In: Skirbekk , G. (Hrsg.): Wahrheitstheorien. Eine Auswahl aus den Diskussionen über Wahrheit im 20. Jahrhundert, Frankfurt a. Main 1977, S. 140–188.

Thiel, C. (1984): Konstruktivismus. In: Mittelstraß, J. (Hrsg.): Enzyklopädie Philosophie und Wissenschaftstheorie, Bd. 2, Stuttgart et al. 1984, S. 449-453.

Thiel, C. (1996): Theorie. In: Mittelstraß, J. (Hrsg.): Enzyklopädie Philosophie und Wissenschaftstheorie, Bd. 4, Stuttgart et al. 1996, S. 260-270.

Thomas, O. / Nüttgens, M. (2009): Dienstleistungsmodellierung - Methoden, Werkzeuge und Branchenlösungen. In: Becker, J. (Hrsg.): Ordnungsrahmen für die hybride Wertschöpfung Heidelberg 2009, S. 109-128.

Thompson, J. D. (1989): Organizations in Action - Social Science Bases of Administrative Theory, New York 1989.

Tietz, R. (1981): Wert- und Präferenzprobleme in den Sozialwissenschaften, Berlin 1981.

Todd, P. M. (2001): Fast and Frugal Heuristics for Environmentally Bounded Minds. In: Gigerenzer, G. et al. (Hrsg.): Bounded Rationality - The Adaptive Toolbox, Cambridge (Mass.) 2001, S. 51-70.

Tsoukas, H. / Knudsen, C. (2003): Introduction: The Need for Meta-Theoretical Reflection in Organization Theory. In: Tsoukas, H. et al. (Hrsg.): The Oxford Handbook of Organization Theory - Meta-Theoretical Perspectives, Oxford 2003, S. 1-38.

Unger, M. (1998): Die Automobil-Kaufentscheidung: Ein theoretischer Erklärungsansatz und seine empirische Überprüfung, Frankfurt a. Main et al. 1998.

Veraart, A. / Wimmer, R. (1984): Hermeneutik. In: Mittelstraß, J. (Hrsg.): Enzyklopädie Philosophie und Wissenschaftstheorie, Bd. 2, Stuttgart et al. 1984, S. 85-90.

Vogt, B. (1998): Criteria for Fair Divisions in Ultimatum Games, Working Paper No. 281, Institute of Mathematical Economcis, University of Bielefeld, Bielefeld 1998.

Vogt, B. (1999): Full Information, Hidden Action and Hidden Information in Principal-Agent Games, Working Paper No. 315, Institute of Mathematical Economics, Universität Hamburg 1999.

Walgenbach, P. (2006): Die Strukturationstheorie. In: Kieser, A. et al. (Hrsg.): Organisationstheorien, 6. Aufl., Stuttgart 2006, S. 403-426.

Walter-Busch, E. (1996): Organisationstheorien von Weber bis Weick, Amsterdam 1996.

Walters, M. (2004): Alternative Accounting Thought and the Prison-House of Metaphor. In: Accounting, Organizations and Society, 29 (2004), H. 2, S. 157-187.

Watkins, J. W. N. (1978): Idealtypen und historische Erklärung. In: Albert, H. (Hrsg.), Tübingen 1978, S. 331-351.

Weaver, G. R. / Gioia, D. A. (1994): Paradigms Lost: Incommensurability vs Structurationist Inquiry. In: Organization Studies, 15 (1994), H. 4, S. 565-589.

Weber, J. (1997): A Never Ending Story? In: Controlling, 9 (1997), H. 3, S. 180-182.

Weber, J. (2002): Einführung in das Controlling, 9. Aufl., Stuttgart 2002.

Weber, J. (2005): Das Advanced Controlling-Handbuch - Alle entscheidenden Konzepte, Steuerungssysteme und Instrumente, Weinheim 2005.

Weber, J. / Schäffer, U. (1999): Sicherstellung der Rationalität von Führung als Aufgabe des Controlling? In: Die Betriebswirtschaft, 59 (1999), H. 6, S. 731-747.

Weber, J. / Schäffer, U. (2006): Einführung in das Controlling, 11. Aufl., Stuttgart 2006.

Weber, J. / Schäffer, U. (2008a): Controlling als Rationalitätssicherung der Führung. Online im Internet, URL: http://www.controllinglehrbuch.de/controlling.html. Abruf: 11.09.2008.

Weber, J. / Schäffer, U. (2008b): Einführung in das Controlling, 12. Aufl., Stuttgart 2008b.

Weber, J. / Schäffer, U. / Bauer, M. (2000): Controller und Manager im Team. In: Weber, J. (Hrsg.): Advanced Controlling, Bd. 14, Vallendar 2000.

Weber, J. / Schäffer, U. / Langenbach, W. (2001): Gedanken zur Rationalitätskonzeption des Controlling. In: Weber, J. et al. (Hrsg.): Rationalitätssicherung der Führung. Beiträge zu einer Theorie des Controlling, Wiesbaden 2001, S. 46-76.

Weber, M. (1976): Wirtschaft und Gesellschaft - Grundriss der verstehenden Soziologie, 5. Aufl., Tübingen 1976.

Weick, K. E. (1985): Der Prozeß des Organisierens, Frankfurt a. Main 1985.

Weiner, B. (1986): An Attributional Theory of Motivation and Emotion, New York 1986.

Weinert, A. B. (1987): Lehrbuch der Organisationspsychologie, 2. Aufl., München 1987.

Weingärtner, P. (2006): Werte in den Wissenschaften. In: Zecha, G. (Hrsg.): Werte in den Wissenschaften, Tübingen 2006, S. 57-84.

Weiß, J. (o. J.): "Im Anschluß an Max Weber" - Gesammelte Aufsätze zu Max Weber, o. J.

Werhahn, P. H. (1980): Menschenbild, Gesellschaftsbild und Wissenschaftsbegriff in der neueren Betriebswirtschaftslehre. Faktortheoretischer Ansatz, entscheidungstheoretischer Ansatz und Systemansatz im Vergleich, Bern et al. 1980.

Westwood, R. / Clegg, S. (2003): The Discourse of Organization Studies: Dissensus, Politics, and Paradigms. In: Westwood, R. (Hrsg.): Debating Organization - Point Counterpoint in Organization Studies, Malden (MA) 2003.

Wild, J. (1974): Grundlagen der Unternehmensplanung, Reinbeck bei Hamburg 1974.

Willmott, H. (1990): Beyond Paradigmatic Closure in Organizational Enquiry. In: Hassard, J. et al. (Hrsg.): The Theory and Philosophy of Organizations: Critical Issues and New Perspectives, London 1990, S. 44-62.

Winter, P. (2007): Risiko-Controlling in Nicht-Finanzunternehmen. In: Lingnau, V. et al. (Hrsg.): Controlling, Bd. 5, Lohmar et al. 2007.

Winterhoff-Spurk, P. (2002): Organisationspsychologie - Eine Einführung, Stuttgart 2002.

Wong, D. (1989): Three Kinds of Incommensurability. In: Krausz, M. (Hrsg.): Relativism: Interpretation and Confrontation, University of Notre Dame 1989, S. 140-158.

Wright, G. H. v. (2008): Erklären und Verstehen, Hamburg 2008.

Wunderer, R. / Grunwald, W. (1980): Führungslehre Band I: Grundlagen der Führung, Berlin et al. 1980.

Zeidler, K. W. (2006): Prolegomena zur Wissenschaftstheorie, 2. Aufl., Würzburg 2006.

Zeitling, I. (1973): Marx's Paradigm for an Analysis of the Structure and Change of Whole Society. In: Chambliss, W. J. (Hrsg.): Sociological Readings in the Conflict Perspective, Reading (MA) 1973, S. 78-82.

Zima, P. V. (2004): Was ist Theorie? Theoriebegriff und Dialogische Theorie in den Kultur- und Sozialwissenschaften, Tübingen 2004.